브레인 해빗

우리가 몰랐던 뇌 속 성공의 사고 습관 10가지

브레인 해빗

BRAIN
HABITS

필립 존 캠벨 지음
이상훈 옮김

FIKA

내가 이 책을 쓰도록 적극적으로 격려해준
아내이자 사업 파트너 수전에게,

언제나 나를 응원해주는 사랑스러운
아이들 얼리사와 매튜에게,

학창 시절 새로운 환경에서 지속적으로
적응력과 민첩성을 개발할 기회를 제공하고 격려를 아끼지 않으셨던
나의 부모님 브루스 캠벨과 모르바 캠벨에게,

이 책을 바칩니다.

이 책의 핵심은 뇌 과학의 어려운 이론을 쉽게 풀어내는 것이다. 이를 위해 내가 개발한 여러 프레임워크를 통해 독자들이 자동비행 모드로 운항하는 비행기처럼 작동하는 뇌의 인지적 잠재력과 그 힘을 이해할 수 있도록 이끌 것이다.

이 책은 여섯 부분으로 구성되어 있다. 1부에서는 최근 수십 년 사이 뇌 과학에 대한 이해가 어떻게 변했는지 살펴보고, 새롭게 등장한 통찰력 있는 생각들이 전통적인 학습 및 교육 방법에 어떻게 도전하는지 설명한다. 특히 사고 과정을 뒷받침하는 잠재의식 속 뇌의 습관을 이해하기 위한 새로운 체계를 제공하고, 사람들이 생각하고 학습하며 적응하는 방법과 관련한 이론을 소개한다.

2부에서 5부까지는 '잠재의식의 성공을 떠받치는 네 가지 기둥'

이라고 부르는 체계의 각 기둥을 상세하게 설명한다. 각 기둥은 '잠재의식의 사고 습관'으로 불리는 뇌의 습관으로 구성된다.

마지막 6부에서는 뇌가 가진 잠재력을 최적으로 발휘하는 방법과 좌뇌와 우뇌가 최적으로 균형을 이루어 최상의 성과를 도출할 때 느낄 수 있는 유능하고 적응력 높은 상태에 도달하는 방법을 설명한다.

이 책에서 쓰인 용어들은 뇌 과학의 전문 용어 대신에 직관적이고 이해하기 쉬운 표현으로 대체했다. 한편 일부 용어는 내가 개발한 체계에만 적용되기 때문에 독자들의 이해를 돕기 위해 책의 뒷부분에 '용어 해설'을 실어 자세히 설명하였다.

이 책의 많은 부분에서는 비유를 통해 다양한 원리를 설명한다. 또한 이야기 형식을 빌려 책에 담겨 있는 정보에 공감하고 흥미를 가질 수 있게 한다. 독자들이 영감을 받을 수 있도록 많은 사례를 가져와 다양한 이야기를 구성했지만, 사례의 등장인물이 실제 사람은 아니다. 오히려 유사한 특징을 보인 여러 사람을 하나로 합쳐 만든 인물이다. 독자들이 이 책에 담긴 다양한 이야기에서 자기 자신이나 지인의 모습을 알아볼 수 있길 바란다. 이 책을 읽은 독자 모두가 사고에 대한 새로운 방식의 사고를 탐구하고 더 나은 방향으로 발달시킬 수 있을 것이다.

Contents

당신의 미래가 뇌에 달려 있다면?

만약 당신이 대부분의 사람들과 비슷하다면 당신에게도 뇌가 가장 큰 자산일 것이다. 성공은 뇌에 달려 있다. 하지만 대부분의 사람들과 마찬가지로 당신도 뇌가 어떻게 작동하는지 또는 그 뇌를 어떻게 개선해야 하는지는 알지 못할 것이다. 불행히도 자신의 뇌에 대한 사용 설명서를 가지고 태어난 사람은 없다. 만약 누군가가 뇌를 업그레이드하는 데 사용할 수 있는 개인 맞춤형 사용 설명서를 건네준다면 어떨까? 뇌 과학의 최신 연구 덕분에 이제는 그렇게 할 수 있게 되었다. 그리고 지금이 그러한 역량을 갖추는 일을 할 가장 적절한 시점이다.

세상은 엄청난 속도로 변하고 있다. 끊임없는 혼란은 전 세계를 무대로 무질서를 야기하고 있다. 지난 몇 년간 사실상 모든 사람들이 어떤 방식으로든 COVID-19의 영향을 받았지만 이는 시작일 뿐이다. 인공지능과 같은 디지털 기술은 기업이 사업을 하는 방식을 완전히 바꾸고 있다. 그리고 전 세계는 공급망 문제, 원유 및 에너지 가격의 급등, 러시아와 우크라이나 간의 전쟁, 치솟는 인플레이션, 기후 변화 등 거대한 도전에 직면해 있다. 그렇지만 고통은 여기서 멈추지 않는다.

개인적 삶에서도 우리는 혼란을 상대하고 있다. 포스트 COVID-19 시대에 여전히 많은 사람들이 재택근무에 적응하기 힘들어하며, 사무실로 복귀하는 것을 꺼리는 사람도 많다. 수년간 끊임없이 걱정에 시달리고, 친구나 가족, 직장 동료와 물리적으로 단절되었던 수많은 사람들은 정신적으로 지쳐버렸으며, 이들의 회복탄력성은 계속되는 변화와 이로 인한 스트레스의 도전을 지속적으로 받고 있다.

설상가상으로 4차 산업혁명은 현재 가지고 있는 직업 능력을 쓸모없게 만들겠다고 위협한다. 일의 성격은 엄청난 속도로 진화하고 있다. 컨설팅 회사 EAB에 따르면 직업적 기술의 반감기는 이미 5년으로 단축되었다.[1] 기술이 빠르게 발전함에 따라 기업에서는 과거 인간이 담당했던 작업을 수행하기 위해 컴퓨터와 로봇을 점점 더 많이 사용하고 있다. 이와 같은 기술은 통상적이지 않은 재주나 능력의 가치를 높여왔다. 결과적으로 더 이상 지식만 보고 사람을 뽑지 않는다. 대신 사고력과 학습 및 적응 속도를 기반으로 인재를 채용하고 있다.

역사상 지금보다 리더에게 적응력과 민첩성이 더 필요했던 시기는 없었다. 리더라면 더 빨리 배우고 문제를 더 잘 해결하며 순간 대처 능력이 더 좋아야 한다. 가장 중요한 점은 이전에 한 번도 마주친 적 없는 새로운 상황에 잘 대처할 수 있어야 한다는 것이다. 불행히도 대부분의 사람들은 자신의 경력과 개인적 삶에서 끊임없이 일어나는 변화를 다룰 준비가 제대로 되어 있지 않다. 기존 지식이나 과거 경험에만 의존해서는 혼란스러운 환경에서 성공하기 어렵다. 다르게 사고하고 학습해야 하며, 효과적으로 지식을 적용해야 한다.

가까운 미래에 직업적 성공은 복잡한 문제해결, 분석적 사고, 비판적 사고 등의 유동적 능력이 얼마나 뛰어난지에 달려 있을 것이다. 어느 때보다 지금 기업에서는 회복탄력성과 유연성이 뛰어난 사람이 필요하다. 기존의 것을 완전히 새롭게 만드는 창의적인 사람, 사회적 기술이 뛰어나서 다른 사람들과 협력할 수 있는 사람, 그리고 자기 자신과 자신의 조직에 리더십을 발휘하는 동시에 동료들이 성공할 수 있도록 영감을 줄 수 있는 리더. 이러한 모습이 미래에 최고의 인재를 정의할 자질이다.

유동적 능력에 대한 수요가 전례 없는 속도로 증가하고 있지만, 기업은 노동자의 재교육에 충분히 투자하지 않고 있다. 2018년 액센츄어Accenture가 실시한 설문조사에 따르면, 전 세계 기업 임원들은 노동자의 4분의 1만이 컴퓨터와 같은 지능형 장치로 일할 준비가 되어 있는 것으로 추정했다. 2016년부터 2017년까지 기업에서 지능형 기술에 대한 지출을 60퍼센트 이상 늘렸음에도 불구하고, 조사 대상 기업의 단 3퍼센트만이 다음 해에 직원 교육을 늘릴 계획을 가지고 있었다.[2] 이는 현재 직업을 유지하는 것뿐만 아니라 높은 자리로 올라가서 리더십을 발휘하는 데 필요한 능력을 습득하기 위해 고군분투하는 이들에게는 충격적인 소식이다.

이보다 더 정확한 메시지는 없다. 경력을 쌓고 성장하고 싶다면 스스로 자신의 교육과 발전에 투자해야 한다. 하지만 파괴적 변혁을 겪고 있는 세상에서 도대체 어떤 프로그램이 성공하는 방법을 가르친다는 말인가? 전통적인 대학 교육만으로는 더 이상 충분하지 않은 데다 학위 취득에만 여러 해가 걸릴 수 있다. 우리에게는 최신 지식을 갖추는 데 그만한 시간을 쓸 여유가 없다. 시행착오를 거치면서 학습하는 것도 하나의 선택지가 될 수 있지만, 이 방법도 시간이 걸리기는 매한가지이고 많은 비용이 든다. 게다가 습득한 모든 지식과 기술이 빠르게 쓸모없어진 결과, 최신의 지식과 기술을 습득하기 위한 끝없는 경쟁을 따라잡기가 어려워질 수 있다.

그러면 도대체 어떻게 해야 이 어리석은 행동을 멈출 수 있을까? 다행히도 이 경쟁에서 이기기 위해 가장 똑똑한 사람이 될 필요는 없으며, 경쟁 우위를 확보하기 위해 뇌를 방대한 양의 정보로 채울 필요도 없다. 답은 신경과학의 원리와 잠재의식 속 뇌의 타고난 재구성 능력을 활용해서 보다 효과적으로 사고하고, 민첩하게 학습하는 사람이 되는 것이다.

《뇌 1.4킬로그램의 사용법A User's Guide to the Brain》의 머리말에서 존 레이티John Ratey는 다음과 같이 이야기한다.

> 1,000억 개의 뉴런 각각에는 다른 뉴런과 연결되는 1~10,000개의 시냅스 연결이 있다. 이 말은 하나의 뇌에서 이론적으로 가능한 연결 패턴의 수가 약 40,000조 개라는 뜻이다. 만약 (단순히 시냅스 배열의 차이가 아니라) 시냅스 강도의 변화가 세상을 표현하는 뇌의 능력 이면에서 작동하는 주된 메커니즘이고 각각의 시냅스가 가령 열 가지 수준의 강도를 가지고 있다면, 하나의 뇌에서 관찰할 수 있는 다양한 전기화학적 구성의 수는 $10^{1,000}$이라는 엄청난 숫자에 달한다. 천체물리학자 대다수가 우주의 부피를 대략 $10^{87} m^3$로 계산한다는 것을 볼 때, 이 숫자가 상상할 수 없을 만큼이라는 것 정도는 쉽게 이해할 수 있을 것이다.[3]

뇌를 빙산이라고 생각해 보자. 의식적인 마음은 물 위로 튀어나온 빙산의 일각에 불과한 반면, 잠재의식은 그 아래에 숨어서 알려지지 않은 거대한 부분이다. 이것이 내가 잠재의식 속 뇌, 특히 인식하지 못하는 가운데 반사적으로 수행하는 뇌의 습관에 초점을 맞추는 이유다. 나는 이처럼 숨어 있는 강력한 힘의 원천을 '잠재의식의 사고 습관Subconscious Thinking Habit'이라고 부른다. 이 사고 습관은 우리가 생각하고 학습하며 적응하는 방법은 물론이고 세상을 보고 세상과 상호 작용하는 방법을 형성하는 과정을 뒷받침한다.

시중에는 새로운 습관을 개발하는 데 도움이 되도록 고안된 책과 프로그램이 많이 있지만, 그러한 자원은 의식적인 마음 습관에 초점을 맞추고 있다. 다시 말해 뇌에서 언어를 기반으로 하는 좌뇌에 의존해서 정보를 전달하는 전통적인 접근 방법을 따른다. 그러나 이러한 접근 방법은 뇌의 타고난 학습 기능을 활용하지 못한다. 반면 내 접근 방법은 완전히 다르다. 이 책은 습관을 바꾸는 방법을 알려주지 않는다. 대신 사고를 바꾸는 것이 가능하며, 심지어 엄청난 압박감에서도 뇌가 고성능 영역에서 쉽게 작동할 수 있는 인지적 통달 상태에 도달하는 것이 가능하다는 것을 설명한다.

이 책은 좌뇌와 우뇌의 최적의 균형을 통해 뇌에 가능한 것이 무엇인지 배우고, 뇌를 업그레이드할 수 있다는 것을 이해하는 데 도움이 되도록 구성되어 있다. 자기 스스로 잠재의식의 성공에 도달할 수 있는 방법을 알려주는 안내서가 아니다. 인지 발달은 고도로 개인화되어 사람마다 매우 미묘한 차이가 있는 과정이기 때문이다. 대신 이 책에서는 과학적 이론에 대한 신선하고 솔직한 시각을 제안하며, 잠재의식의 사고 습관을 발달시키면 삶의 모든 영역에서 의미 있고 지속 가능한 행동 변화를 할 수 있다고 설명한다.

인지과학자로서 나는 항상 조금 다른 방식으로 일해 왔으며 이 책도 그 패턴을 따른다. 분명하게 말하고 싶은 것은 오늘날 끊임없이 변화하는 세상에서 성공하고 싶은 사람이라면 누구에게나 뇌 업그레이드가 필요하다는 것이다. 이 행성에 살고 있는 사람으로서 우리가 뇌의 학습 엔진을 전체적으로 업그레이드할 수 있다면, 새로운 지식과 기술을 빠르고 효과적으로 학습할 수 있는 능력이 급격하게 향상될 것이다.

지난 25년간 수많은 기업의 임원들의 뇌 코치로 일하면서 혁신적 변화를 목격했다. 경력의 한계를 돌파하고, 수입을 몇 배로 늘리고, 마침내 일과 삶의 균형에 도달하는 것과 같이 인생 전체가 완전히 탈바꿈하는 모습을 지켜본 것은 내게 열정을 불러일으키고 엄청난 기쁨을 안겨주었다. 이제 이 책이 훨씬 더 많은 사람들의 인생을 바꿀 차례다. 이 책을 통해서 많은 사람들이 자신의 잠재력을 최대한 발휘하고, 성과를 완전히 최적화하는 여정을 시작하기를 바란다.

우리의 뇌는 이야기를 좋아한다. 이야기는 우리가 정보를 학습하고 저장하는 주요 방법 중 하나이기 때문이다. 사실 나는 과학만 있고 이야기가 없는 것은 일만 하고 놀이가 없는 것과 같다는 것을 오래 전에 깨달았다. 그래서 이 책의 거의 모든 장에는 이야기가 포함돼 있다. 각 장의 이야기는 과학을 쉽게 이해하고 공감할 수 있게 한다.

인생을 살면서 세상을 좋은 것과 나쁜 것, 즉 흑과 백으로 나누어보기도 한다. 하지만 이 책에서는 회색도 받아들이라고 권유한다. 이 책에 담겨 있는 다양한 이야기를 읽으면서 탐구하는 마음을 가지기 바란다. 그리고 어떤 이야기가 자신과 어떻게 관련이 있는지, 또는 어떤 이야기가 자신이 아는 누군가를 떠올리게 하는지 살펴보자. 다만 이야기에서 관찰할 수 있는 특성에 긍정적 또는 부정적이라는 딱지를 붙이려는 유혹에는 넘어가지 않기를 바란다. 그 대신 어떤 모습에 공감할 수 있는지를 그저 관찰하고 알아보면 된다.

1부

당신의 뇌는
최신 버전입니까?

1장

당신의 뇌는 우연의 산물인가,
의도된 설계인가

🧠 **만약 당신의 뇌가 앱이라면, 사겠습니까?**

나는 최고경영자이자 뇌 코치, 인지과학자로 일하는 동안 많은 이들과 이야기를 나눠왔다. 그 가운데 아멜리아와 나눈 대화는 내 일에서 매우 중요한 순간이었다.

아멜리아와는 어느 네트워킹 행사에서 우연히 만났다. 우리는 이전에도 인사를 나눈 적이 있었고, 나는 낯익은 얼굴을 보게 되어 반가웠다. 아멜리아는 세계적인 금융기관에서 고위 임원으로 재직하고 있었고, 똑똑하고 호기심이 많은 데다 상당히 통찰력 있는 사람이었다. 잠시 이런저런 이야기를 나눈 뒤에 대화의 주제가 아멜리아의 직업적 목표로 옮겨갔다. 아멜리아는 자신이 이끌어온 사업 부문이 잘 성장해 왔고 만족스럽다고 말했다. 하지만 이제는 사업 부문 전반에 걸쳐 성장세를 유지할 방법을 찾아야 하는 시험대에 올라 있었다.

아멜리아는 지금까지 사고력을 바탕으로 자신이 성공할 수 있었지만 더 이상은 새로운 생각을 떠올리기 어려워졌다고 설명했으며, 나는 그 말을 주의 깊게 들었다. 아멜리아가 계속해서 성공 가도를 달리려면 자신의 사고 수준을 높여야 했다. 하지만 어떻게 해야 할까?

아멜리아의 이야기를 듣다 보니 상쾌한 어느 가을날 오후 저물어가는 햇살이 내 마음을 어루만지는 것 같았다. 그러다 문득 스마트폰 앱에 비유하면 뇌를 더 잘 설명할 수 있겠다는 생각이 떠올랐다. "아멜리아 씨의 뇌와 그 관련 기능이 스마트폰에 설치된 앱과 같다면 어떨 것 같습니까?" 아멜리아는 재미있다는 듯 나를 바라봤다. "두뇌 앱 같은 것을 말씀하시나요?" 나는 고개를 끄덕이면서 물었다. "만약 아멜리아 씨의 뇌가 앱이라면, 사겠습니까?"

잠시 곰곰이 생각하던 아멜리아의 입에서 "흠" 하는 소리가 새어나왔고, 그 소리가 내게는 아멜리아가 뇌를 스마트폰 앱에 비유한 발상에 열린 마음을 가지고 있다는 것처럼 들렸다. 그러더니 아멜리아가 미소를 머금고 말했다. "내 두뇌 앱의 현재 버전은 안 살 것 같지만 개선된 새 버전은 살지도 모르겠네요. 그런데 그게 가능하기나 할까요?" "실제로 가능합니다." 나는 확신을 담아 말했다. "어떻게요?" 아멜리아가 호기심 가득한 목소리로 물었다. "이야기를 하나 들려드리죠."

현재 당신의 두뇌 앱은 우연의 산물이다

몇 년 전 여러 나라의 최고재무책임자Chief Financial Officer, CFO들이 참여한 국제회의에서 한 세션을 진행하다가 나는 참석자들 가운데 자원할 분이 있는지 물었다. 유머 감각이 뛰어나고 자아가 건강하며 회복탄력성이 좋은 사람이 나오기를 바랐다. 참석자 일부에서 웃음이 터져 나왔고 어느새 내 옆에는 엘리엇이라는 사람이 서 있었다. 마지못해 나온 척했지만 다른 참석자들의 추천에 기분이 좋아 보였다.

나는 엘리엇에게 CFO의 역할에 대한 자신의 생각을 참석자들에게 들려달라고 요청했다. 엘리엇은 CFO로 일하려면 똑똑하고 정확해야 한다고 강조했다. 그리고 CFO가 맞닥뜨리는 어려운 일들을 설명하면서 CFO는 선제적으로 위험을 관리하는 일과 새로운 성장 기회를 고려하는 일 사이에서 신속하게 생각을 전환해야 한다고 말했다. 참석자들이 공감한다는 듯 소곤거렸다.

나는 엘리엇에게 물었다. "엘리엇 씨에게 있어 뇌와 사고 역량이 직업적으로 가장 중요한 두 가지 자산이라고 할 수 있을까요?" 엘리엇이 강하게 고개를 끄덕였다. "그렇다면 이 두 가지가 CFO 역할을 수행하는 데 필요한 가장 중요한 자산이고, 엘리엇 씨의 미래 직업적 성장이 여기에 달려 있다는 말에 동의하십니까?" 엘리엇이 답했다. "물론이죠." "저도 그렇게 생각합니다." 내가 말했다.

하지만 이 지점에서 우리가 나눈 대화의 방향이 바뀌었다. 나는 엘리엇에게 중요한 질문을 던졌다. "좋습니다. 엘리엇 씨, 이제 자신의 뇌가 어떻게 작동하는지 말씀해 주시겠습니까?" 엘리엇은 형편없는 수준이라고 망설임 없이 답했다. 그러자 우호적인 참석자들 사이에서 웃음과 박수가 섞인 반응이 나왔다. 웃음소리가 잦아들자 엘리엇이 말을 이어갔다. "솔직히 내 뇌가 어떻게 작동하는지 잘 모르겠습니다. 좋건 나쁘건 그냥 작동하고 있겠지요." 더 깊이 알아보기 위해 내가 물었다. "그러면 생각하고 학습하는 방법을 어떻게 배웠는지 기억나십니까?" 엘리엇이 답했다. "그런 방법을 배우지는 않았습니다. 그냥 우연히 그렇게 된 거죠. 다른 사람들과 마찬가지로요. 행복한 우연이겠죠."

방 전체에 가벼운 웃음소리가 가득했다. 엘리엇이 이처럼 아주 훌륭한 지원자로서 내가 던진 일련의 질문에 유머러스하게 대답하고 있었기 때문에 나는 마지막 말까지 나아갈 수 있었다. "엘리엇 씨, 편하게 말씀드리겠습니다. 엘리엇 씨는 자신의 뇌와 사고 역량이 자신의 경력에서 가장 중요한 개인적 자산이라고 생각합니다. 하지만 뇌가 가장 큰 자산임에도 불구하고 그 뇌가 어떻게 작동하는지 모릅니다. 뇌를 최적으로 이용해서 사고하고 학습하는 방법을 배운 적도 없습니다. 뇌와 사고 역량이라는 엘리엇 씨의 핵심 자산이 그저 '행복한 우연'처럼 어쩌다 발달한 것입니다."

긴 침묵이 흘렀다. 나는 엘리엇의 회복탄력성과 좋은 성품을 시험했고, 엘리엇은 점점 불편한 기색을 드러냈다. 모두가 엘리엇의 대답을 기다리는 사이에 참석자들은 자기들끼리 속삭이며 대화를 나눴고 초조한 듯 미소 짓는 사람도 일부 있었다. 엘리엇이 마음을 가라앉힌 다음 말했다. "그렇게 말씀하시니 조금 당황스럽습니다. 그런데 한편으로 생각해 보면 말씀하신 논리를 반박하기도 힘들 군요."

사고하고 학습하는 방법을 배운 적이 없다고 인정하는 엘리엇의 말에 핵심이 담겨 있다. 모든 일이 우연히 일어났지만 정말로 행복한 우연이었을까? 만약 엘리엇의 뇌가 최적으로 작동했다면 행복한 우연이었을 것이다.

지금껏 엘리엇을 가르친 교사와 교수들이 그에게 학습 능력을 갖춰주려 애썼는지 몰라도 사고하고 학습하는 방법을 정확하게 가르친 적은 없었다. 물론 CFO의 자리에 오르기까지 엘리엇의 사고가 제대로 발달한 부분도 분명히 있다. 하지만 안타깝게도 엘리엇은 자신의 사고력을 의도적으로 발달시키지는 않았다.

이상적인 사고 역량을 발달시키고 싶다면 반드시 의도적인 방법을 적용해야 한다. 직업적 성장과 장기적인 성공은 최적으로 사고하는 능력에 달려 있고, 더 높은 자리로 갈수록 그런 능력은 더 필요하다.

두뇌 앱, 업그레이드할 수 있다

●

아멜리아에게 이 이야기를 들려준 다음 내가 말했다. "대부분의 임원이나 기업가와 마찬가지로 엘리엇은 자신의 두뇌 앱을 우연히 발달시켰습니다. 계획적으로 그렇게 한 것이 아닙니다. 그래서 두뇌 앱을 업그레이드해야 했죠." 아멜리아가 무슨 말인지 잘 모르겠다는 듯 어깨를 으쓱거리면서 답했다. "설령 내 뇌가 업그레이드할 수 있는 앱이라 해도 어떻게 해야 하는지 모르겠어요. 어디서부터 시작해야 하는지조차 모르겠다니까요." 내가 설명했다. "우리 모두는 우연히 만들어진 두뇌 앱을 가지고 살아가고 있습니다. 우리 뇌에는 사용 설명서가 없습니다. 그저 생각하는 방식대로 생각하고 지금 모습대로 존재할 뿐이죠. 그렇지만 인생에서 거의 모든 것이 그렇듯이 뇌도 바뀔 수 있습니다. 두뇌 앱을 재설계할 수 있다는 말입니다."

호기심이 동한 아멜리아가 물었다. "어떻게요?" "신경과학과 인지과학 연구를 활용하면 됩니다." 내가 말했다. "그렇게 자기 뇌의 사용 설명서를 만들 수 있습니다. 저는 사람들이 가지고 있는 잠재의식의 사고 역량을 검사하고, 개인별 사고의 결함과 행동의 결함을 찾아내는 방법을 개발해 왔습니다. 뇌에 결함을 유발하는 원인이 무엇인지 알게 되면 근원적인 잠재의식의 사고 역량을 다시 코드화해서 그 결함을 강점으로 바꿀 수 있습니다."

아멜리아가 생각에 잠긴 것처럼 고개를 갸웃거리더니 물었다. "우리가 어떻게 생각하고 있는지조차 인식하지 못한 채 생각한다는 말씀인가요?" "그렇습니다. 잠재의식의 사고는 의식적으로 인식하는 수준 아래에서 작동합니다. 이러한 잠재의식의 과정들은 시간이 가면서 계획되지 않은 방식으로 발달해서 습관이 되죠. 그래서 제가 이를 잠재의식의 사고 습관이라고 부르는 것입니다. 잠재의식의 사고 습관은 정보를 처리하고 생각하며 배우거나 행동하고 적응하는 방법의 근간이죠."

아멜리아의 눈이 커졌다. "와, 정말 놀랍군요!" 아멜리아가 탄성을 질렀다. "그런데 말씀하신 것처럼 되는지 어떻게 알 수 있나요?" "제가 만난 많은 사람들이 자신의 두뇌 앱을 성공적으로 업그레이드했기 때문입니다." 나는 대답을 이어갔다. "재검사에서 점수가 크게 향상되었을 뿐만 아니라 뇌가 더 잘 기능하고 있어서 인생 전체가 바뀌었다는 이야기도 듣습니다. 대부분이 뇌 코칭 이후 매일 한 시간의 생산성을 추가로 확보했고 더 높은 자리로 승진한 경우도 많았습니다." "와, 왜 업그레이드라고 부르는지 알겠네요!" 아멜리아가 재치 있게 말했다. "이거 정말 흥미롭군요. 어떻게 되는 건지 말씀해 주실 수 있나요?" 나는 인지 발달을 설명하기 시작했다. 인생에서 거의 모든 것이 그렇듯이 인지 발달 역시 태어날 때부터 시작된다.

두뇌 앱은 어떻게 발달했을까?

●

영유아 발달 이론의 많은 선구자들은 영유아기의 뇌가 어떻게 스스로 코드화해서 사고하고 학습하는 방법의 기초를 형성하는지 그 과정을 이해할 수 있는 토대를 탄탄하게 다져놓았다.

먼저 뇌에는 무수히 많은 루틴들로 코드화된 기본 운영체제가 있고, 이 루틴들이 정보를 분석하거나 자극을 처리하는 일을 돕는다고 생각해 보자. 이 비유를 잘 이해하려면 루틴이 무엇인지 알아야 한다. 컴퓨터 과학에서 말하는 루틴은 더 큰 프로그램을 구성하는 컴퓨터 코드의 일부로서 특정 작업을 수행하며 비교적 독립적으로 작동한다. 본질적으로 루틴이란 어떤 과제를 수행하는 일련의 명령이다. 특정 작업을 수행할 필요가 있는 경우라면 언제든 다수의 프로그램에서 같은 루틴을 이용할 수 있다.

우리가 아동기를 거쳐 발달하고 성장하는 동안 뇌는 다양한 루틴을 우연히 코드화한다. 우리가 겪는 사회문화적 환경과 경험이 두뇌 루틴이 코드화되는 방식을 결정하는 것이다. 따라서 컴퓨터에 비유한 맥락에서 보면 인간은 윈도우나 맥OS와 유사한 기본 운영체제를 가지고 태어났다고 할 수 있다.

예를 들어, 아이가 언어를 배우는 과정을 살펴보자. 아이들의 운영체제에는 선천적 언어 습득 루틴이 이미 프로그램으로 설치되어 있다. 언어는 설명이 쉽지 않고 선천적으로 복잡한 과정을 거쳐 습득되고 발달한다. 하지만 아이가 처한 사회문화적 환경과 상관없이 언어 구사력을 습득하는 능력은 모든 아이의 뇌에 기본 운영체제의 일부로 내장되어 있는 것이 분명하다.

당신이 아기였을 때의 뇌가 현재 두뇌 앱에 부분적으로 영향을 끼쳤다는 점을 고려하면 뇌를 업그레이드해야 한다는 말은 새삼스러울 것이 없다. 아멜리아와 엘리엇의 이야기에서 알 수 있듯이 우리의 뇌, 그리고 성장하고 학습하며 적응하는 능력은 핵심 자산이다. 이것을 알고 나면 왜 우리는 운동선수들이 자신의 몸을 소중히 여기고 지원하는 것처럼 우리의 뇌를 다루지 않는지 의아할 것이다.

생각해 보자. 세계 최고의 운동선수는 자기 몸을 발전시키기 위해 코치와 의사는 물론이고 과학자, 생리학자, 영양사까지 고용한다. 금메달을 따고 싶다면 그저 얼마간 규칙적으로 운동하면서 매일 채소를 한가득 먹는 것보다 훨씬 더 많이 노력해야 한다는 것을 알고 있기 때문이다. 세계 최고 운동선수의 몸처럼 우리의 뇌도 최적의 성능을 발휘하기 위해서는 전문적인 훈련이 필요하다.

인지 발달 이면의 과학

●

우리의 두뇌 앱이 아동기와 청소년기를 거쳐 무계획적으로 발달했다는 생각은 장 피아제Jean Piaget의 인지 발달 이론을 근거로 한다. 피아제는 지능은 변치 않는다는 가설을 처음으로 뒤엎은 사람 중 한 명이었다. 대신 어린이는 인지 발달 과정의 일부로 자신의 세계를 점점 더 복잡한 심성 모형mental model으로 만든다고 제안했다.[1] 어린이는 생물학적으로 성숙해지는 과정에서 환경과 계속 상호 작용하면서 이 심성 모형을 형성하고 끊임없이 고쳐 나간다.

뇌가 지식을 구조화하며 인지 과정과 행동을 관리하기 위해 이용하는 심성 모형을 심리학에서는 스키마schema라고 부른다. 피아제는 스키마란 서로 밀접하게 연결되고 핵심 의미에 의해 통제되며 응집력 있고 반복 가능한 연속적인 행동이라고 정의했다.[2] 피아제가 주창한 스키마의 개념은 뇌가 아동기에 루틴을 어떻게 코드화하는지 이해하는 데 도움이 된다.

피아제의 이론적 사고 체계는 어린이의 인지 발달이 어떻게 성인의 뇌에 영향을 끼치는지를 정확히 이해할 수 있는 탄탄한 근거가 되기도 한다. 피아제에 따르면 모든 어린이는 4단계 인지 발달 과정을 거친다.[3] 피아제의 방법론과 각 인지 발달 단계의 연령 정확성, 아동의 사회적 환경이 미치는 영향에 대해 일부 의문이 제기

되기도 했지만, 피아제의 연구는 여전히 매우 큰 영향을 미친 것으로 인정받고 있다.

피아제의 이론이 발표되고 거의 백 년이 지난 지금 두 가지 중요한 점에 주목해야 한다. 첫째, 모든 어린이가 같은 순서로 4단계 인지 발달과정을 거친다고 알고 있지만, 지금은 일부 어린이가 피아제가 제시한 것과는 다른 속도로 발달한다는 것도 알려져 있다. 둘째, 피아제의 접근 방법과 피아제와는 다른 견해를 가졌던 레프 비고츠키Lev Vygotsky의 접근 방법 사이에서 균형을 잡아야 한다. 비고츠키는 어린이가 사회적 환경에서 성인으로부터 학습하는 것이 인지 발달에 무엇보다 중요한 요소라고 주장했다.[4] 나는 피아제와 비고츠키의 연구가 상호 보완적이라는 관점에서 두 학자의 연구 모두 대단히 큰 가치를 가진다고 생각한다.

피아제의 4단계가 현재 당신의 두뇌 앱을 생성한 방법

과학이 실제로 어떻게 적용되는지 살펴보자. 당신은 성장하면서 자기만의 속도와 특별한 이정표에 따라 피아제의 4단계 인지 발달 과정을 각각 거쳤다. 그렇게 앞으로 나아가면서 당신의 뇌는 두뇌 루틴을 자동으로 코드화했다. 이 초기 코드화 과정은 현재 성인이 된 두뇌 앱의 기초를 형성했고, 지금도 여전히 영향을 미친다.

어렸을 때 참여했던 활동이나 게임, 취미, 놀이가 현재 당신의

단계	연령	내용
감각운동기	출생부터 18~24개월	영아는 현재를 산다. 영아가 어떤 사물을 볼 수 없다면 그 사물은 존재하지 않는다.
전조작기	2~7세	아동은 사물과 사건이 정신적 실체나 상징으로 표현될 수 있다고 이해하기 시작한 결과 상징적 사고를 하게 된다.
구체적 조작기	7~11세	어린이는 물리적 사물이나 그 그림을 다룸으로써 조작적 사고와 논리적 사고 능력을 발달시킨다.
형식적 조작기	청소년기~성인기	청소년은 추상적 사고 역량을 발달시켜서 구체적인 예를 직접 보지 않더라도 토론과 논쟁을 이해할 수 있다.

두뇌 앱이 보여주는 효율성과 유효성은 물론이고 관련한 사고 역량에 직접적으로 영향을 미친다. 여기서 중요한 것은 이러한 일이 거의 또는 전혀 의도하지 않았는데 잠재의식 속에서 일어난다는 점이다. 그러다 보니 잠재의식의 사고 습관 가운데 일부는 효율적으로 코드화되었지만 나머지는 그렇지 않다.

단순 암기보다 대화형 발견학습이 훨씬 더 효과적이다

피아제의 연구는 어린이가 실질적인 활동을 하면서 가장 잘 배운다는 생각에 기초한 발견학습discovery learning의 개념도 도입했다. 피아제는 정보를 하나씩 떠먹여주는 방식으로 가르치는 것보다 무언가를 하면서 배우는 것이 아이들에게 더 유익하다고 생

각했다.[5]

발견학습은 성인에게도 매우 중요한 가치가 있다. 두뇌 앱을 실질적으로 발달시키고 개선하는 방법에서 중요한 역할을 하기 때문이다. 나의 뇌 코칭 프로그램에서도 놀이 중심의 발견학습 방법을 이용해서 사람들이 '아하!' 하고 깨달으며 유기적으로 학습하는 경험을 함으로써 수동적으로 정보를 받는 대신 능동적으로 학습할 수 있게 한다. 발견을 통한 학습은 뇌에 내재된 '신경가소성 neuroplasticity'을 활용하기 때문에 두뇌 루틴을 다시 코드화하는 매우 효과적인 방법이다. 여기서 신경가소성이란 뇌가 환경과 상호작용하면서 스스로 재구성하고 생리적으로 변화하는 능력을 의미한다. 이것이 바로 두뇌 앱을 업그레이드하는 방법이다.[6]

피아제가 이야기한 동화同化와 적응 개념도 발견학습의 중요성을 강조한다는 면에서 유용하다. 피아제에 따르면 동화는 어린이가 새로운 정보를 처리한 다음 기존 인지 스키마에 입력할 때 일어난다. 반면 적응은 어린이가 추가 정보를 수용하기 위해 기존 인지 스키마를 수정(다시 코드화)할 때 일어난다. 동화와 적응은 서로 별개이고 매우 다른 과정이다. 동화에는 수동적 학습법이 필요하지만, 적응에는 능동적 학습법이 필요하다.

피아제는 복잡한 문제해결 능력이란 가르칠 수 있는 것이 아니라 발견해야 하는 것이기 때문에 대화형 발견학습이 매우 중요하다고 여겼다.[7] 단지 문제해결 양식이나 공식을 주는 것만으로는 많은 것을 얻을 수 없다. 복잡한 문제는 보통 공식에 따라 해결할 수 없으므로 문제해결에 계속 어려움을 겪을 것이다. 복잡한 문제를 효율적으로 해결하기 위해서는 이러한 능력을 지원하는 두뇌 루틴이 최적으로 발달해야 한다.

이 책의 후반부로 가면 복잡한 문제를 최적으로 해결하기 위해 발견학습 기법에 집중하는 이유가 더 분명해질 것이다. 지금으로서는 성인의 뇌를 다시 코드화하려면 더 복잡하고 어려운 정신 활동의 반복과 대화형 발견학습이 필요하다는 것이 핵심이다.

2장

습관,
모르면 바꿀 수 없다

🧠 "함께 발화하는 뉴런들은 서로 연결된다."

도널드 헵Donald Hepp

습관이란 뇌가 반복을 통해 깊이 코드화해서 지금은 자동으로 수행하는 루틴을 말한다. 의식적이든 무의식적이든 상관없이 뇌가 신호에 반응할 때마다 뉴런 사이의 연결이 강화된다. 이와 같은 신경 경로는 해당 반응을 자주 반복할수록 더 강해진다. 그렇게 반응이 충분히 반복되면 반사적인 습관이 형성된다. 이것이 뇌가 습관을 코드화하는 방법이다.

　습관은 좋은 것도 있고 나쁜 것도 있다. 하지만 뇌는 어느 쪽이든 상관하지 않는다. 단지 신호에 대한 반응을 기억할 뿐이다. 의식적이든 무의식적이든 시간이 가면서 같은 반응이 반복되면 뇌는 적절한 시점에 새로운 루틴을 코드화한다. 뇌는 특정 루틴이 도움이 되는지와 관계없이 반복에 반응하여 신경 경로를 강화하기 때문에 자연스럽게 사람들에게서 좋은 습관과 나쁜 습관이 뒤섞인 모습이 나타나게 된다.

여기에서는 습관의 개념을 의식적인 '마음 습관'과 잠재의식의 '사고 습관'이라는 두 가지 유형으로 구분한다. 의식적인 마음 습관이란 우리가 알고 있는 습관이다. 대부분 양치질이나 운동 요법처럼 일상적인 신체 활동과 관련이 있다. 또한 육체적 갈망이나 중독과 관련될 수도 있다.

우리는 처음에는 운동처럼 건강한 습관을 의도적으로 만들려고 한다. 그러다 결국에는 그 습관이 너무나 깊이 내장되어 더 이상 의도적으로 활성화할 필요가 없기 때문에 자동비행 모드로 운항하는 비행기처럼 자동으로 실행될 것이다. 한편 초콜릿에 대한 갈망과 같이 덜 건강한 습관은 보통 자신도 모르게 만들어진다. 이러한 습관도 내장되기만 하면 반사적으로 실행되기 때문에 바꾸기가 매우 어렵다. 의식적인 마음 습관은 시간이 지나면서 단단히 자리를 잡기 때문에 의지만으로는 중단하기 어렵다.

나는 의식적으로 인식하는 수준 아래에서 작동하는 뇌의 습관을 설명하기 위해 잠재의식의 사고 습관이라는 용어를 만들었다. 우리가 인식하는 신체 활동과 관련 있는 의식적인 마음 습관과 달리 잠재의식의 사고 습관은 우리가 인식하지 못하는 정신적인 사고 기능과 관련이 있다.

앞 장에서 언급한 두뇌 앱을 기억하는가? 같은 비유를 바탕으로 잠재의식의 사고 습관을 두뇌 앱을 구성하는 루틴이라고 생각할 수 있다. 뇌의 습관은 정보를 처리하고 추론하거나 학습하고 적응하며 행동하는 방식을 뒷받침한다.

1장에서 이야기한 바와 같이 현재 우리의 두뇌 앱, 그리고 더 나아가 잠재의식의 사고 습관은 피아제의 인지 발달 4단계를 거치면서 무계획적인 방식으로 발달한다. 우리의 뇌는 어렸을 때 참여했던 학습 및 놀이 활동을 통해 그것을 코드화한다. 청소년기가 끝날 무렵에는 피아제의 4단계를 모두 마쳤기 때문에 잠재의식의 사고 습관도 그때쯤에는 거의 굳어진다. 하지만 이 책에서는 사고 기능을 지원하는 뇌의 습관을 재구성하고 다시 코드화하는 데 있어 의도적인 접근 방법이 어떻게 도움이 될 수 있는지 설명할 것이다.

유형에 관계없이 모든 습관은 세 부분으로 구성된 인지 패턴을 따른다. 찰스 두히그Charles Duhigg는 《습관의 힘The Power of Habit》에서 이러한 패턴을 습관 루프habit loop라고 부른다. 두히그가 만든 모델은 의식적인 마음 습관에 적용된다. 하지만 잠재의식의 사고 습관에 맞게 내가 개발한 모델은 조금 다르다. 이번 장에서는 두 모델이 어떻게 작동하는지를 보여주고 두 모델 사이의 차이점을 설명할 것이다.

두 가지 유형의 습관과 각각의 패턴을 확실하게 이해한 다음에는 뇌의 사고 기능을 설명하고 분류하기 위해 내가 개발한 혁신적인 체계를 소개할 것이다. 이는 열 가지 잠재의식의 사고 습관으로 구성되어 있으며 기능에 따라 네 가지 범주로 분류된다. 이 네 가지 범주를 '잠재의식의 성공을 떠받치는 네 가지 기둥'이라고 부른다. 그 내용은 뒤에서 심도 있게 다룰 것이다.

의식적인 마음 습관

●

의식적인 마음 습관의 작동 방식을 더 잘 이해하기 위해 정크 푸드를 먹는 것처럼 건강하지 못한 습관을 예로 살펴보자. 많은 사람들이 건강에 해로운 간식을 생각조차 하지 않고 먹는다. 왜냐하면 이 행동은 너무 오랫동안 반복해서 반사적인 행동이 되어버렸기 때문이다. 이것이 바로 많은 사람들이 식습관을 개선하는 초기 단계에서 큰 어려움을 겪는 이유다. 불행히도 의지만으로는 오랜 시간을 거쳐 깊이 뿌리박힌 식습관을 중단하기 어려운 것이다.

우리는 도움이 되지 않는 습관이 삶을 지배할 때 그 습관의 영향력 때문에 어려움을 느껴본 적이 있다. 반면에 같은 방식으로 도움이 되는 습관을 발달시켜서 자동으로 실행될 때의 이점도 경험해본 적이 있을 것이다. 매일 아침 달리기를 하러 나가는 경우를 예로 들 수 있다. 시간이 지나면 매일 이 활동을 반복함으로써 신체 건강에 도움이 되는 습관을 발달시킬 수 있다. 우리 뇌가 새로운 신경 경로를 코드화하고 이 새로운 루틴을 개시함으로써 습관을 반사적으로 만들어 특별히 노력하지 않아도 그 습관을 장기간 유지하기 쉽게 한다.

의식적인 마음 습관은 영양이나 운동보다 훨씬 더 폭넓은 개념이다. 구두를 닦는 단순한 습관부터 도박 중독처럼 복잡한 습관까지 우리 일상생활에서 일정 부분을 차지한다.

습관 루프 모델

찰스 두히그의 습관 루프 개념으로 돌아가보자. 그림은 세 가지 요소로 구성된 두히그의 모델을 보여준다.[1]

- **신호**: 습관적 행동을 유발하는 계기
- **루틴**: 계기가 되는 신호를 뒤따르는 물리적 행동
- **보상**: 행동의 강화

이 신경학적 패턴은 모든 의식적인 마음 습관의 근원에 있다. 그리고 동일한 습관 루프 모델이 현재의 행동과 의식적으로 구축하고 있는 바람직한 행동 모두에 적용된다. 다음은 잘 구축된 의식적인 마음 습관의 맥락에서 습관 루프가 어떻게 작동하는지를 보여주는 예다.

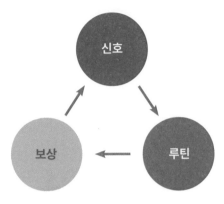

찰스 두히그의 습관 루프 모델

- **신호:** 계기가 습관적 행동과 관련된 두뇌 프로그램이 시작되게 한다.
- **루틴:** 활성화된 두뇌 프로그램이 행동을 시작하고 관련된 습관적 행동을 반사적으로 생성한다.
- **보상:** 결과적으로 보상을 받고, 이는 습관적 행동을 더욱 강화한다.

이제 구체적인 예시를 살펴보자. 스트레스를 받으면 초콜릿을 찾는 습관이 있다고 가정해 보자. 그러한 행동에 관한 습관 루프는 다음과 같다.

- **신호:** 스트레스를 받고 있다.
- **루틴:** 의식적으로 생각하지 않고 초콜릿을 찾아 손을 뻗는다.
- **보상:** 초콜릿을 먹으면 마음이 편안해진다.

앞서 언급한 것처럼 두히그는 습관 루프의 개념을 확장해 많은 사람들에게 익숙할 것이 분명한 개념인 갈망을 포함시켰다. 두히그는 습관이 특별히 즐기는 대상에 대한 신경학적 갈망을 유발할 수 있다는 견해를 제시했다. 갈망은 습관에 힘을 부여한다. 그리고 분명한 사실은 심리학적 갈망이 소비재 마케팅에 혁명을 일으켰다는 것이다.[2]

중요한 것은 습관 루프가 갈망과 구별되는 더 큰 맥락을 지닌다는 점이다. 2012년 NPR 라디오에서 진행된 인터뷰에서 두히그는 "정신적으로 전혀 인식하지 못한 가운데 이렇게 복잡한 행동을 할 수 있다. 그리고 이는 행동을 취하고 그 행동을 자동 루틴으로 바꾸는 기저핵(척추동물의 전뇌 하부와 중뇌 상부에 위치한 뇌 내 구조물로 수의 운동, 안구 운동, 절차 기억, 인지, 감정 등 다양한 기능에서 중요한 역할을 담당한다—옮긴이)의 능력 때문이다"[3]라고 말했다.

의식적인 마음 습관과 그것에 상응하는 습관 루프는 그 자체로 흥미롭다. 또한 잠재의식의 사고 습관을 이해하는 훌륭한 토대를 제공한다.

잠재의식의 사고 습관

●

의식적인 마음 습관은 적어도 처음에는 의식하는 한계 수준 위에서 작동한다. 그러므로 우리는 이 습관이나 그것에 관련된 신호와 루틴, 보상을 인식한다. 반면, 잠재의식의 사고 습관은 의식하는 한계 수준 아래에서 작동한다. 그래서 이 습관은 간접적인 방식으로 인식된다. 잠재의식의 사고 습관은 성과에 부정적인 영향을 미치면 눈에 더 잘 띄기 시작한다. 예를 들어, 개방형 사무 환경에서 일부 사람들은 갖가지 방해 요인에 둘러싸여서 집중하는 게 얼마나 어려운지를 인식한다. 이는 개방형 환경에서 일하는 많은 이들에게 여전히 문제가 된다.

대부분의 사람들에게 진짜 문제는 잠재의식의 사고 습관이 여전히 청소년기 후반과 같은 방식으로 기능한다는 것이다. 1장에서 비유적으로 설명한 두뇌 앱은 아동기와 청소년기를 거치면서 발달한다. 잠재의식의 사고 습관은 우리가 성장하는 과정에서 의도치 않은 방식으로 진화하다가 성인이 될 무렵에는 발달을 멈춘다. 그 결과 많은 사람들의 일과 삶이 점점 더 힘들고 복잡해지고 까다로워지면서 어려움을 겪고 있다. 안타깝게도 두뇌 앱과 그 루틴을 의도적으로 업그레이드하지 않는 한 이러한 난관은 계속될 것이다.

잠재의식의 사고 습관이 불균형하거나 결함이 있으면 마치 컴퓨터의 운영체제가 때때로 그러는 것처럼 두뇌 루틴이 느리게 실행되거나 가끔씩 작은 문제를 일으킬 수도 있다. 예를 들어, 복잡한 문제해결 과정을 생각해 보자. 선택할 수 있는 문제해결 기법이 많이 있음에도 불구하고 몇몇 사람들은 여전히 그 기법을 적용하는 데 어려움을 겪고 있다는 사실을 알고 있는가? 이는 대개 '분석적 사고'라고 부르는 잠재의식의 사고 습관이 느리거나 비효율적으로 실행되고 있기 때문이다.

전통적인 문제해결 기법은 무엇을 해야 할지는 알려주지만 어떻게 해야 할지는 알려주지 않는다. 무엇을 해야 할지를 아는 것은 전투의 절반일 뿐이다. 잠재의식의 사고 습관은 어떻게 할지를 알아내는 데 도움이 되는 잃어버린 연결고리다. 우리가 만들어내는 결과물의 품질과 적시성은 잠재의식의 사고 습관이 얼마나 효과적이고 효율적으로 작동하는지에 달려 있다. 잠재의식의 사고 습관을 강화하면 학습해 온 지식을 최적으로 적용하는 데 도움이 되기 때문이다.

잠재의식의 사고 습관 모델

두히그의 습관 루프 모델을 응용해서 잠재의식의 사고 습관에 대한 신경학적 패턴을 설명하려 한다. 물리적 보상을 제공하는 의식적인 마음 습관과 달리 잠재의식의 사고 습관은 정신적 결과를 제공한다. 따라서 두히그의 원래 모델에서 사용한 요소인 '보상'을 '결과'로 대체했다. 한편 잠재의식의 사고 습관이 의식적으로 인식하는 수준 아래에서 작동하기 때문에 '루틴'을 '잠재의식의 루틴'으로 대체했다. 그림은 내가 만든 잠재의식의 사고 습관 모델이다. 다음은 각 구성 요소에 대한 설명이다.

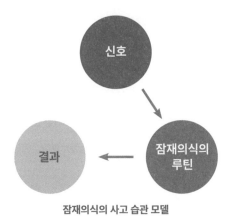

잠재의식의 사고 습관 모델

- **신호**: 잠재의식의 루틴을 활성화하는 정보나 자극
- **잠재의식의 루틴**: 잠재의식 속에서 반사적 혹은 자동적으로 정보를
  처리하는 잠재의식의 사고 습관과 관련된 두뇌 프로그램
- **결과**: 관련된 잠재의식의 루틴에 의해 생성되는 정신적 결과

중요한 프로젝트를 진행하는 동안 집중력을 유지하기 힘들었던 경험이 있는가? 잠재의식의 사고 습관 중 하나는 집중력을 지원한다. 뒤에서 다시 설명하겠지만, 이 습관이 이상적인 수준 이하로 작동하면 주의력을 통제하는 능력이 저해될 수 있다.

실제 사례의 맥락에서 잠재의식의 사고 습관이 작동하는 기제를 살펴보자. 컴퓨터 화면에 나타나는 알림 때문에 방해받은 적이 있다면 다음 상황을 이해할 수 있을 것이다.

- **신호**: 컴퓨터 화면에 이메일 도착 알림창이 떠서 먼저 해야 할 일을 방해한다.
- **잠재의식의 루틴**: 아무 생각 없이 반사적으로 이메일을 열어본다.
- **결과**: 뇌는 여전히 자동비행 모드로 운항하는 비행기처럼 자동으로 작동하고 있고, 방해받고 있다는 사실을 인식하지 못하고 있기 때문에 중요한 기한이 빠르게 가까워지고 있음에도 불구하고 긴급하지 않은 이메일에 계속 답장을 한다.

잠재의식의 성공을 떠받치는 네 가지 기둥

오랜 기간 많은 사람들, 특히 기업 임원들이나 기업가들과 일하며 인지과학 및 신경과학 분야를 깊이 공부하고 연구한 결과를 연관시키는 과정을 거치면서 나는 뇌를 업그레이드하는 방법과 다음 내용에서 설명할 체계를 발전시켜왔다. 잠재의식의 성공을 떠받치는 네 가지 기둥은 다음과 같다.

- **첫 번째 기둥**: 주의력 통제
- **두 번째 기둥**: 복잡한 문제해결
- **세 번째 기둥**: 전략×계획×실행
- **네 번째 기둥**: 사회적 리더십

잠재의식의 성공을 떠받치는 네 가지 기둥과 각 기둥의 잠재의식의 사고 습관

　이제부터 네 가지 기둥을 하나씩 간략히 설명하고, 각 기둥이 사고와 행동에 어떤 영향을 미치는지 알아 볼 것이다. 여기서 중요한 것은 각 기둥이 이전의 기둥을 기반으로 구축된다는 사실이다. 네 가지 기둥과 각 기둥에 관련된 잠재의식의 사고 습관이 모두 조화롭게 작동하면, 잠재의식 속에서 성공을 이끌어냄으로써 자기 자신은 물론이고 팀의 성과를 최적화할 수 있다. 하지만 하나 이상의 기둥이 최적이 아닌 상태로 작동하면 원하는 결과를 만들어내는 데 심각한 영향을 미치게 된다. 그림은 잠재의식의 성공을 떠받치는 네 가지 기둥과 각 기둥에 해당하는 잠재의식의 사고 습관을 보여준다.

　흥미롭게도 우리는 효율성이 떨어지는 잠재의식의 사고 습관을 발달시키는 것보다 해당 습관으로 인한 손해를 보상하는 데 훨씬 더 많은 시간과 노력, 정신적 에너지가 필요하다는 사실을 알게 되었다. 그리고 사람들의 삶은 일반적으로 두뇌 앱을 업그레이드한 뒤에 훨씬 개선된다.

첫 번째 기둥: 주의력 통제

이 기둥은 잠재의식의 사고와 뒤이은 성과의 기본 토대가 된다. 이 기둥은 '집중적 사고'라는 잠재의식의 사고 습관 하나로 구성된다. 집중적 사고는 주의력을 통제해서 집중력을 최적으로 활용할 수 있게 한다.

집중적 사고 역량의 수준이 낮으면 보통 생산성이 떨어지는 현상이 나타난다. 주의력을 제대로 통제하지 못하는 사람은 최우선 과제에 집중하기 어렵다. 그리고 낮은 집중력은 주의 산만과 미루기, 시간관리 부실로 이어진다. 집중력이 낮은 사람은 업무를 할 때 기한에 쫓겨 서두르고 회의 시간에 딴짓을 하며 문서를 다시 읽어야 하는 경우가 많다. 이와 같은 결함을 극복하면 성과와 생산성은 물론이고 개인의 회복탄력성에 극적인 변화를 가져올 수 있다.

두 번째 기둥: 복잡한 문제해결

이 기둥은 세 가지의 서로 다른 사고 유형으로 구성되며, 세 가지 모두 복잡한 문제해결 과정에서 똑같이 중요하다. 이 세 가지 잠재의식의 사고 습관이 잘 어우러지면 해결방안의 전략적 가치는 극대화된다.

- **분석적 사고:** 문제 정의의 선행 작업으로 복잡한 상황을 작은 단위로 분해하는 능력을 지원한다.
- **혁신적 사고:** 정의한 문제를 해결할 수 있는 여러 해결방안을 떠올리고 만들어내는 능력을 뒷받침한다.
- **개념적 사고:** 정의한 문제에 대한 최적의 해결방안을 파악하기 전에 각 해결방안의 타당성을 평가하는 데 사용된다.

　이 세 가지 잠재의식의 사고 습관이 이상적으로 균형을 이루면 문제해결 과정의 유효성이 크게 향상된다. 이러한 이유 때문에 최적화된 복잡한 문제해결은 복잡한 문제를 해결하고 복합적인 기회와 위험을 다루는 일에 상당한 시간을 쏟는 사람들에게 타협할 수 없는 가치를 가진다.

　두 번째 기둥과 관련된 잠재의식의 사고 습관은 문제해결 속도와 해결방안의 질에도 영향을 미친다. 이 세 가지 습관 중 하나 이상이 최적이 아닌 상태에서 작동하면 문제해결 속도가 느려지거나 이상적이지 않은 해결방안을 만들어내며, 둘 다인 경우도 종종 있다.

　오늘날 급변하는 환경에서 잠재의식의 문제해결에 결함이 생기면 그 대가가 매우 클 수 있다. 기업은 기후변화나 세계적인 정치적 불안, COVID-19뿐만 아니라 충격적인 기술적 진보 덕분에 물리적 세계와 생물학적 세계, 디지털 세계가 융합될 조짐이 보이는

4차 산업혁명과 같은 근본적인 도전에 마주하고 있다. 그리고 이러한 도전을 이겨내려고 노력하는 과정에서 비판적 사고와 문제해결 능력의 필요성이 기하급수적으로 높아질 것으로 예상할 수 있다.

세 번째 기둥: 전략 × 계획 × 실행

이 기둥은 두 번째 기둥으로부터 자연스럽게 연결된다. 바로 앞에서 복잡한 문제를 해결하는 데 필요한 역량을 다뤘다면, 이제 최적의 해결방안을 성공적으로 실행하기 위해 필요한 역량을 다룰 것이다. 이번 기둥도 서로 다른 세 가지 사고 유형으로 구성되며, 세 가지 모두 전략적 계획을 실행하는 데 있어 똑같이 중요하다.

세 번째 기둥은 다음 세 가지 잠재의식의 사고 습관으로 구성된다.

- **전략적 사고:** 큰 그림을 보는 사고와 전략 수립, 의사소통을 뒷받침한다.
- **추상적 사고:** 전략을 실행하는 데 필요한 전략적 계획의 개발을 지원하고, 해당 계획의 다양한 구성 요소를 정확하고 효과적으로 위임하는 능력을 뒷받침한다.
- **운영적 사고:** 위임받은 사람들이 전략적 계획에서 각자 담당하는 구성 요소를 실용적이고 협력적인 방식으로 실행하여 성공적인 결과를 낳을 수 있도록 한다.

이러한 잠재의식의 사고 습관 가운데 하나 이상에서 결함이 발생하면 해결방안을 전략적으로 실행하는 능력이 심각하게 손상될 수 있다. 반면에 세 번째 기둥의 세 가지 사고 습관이 균형을 이루면 불필요한 재작업을 상당히 방지할 수 있다.

네 번째 기둥: 사회적 리더십

이 기둥은 관계, 신뢰, 지지 등을 구축하는 데 필요한 역량을 다룬다. 이성적인 하드 스킬hard skill(업무 수행에 필요하고 지속적인 학습과 훈련으로 개발 가능한 기술적 역량이다—옮긴이)에 기대는 다른 잠재의식의 사고 습관과 달리 사회적 리더십에 관련된 습관은 무언가를 감지하는 소프트 스킬soft skill(타인과 함께 일하고 의사소통하는 정성적 역량이다—옮긴이)에 의존한다. 이러한 습관은 리더가 라포rapport(두 사람이 서로 공감하는 인간관계 또는 그 친밀도를 뜻한다—옮긴이)를 구축하고 사람들에게 동기를 부여하며 팀을 코칭하는 데 도움이 된다. 그리고 전략의 실행을 담당할 사람들이 전략적 계획을 신뢰하고 각자에게 부여된 과업에 완전한 주인의식을 가질 수 있도록 한다.

네 번째 기둥은 다음 세 가지 잠재의식의 사고 습관으로 구성된다.

- **비언어적 사고**: 타인과 관계를 구축하고 신체 언어, 얼굴 표정, 목소

리 톤 등 미묘한 비언어적 신호를 읽는 능력을 뒷받침한다.

- **균형감 사고**: 감성 지능의 핵심 요소로 타인의 관점과 감정을 공감하고 이해하는 능력을 지원한다.
- **직관적 사고**: 분위기를 파악하는 것과 같이 환경적 신호를 포착하는 능력을 지원한다. 또한 직감과 세상 물정에 밝은 능력도 뒷받침한다.

사회적 리더십은 성공이 빛을 발하게 만드는 데 필요한 광택용 천이자 모난 곳을 둥글게 만드는 기둥이다. 다른 기둥과 함께 이 기둥을 발달시키면 직업적 천장을 훨씬 쉽게 뚫고 나아갈 수 있기 때문에, 이를 천장 돌파기^{ceiling breaker}라고 부른다.

네 가지 기둥의 열 가지 잠재의식의 사고 습관이 모두 균형을 이루면 우리 안에 숨겨진 잠재력과 성과에 극적인 영향을 미친다. 반면 강력한 사회적 리더십이 없다면 모든 전략적 사전 작업은 마음이 떠난 직원이나 동료의 주의를 전혀 끌지 못할 수 있다. 이전에 관계를 구축하지도 않았고 적절한 수준의 라포를 형성하지도 않았기 때문이다.

복잡한 문제해결 역량과 마찬가지로 감성 지능 및 사회적 지능과 관련되어 사람을 다루는 소프트 스킬도 미래로 갈수록 점점 더 중요해질 것이다. 능동적 학습과 회복탄력성, 스트레스 내성, 유연성과 같은 자기관리 역량도 마찬가지다.

앞으로 펼쳐질 이야기

지금쯤이면 잠재의식의 성공을 떠받치는 네 가지 기둥의 기본적인 내용을 이해하고, 이 기둥들이 더 뛰어난 성과를 창출하는 비결인 이유를 어느 정도 파악했을 것이다. 잠재의식의 사고 습관을 발달시키는 일에 대한 투자가 새롭게 개선된 두뇌 앱으로 이어질 수 있다는 점을 이미 깨달았을 수도 있다.

3장에서는 뇌에 내재된 신경가소성을 활용해서 두뇌 앱을 업그레이드하는 이면의 과학을 다룬다. 결정적으로 독창적인 뇌의 균형 개념을 도입해서 어느 쪽 뇌가 우세한지에 따라 인간은 우뇌형 또는 좌뇌형으로 나뉜다고 주장하는 기존 이론에 도전한다. 그리고 좌뇌와 우뇌가 최적으로 균형을 이루는 것이 중요할 뿐만 아니라 반드시 필요한 일이라는 사실도 알게 될 것이다.

그다음에는 잠재의식의 성공을 떠받치는 네 가지 기둥과 각 기둥에 관련된 잠재의식의 사고 습관을 자세히 살펴볼 것이다. 이를 통해 비효율적인 잠재의식의 사고 습관이 어떻게 개인적 성공과 직업적 성공을 모두 방해하고 좌절시키는지 알 수 있을 것이다.

마지막으로 열 가지 잠재의식의 사고 습관의 효율성과 유효성을 최적화하면 어떻게 뇌의 균형에 도달할 수 있는지 설명할 것이다 (나는 이러한 효과를 마음의 기氣라고 부른다). 그리고 최종 결과는 잠재의식의 성공을 펼칠 수 있는 힘을 돋우는 것이다.

3장

뇌의 균형

🧠 "나는 공교롭게도 극도로 좌뇌형이다. 그래서 본능적으로 그림보다 표를 그리는일을 좋아한다. 하지만 우뇌를 발달시키기 위해 노력하고 있다. 우뇌의 능력을 강화하는 방향으로 변화하면 심오한 의미에서 더 나은 삶을 살 수 있는 가능성이 있다고 생각하기 때문이다."

다니엘 H. 핑크Daniel H. Pink

중국 철학에서 음양陰陽은 정반대의 것이 가지는 상호 보완적 본질을 다루는 사상으로 뇌의 구조와 기능을 비유적으로 설명할 때 매우 유용하다. 뇌의 두 반구는 음양과 마찬가지로 서로 떨어져 있지만 본질적으로는 연결되어 있다. 이처럼 좌뇌와 우뇌가 서로 연결되어 조화를 이룬 덕분에 뇌가 균형을 이룰 수 있다. 그리고 뇌의 균형이라는 강력한 힘을 활용하면 일과 삶에서 모두 성공할 수 있다.

이 책에서는 대다수 사람들의 뇌가 일하는 방식을 바탕으로 뇌의 균형을 설명한다. 이는 오른손잡이에게 좌뇌와 우뇌가 어떻게 작동하는지 살펴본다는 뜻이다. 왼손잡이의 경우에도 걱정할 필요는 없다. 앞으로 다룰 모든 내용이 똑같이 적용되는데, 다만 왼손잡이기 때문에 좌뇌와 우뇌의 기능이 뒤바뀔 뿐이다.

이번 장에서는 뇌의 균형이 성공의 근간이 되는 이유를 알아본다. 먼저 뇌의 균형이나 학습 능력의 근거가 되는 인지과학 및 신경과학 이론을 살펴본다. 또한 뇌의 신경가소성을 이용해서 두뇌 앱을 업그레이드할 수 있고, 정확한 목표를 가지고 잠재의식의 사고 습관을 개발하면 실질적이면서 장기적인 효과가 있다는 점을 설명한다.

뇌의 균형이란

앞에서 설명한 바와 같이, 주로 성장 과정에서 어떤 활동을 했는지에 따라 성인의 뇌가 지니는 능력은 사람마다 천차만별이다. 이처럼 인지 발달이 무계획적으로 이루어진다고 본 결과 개인의 두뇌 앱이 보여주는 유효성과 효율성이 경우에 따라 큰 폭으로 달라지는데, 이것이 바로 '균형을 잃은 뇌'의 특징이다. 또한 사람마다 인지 능력의 편차가 매우 커지는 결과도 발생한다. 성장 배경과 교육 수준이 비슷한 사람들 사이에서도 인지적 강점과 인지적 결함이 완전히 다를 수 있다. 검사를 통해 발견한 사실은 대부분의 사람들이 최소한 하나, 그리고 평균적으로 서너 개의 인지적 결함을 갖고 있다는 것이다. 이는 전혀 놀라운 일이 아니다. 개인의 뇌가 전적으로 우연히 최적의 상태로 균형을 갖추도록 발달할 가능성은 매우 낮기 때문이다.

청년기가 되면 뇌는 고착화되는 경향을 보인다. 그래서 성인의 두뇌 앱은 점점 더 융통성과 유연성이 떨어지는 방식으로 생각하고 정보를 처리한다. 어린 시절에 효과적으로 코드화된 두뇌 루틴과 사고 역량은 계속 효율적으로 작동할 수 있으므로 성인기에 정신적 에너지를 많이 소모하지 않는다. 이에 반해 어린 시절에 효과적으로 코드화되지 못한 두뇌 루틴과 사고 역량은 결함이 있을 가능성이 높기 때문에 많은 정신적 에너지를 필요로 한다.

간단히 말해서 어린 시절의 인지 발달이 성인기의 사고 역량을 좌우한다는 것이다. 어렸을 때 형성된 강점과 결함은 성인기 내내 계속 발현된다. 만약 어린 시절에 발달한 인지적 결함이 성인의 두뇌 앱이 성과를 내지 못하게 방해하도록 내버려둔다면, 개인적으로든 직업적으로든 매우 큰 대가를 치러야 할 수 있다.

과학계에서는 최근까지도 개인의 사고 역량이 대체로 바뀌지 않는다는 시각을 가져왔다. 만약 이 말이 옳다면 당신의 두뇌 앱은 업그레이드할 수 없을 것이다. 또한 많은 사람들이 한계에 부딪힌 잠재력과 부진한 성과, 단축된 경력이라는 결과를 받아들일 것이다. 다행히도 지금은 뇌에 내재된 신경가소성을 의도적으로 활용함으로써 두뇌 앱을 실제로 업그레이드하고 뇌의 균형을 이룰 수 있다는 점을 알고 있다.

신경가소성의 역할

●

뇌의 가소성으로 불리기도 하는 신경가소성은 정신적·육체적 활동을 반복하는 동안 시간이 지나면서 뇌가 스스로 재구성하는 능력이다. 이렇게 재구성된 뇌는 물리적 구조와 기능이 변하게 된다. 우리의 뇌는 신경가소성 덕분에 새로운 환경에 쉽게 적응할 수 있다. 이 말은 도널드 헵이 남긴 "함께 발화하는 뉴런들은 서로 연결된다"는 유명한 표현을 떠올리게 한다.

현대 신경과학의 개척자이자 스페인 출신으로는 처음 노벨상을 수상한 산티아고 라몬 이 카할Santiago Ramón y Cajal은 "누구나 마음만 먹으면 자기 뇌의 조각가가 될 수 있다"고 했다.[1] 이 말은 부인하기 어려울 정도로 신경가소성의 개념을 예견하고 있었다. 놀랍게도 라몬 이 카할이 그 개념을 내다보고 많은 시간이 지난 1948년에서야 폴란드의 신경과학자인 예지 코노르스키Jerzy Konorski가 신경가소성이라는 용어를 최초로 사용했다.[2]

라몬 이 카할의 통찰력 있는 견해는 놀랍도록 다양한 영역에서 적용되어왔다. 예를 들어, 군대와 프로 스포츠계에서는 아주 오랫

동안 반복훈련 형태로 '의도적 연습'이라는 개념을 활용해 왔다. 역사상 가장 위대한 군대나 운동선수에게서 한결같이 볼 수 있는 것은 혹독하고 꾸준한 연습을 통해 잠재의식의 루틴을 발달시키는 일의 가치다. 일반적으로 승리의 비결은 루틴을 뇌에 깊이 새기는 훈련과 연습에 있다. 효과적인 루틴은 그 성격이 육체적인지 또는 정신적인지와 관계없이 잠재의식에 깊이 새겨지게 된다. 그래서 아주 쉽고 빠르게 그리고 의식적으로 생각할 필요 없이 실행될 수 있다.

최근에 신경가소성의 해석에 변화가 생기면서 신경과학은 중요한 전환점을 맞았다. 아이의 뇌가 유연하다는 것은 오래전부터 알고 있는 사실이지만, 평생 동안 뇌가 유연한 상태를 유지한다는 시각은 비교적 새로운 것이다. 최근까지도 과학자들은 청년기가 되면 뇌가 고착화될 것이라고 생각했다. 또한 뇌의 물리적 특성이 손상되면 뇌의 기능이나 능력을 회복할 수 없다고 봤다. 다행히 노먼 도이지Norman Doige 박사가 《기적을 부르는 뇌The Brain That Changes Itself》에서 설명한 바와 같이 뇌의 신경가소성은 노년까지 잘 유지된다.[3] 도이지 박사는 과학계가 뇌에 내재된 신경가소성이 지닌 풍부한 능력을 선제적으로 활용하여 새로운 기능을 만들어내거나 상실된 기능을 되살릴 수 있다는 견해를 주창한다. 실제로 몇몇 훌륭한 연구 사례에서 뇌의 신경가소성을 활용해 놀라운 의학적 결과를 만들어온 방법을 제시하기도 한다.

뇌의 균형 이면의 과학

뇌 코치로서 나는 사람들이 뇌의 균형에 도달하고 잠재의식의 사고 루틴과 행동을 지속 가능하게 개선하도록 돕는다. 하지만 내 내면의 과학자는 뇌의 균형 이면의 과학에 훨씬 더 관심이 많다. 기존 이론들은 대부분 좌뇌 중심이었다. 반면 최근 수십 년 사이 연구원들은 뇌의 양쪽 모두에 주목해 왔고, 그 결과 좌뇌와 우뇌 각각의 역할을 매우 폭넓게 이해할 수 있었다. 또한 학습하고 뇌의 균형을 이루는 과정에서 우뇌가 결정적인 역할을 한다는 사실도 알게 되었다.

여기에서는 뇌의 균형은 물론이고 뇌의 균형이 리더십과 학습에 미치는 영향을 이해하는 데 있어 필수적인 연구 성과를 남긴 저명한 학자 두 명의 이론을 살펴보려 한다.

떨어져 있지만 연결된

헨리 민츠버그Henry Mintzberg는 〈왼쪽에서 계획하고 오른쪽에서 관리하기Planning on the Left Side and Managing on the Right〉라는 영향력 있는 글에서 오른손잡이에게 좌뇌는 논리적 사고 과정을 뒷받침하고 정보를 선형적이고 순차적이며 질서 정연한 방식으로 처리한다고 말했다. 민츠버그의 관점에서 보면 "왼쪽 반구에서 가장 분명하게 선형적인 능력은 언어다".[4] 이와는 대조적으로 민츠버그는 우뇌는 전체적이고 관계 중심적인 방식으로 작동해서 정보를 동시에 병렬적으로 처리한다고 이야기했다. 민츠버그에 따르면 "오른쪽 반구에서 가장 분명한 능력은 시각적 이미지의 이해다".[5]

이처럼 민츠버그는 좌뇌와 우뇌의 각각의 역할을 설명하며 리더십에 있어 반구별 전문화가 중요한 고려 사항이라는 자신의 가설을 뒷받침한다. 민츠버그에 따르면, 일련의 단계를 잘 계획하는 일은 좌뇌의 능력에 더 가까운 반면, 조직을 이끄는 데 필요한 중요한 정책 수준의 과정은 우뇌의 능력에 더 가깝다.

그리고 민츠버그는 좌뇌의 의식적, 연속적, 언어 기반 사고 과정의 명시적 인식과 우뇌의 관계 중심적, 전체적, 비언어적 잠재의식의 사고 과정을 대비시켰다. 우뇌의 사고 과정에 대해서는 알려진 바가 적었기 때문에 민츠버그의 통찰력 있는 견해는 특별한 가치를 지닌다. 우뇌가 비언어적으로 정보를 처리하기 때문에 "왼쪽 반구는 오른쪽 반구가 묵시적으로 알고 있는 것을 명시적으로 표현할 수 없다".[6]

잠재의식의 사고 습관이 주로 우뇌의 영역이기 때문에 이러한 관점은 내 일에서도 너무나 중요하다. 상반된 능력 때문에 좌뇌와 우뇌가 구분되지만 서로 결합되어 최적으로 발달하면, 두 반구 사이의 연결과 상보성(서로 부족한 부분을 보완하는 관계에 있는 성질을 말한다—옮긴이)을 무시할 수 없다.

양원적 뇌

뉴욕대 의과대학의 신경학 임상교수인 엘코논 골드버그Elkhonon Goldberg는 양원적 뇌bicameral brain*에 대한 연구로 잘 알려져 있다. 골드버그는 전통적으로 반구별 전문화를 다음과 같이 명쾌하게 요약한다. " '우세한' (대개 왼쪽) 반구는 언어 기능을 담당하는 반면, '열세한' (주로 오른쪽) 반구는 비언어적 기능, 특히 시공간** 기능을 담당한다."[7] 이러한 관점은 민츠버그의 연구 결과에 힘을 실어주면서 양원적 뇌를 이해하는 중요한 틀을 제공한다.

골드버그는 뇌에는 서로 분리되어 별개인 두 반구가 있어서 함께 작동하지만 매우 다른 방식으로 기능하며 정보를 처리한다고 생각한다. 골드버그의 새로움—일상화 이론novelty-routinization theory에 따르면 좌뇌는 과거의 전략이나 경험을 바탕으로 잘 정립된 인지 루틴에 의해 작동되는 과정에 특화되어 있다. 이에 반해 우뇌는 기존의 인지 루틴에 의존해서는 해결할 수 없는 새로운 인지 문제에 특화되어 있다. 따라서 인지적 새로움에는 혁신적이면서 적응력 있는 접근 방법이 필요하다.

다음의 그림은 골드버드의 새로움—일상화 이론에 따른 좌뇌와 우뇌의 기능을 보여준다. 반구별 전문화에 대한 골드버그의 새

---

* 양원적이라는 용어는 말 그대로 '두 개의 공간이 있다'는 뜻이다. 신경과학에서는 좌뇌와 우뇌 사이의 서로 다르고 고도로 전문화된 역할과 기능을 가리킨다.
** 뇌의 시공간 기능에는 공간적으로 위치를 결정하는 능력, 시각적 자극을 분석하는 능력, 이미지를 마음속으로 처리하는 능력 등이 포함된다.

로움-일상화 이론은 흥미롭게도 인지 행동을 뒷받침하는 신경 경로가 시간이 지남에 따라 실제로 변할 수 있음을 확인해 준다. 변화는 반복되는 연습을 통해 인지적 과제를 완전히 익혔을 때 일어난다. 여기서 중요한 점은 골드버그가 이 변화는 우뇌에서 좌뇌로 향하는 단방향으로만 일어날 수 있다는 사실을 발견했다는 것이다.[8]

골드버그 이론의 전제는 우리가 발견한 바와 일치한다. 좌뇌는 기존 지식이나 주제 전문성(특정 분야나 주제에 대한 전문적 지식과 경험을 말한다—옮긴이)을 검색해서 이용하는 지식 데이터베이스와 유사한 역할을 한다. 반면 우뇌는 새롭고 신기한 생각이나 문제, 기회를 탐색하는 일에 능숙하다. 따라서 새롭고 신기한 정보나 상황을 처리하고 탐색할 수 있는 질과 속도를 제어하는 컴퓨터 운영체제와 비슷하게 작동한다.

우뇌와 관련된 인지적 새로움은 반복되는 연습을 통해 좌뇌와 관련된 일종의 인지적 통달로 전환된다. 시간이 지나면서 두 반구는 서로 연결되고 협력해서 인지 루틴을 구축한다. 인지적 과제가 더 이상 새롭지 않고 익숙하고 일상이 되면서 우뇌에서 좌뇌로 활성화 상태가 이동한다. 이러한 이동은 뇌의 균형을 보여주는 대표적인 특징으로 최적의 성과를 달성하는 원동력이 된다.

골드버그는 이처럼 우뇌에서 좌뇌로 활성화 상태가 이동하는 현상을 실험실에서 "기능적 자기공명영상fMRI, 양전자 방출 단층 촬

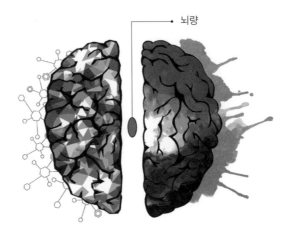

뇌량

양원적 뇌

좌뇌: 일상화	우뇌: 새로움
1. 순차 처리	1. 병렬 처리
2. 언어 기능	2. 비언어 및 시공간 기능
3. 과거 지향적	3. 미래 지향적
4. 꼼꼼함	4. 큰 그림을 보기
5. 지식 상기	5. 학습 민첩성
6. 일상적 사고	6. 민첩한 사고
7. 명시적	7. 묵시적
8. 논리적 주장/책으로 배운 지식	8. 경험에 따른/세상 사는 지혜
9. 이지적으로 처리	9. 직관적
10. 분석적	10. 통합적
11. 주입식 학습	11. 새로 배운 내용의 적용

골드버그의 새로움―일상화 이론을 시각적으로 재구성함

영법PET, 뇌파 검사법EEG 등 다양한 신경촬영법"9을 이용해서 측정하고 입증해 왔다는 점을 강조한다.

그렇다면 인지적 새로움에서 인지적 통달로 전환되는 현상이 현실에서는 어떤 모습일까? 운전을 배우는 것이 훌륭한 예다. 처음에는 운전에 수반되는 모든 것에 익숙해지는 동안 우뇌에 크게 의존한다. 하지만 많은 연습으로 결국에는 운전 기술을 완전히 익히게 되어 생각하지 않더라도 운전할 수 있게 된다. 실제로 의식하는 한계 수준 아래에서 뇌가 무의식적으로 좌뇌에서 쉽게 운전 기술에 접근할 수 있기 때문에 운전은 인지 루틴이 된다. 운전에 통달하게 되면 익숙하지 않은 도로에서도 교통 상황이나 기상 상태의 변화에 신속하게 적응해서 차량을 완벽하게 통제할 수 있다.

새로운 과학적 이론은 기존 학습 방법에 어떻게 도전하는가

반구별 전문화에 대한 골드버그의 새로움—일상화 이론에서 상당히 중요한 몇몇 시사점이 도출되었다. 특히 우뇌에서 좌뇌로 활성화 상태가 이동하는 현상은 전통적인 교육과 훈련, 코칭에 관해 많은 의문을 갖게 한다. 인지과학과 신경과학 분야에서 새롭게 발견된 사실로 인해 학습에 대한 이해가 어떻게 변화했는지 살펴보자.

우리는 반대 방향으로 가르치려고 애써왔을까?

골드버그의 연구에 따르면 학습은 우뇌에서 좌뇌로 향하는 단방향으로 일어난다. 반면 교육 기관이나 교육 프로그램은 언어나 암기와 같이 좌뇌의 기능에 거의 전적으로 기대는 전통적인 교육 방법을 적용하고 있다. 그러면 이는 우리가 지금까지 반대 방향으로 가르치려고 애써왔다는 의미인가? 만약 그렇다면 아주 큰 문제가 있다. 이 흥미로운 난제를 더 자세히 살펴보자.

두 사람이 한날한시에 똑같은 강사가 진행하는 똑같은 교육 프로그램에 참석했는데 학습 수준이 매우 다른 이유가 궁금하지 않은가? 일반적으로 교육 프로그램을 마친 후 학습한 내용을 적용해서 행동 변화를 가져오는 능력은 프로그램 참가자들 사이에 차이가 크다. 이는 기업이나 기업가, 개인에게 익숙한 딜레마다. 그리고 결국 전통적인 교육 방법이 최적으로 학습하기 위해 뇌가 필요로 하는 것과는 정반대로 좌뇌에서 우뇌로 향하는 접근 방법을 취한다는 사실로 되돌아간다. 골드버그는 이 문제를 요약해서 이렇게 말했다. "실제로 두 사람이 '동일한' 인지 기술을 익히는 수준이 크게 다를 수 있는데, 이는 우뇌와 좌뇌에 대한 의존도 차이에 반영될 것이다."[10]

뇌 과학의 기본을 이해하지 못하기 때문에 우리는 여전히 반대 방향으로 가르치려고 애쓰고 있다. 만약 교수법을 반대 방향으로 바꾸면 과속 방지턱을 아주 많이 피할 수 있을 것이다. 현재 우리는 언어 기반의 정보를 좌뇌에 가능한 한 많이 집어넣으려고 한다. 그 과정에서 우뇌를 완전히 건너뛰다 보니 이를 강화하거나 발달 시키지 못한다.

개인의 학습 능력이 최적으로 발달되지 않으면 뇌가 따라가는 데 어려움을 겪게 된다. 이는 미래의 학습의 질과 속도는 물론이고, 학습 내용을 적용하는 능력에 영향을 미칠 것이다. 교육이나 훈련 과정에서 말과 글로 표현된 언어에 주로 의존하면, 좌뇌가 하도록 설계되지 않은 일(예: 인지적 새로움)을 하라고 계속 요구하기 때문에 좌뇌에는 과부하가 걸리고, 뇌는 진이 빠진다. 이러한 현상을 최소화하기 위해서는 뇌가 작동하는 방식과 반대 방향이 아니라 그 방식에 부합하도록 학습 방법을 정상화해야 한다. 하지만 이는 훨씬 더 큰 이야기의 시작일 뿐이다.

내 관점에서는 유동적 사고fluid thinking와 관련 잠재의식의 사고 습관을 발달시킴으로써 교육과 훈련, 발달에서 실제 투자수익률ROI이 상당히 높아질 수 있다. 또한 학습 민첩성과 새롭게 학습한 내용을 신속하고 효과적으로 적용하는 능력도 모두 향상될 것이다. 이 단계가 완료되면 교육 내용을 제공하고 특정 분야의 지식을 쉽고 빠르게 발달시키는 일로 초점을 전환할 수 있다.

뇌의 균형을 창출하는 데 필요한 궤도 수정을 위해서는 교육이나 훈련, 코칭을 제공하는 방식을 바꿔야 한다. 교육과 발달의 관점에서 보면, 우뇌가 가진 통합적이고 직관적인 역량을 희생하면서 좌뇌의 순차적이고 분석적인 특성을 받드는 일을 멈춰야 한다. 민츠버그는 1976년에 쓴 글에서 경영 교육이 "사실상 좌뇌를 숭배하는 데 현대 경영 대학을 바쳤다"라며 안타까워했다.[11] 그러면서 "나는 학교에 새로운 균형을 요구한다. 바로 인간이 가진 최고의 뇌가 분석과 직관 사이에서 달성할 수 있는 균형 말이다"라고 말했다.[12]

뇌의 균형은 어떤 개념이나 철학 그 이상의 것이다. 끊임없이 변화하는 세계가 요구하는 다음 단계의 사고 역량을 창출하기 위해 가르치고 학습을 장려하는 방법을 근본적으로 다시 정의하라는 간절한 호소다. 피아제는 1964년에 말한 이 이야기는 오늘날에 더더욱 들어맞는다.

> 학교 교육의 본질적인 목표는 이전 세대가 했던 것을 단순히 반복하는 것이 아니라 새로운 일을 할 역량을 갖춘 남녀를 양성하는 것이다. 이는 창의적이고 독창적이며 무언가를 발견할 뿐만 아니라 자신이 제공받은 모든 것을 그대로 받아들이지 않고 비판적으로 검증할 수 있는 남녀를 가리킨다.[13]

너무 오랫동안 우리는 교육과 훈련, 코칭에서 언어와 논리를 통해 좌뇌를 지나치게 강조한 나머지 우뇌를 발달시키지 못했다. 불행히도 현 상태는 체육관에 가서 몸의 왼쪽 부분만을 운동한 뒤에 왜 필요한 일을 절반밖에 못 하는지 의아해하는 것과 같다.

뇌의 두 반구를 구분 짓는 요소들은 미래를 향해 나아갈수록 점점 더 중요해지고 있다. 특히 기업에서 좌뇌를 선호하는 것은 한계를 정하는 일이다. 민츠버그에 따르면 리더에게 필요한 고차원적 사고 역량의 대부분은 우뇌의 영역에 있다.[14] 좌뇌에 지나치게 의존하면 리더십을 발휘하는 능력은 분명히 저하된다. 최고의 리더가 리더십을 발휘할 수 있는 것은 전적으로 뇌의 균형을 발달시켰기 때문이다.

인지 능력에 관한 CHC 이론

카텔—혼—캐롤 이론(줄여서 CHC 이론이라고 부른다)은 개인의 학습 능력에 영향을 미치는 인지 능력을 분석하기 위한 모델이다.[15] 심리학자 레이몬드 B. 카텔Raymond B. Cattell, 존 L. 혼John L. Horn, 존 B. 캐롤John B. Carroll의 연구를 바탕으로 하는 이 이론은 인지 기술을 전통적으로 학업 성취도와 상관관계가 있는 열여섯 가지 넓은 능력으로 분류한다. 열여섯 가지 CHC 범주 가운데 1940년대 초반 카텔이 Gf-Gc 이론을 제시하면서 최초로 제안한 것은 두 가지였다. 이 두 가지 모두 뇌의 균형에 대해 이야기할 때 매우 중요하다.

- **결정성 지능**crystallized intelligence(약칭 Gc) : 과거에 습득한 모든 지식이 축

적된 것이다. 여기에는 기존 지식과 기술을 기억하고 활용하는 능력
이 포함된다. 책으로 배운 지식과 유사하며, 주제의 전문성이나 과거
의 경험, 과거에 발달한 인지 루틴에 의존한다.

- **유동성 지능**fluid Intelligence(약칭 Gf) : 학습하고 적응하는 데 이용하는 원초
적인 지능이다. 유동성 지능 덕분에 과거 경험이나 이전에 습득한 지
식에 의존하지 않은 채 추론하고 개념화하며 심성 모형을 만들 뿐만
아니라 마음속으로 정보를 처리하고 새로운 문제를 해결하는 능력을
갖게 된다. 이 지능은 세상 사는 지혜와 유사하다. 그리고 미래 지향적
이어서 해도에 없는 바다를 항해하고 지금까지 마주한 적 없는 문제
를 해결하는 데 도움이 된다.

1965년부터 1990년대 초반까지 혼은 여섯 가지의 넓은 능력을
추가하여 카텔이 제시한 이분법적인 Gf-Gc 모델을 확장했다. 그
렇게 확장된 다음에는 카텔—혼의 Gf-Gc 이론으로 알려지게 되
었다.

1980년부터 1993년까지 캐롤은 인간의 인지 능력 구조에 관하
여 매우 포괄적인 경험적 연구를 수행했고, 세 단계의 인지 능력
수준을 제안하는 삼층 이론three-stratum theory을 개발했다.

- **일반 인지 능력**general cognitive ability : 3층위, 가장 높은 수준
- **넓은 인지 능력**broad cognitive ability : 2층위, 유동성 지능 및 결정성 지능

을 포함하는 여덟 가지의 넓은 능력으로 구성

- **좁은 인지 능력**narrow cognitive ability : 1층위, 2층위의 능력을 뒷받침하는 전문화된 능력

카텔―혼의 Gf-Gc 이론과 캐롤의 삼층 이론은 1990년대 후반에 단일한 분류 체계와 틀 아래 통합되어 CHC 이론으로 알려지게 되었다.

CHC 이론의 결정성 지능과 유동성 지능

유동성 지능을 더 깊이 이해하기 위해 CHC 이론의 창시자 중 한 명인 존 혼의 이야기를 살펴보자.

유동적 능력은 개인이 신속하게 사고하고 행동하는 능력과 새로운 문제를 해결하는 능력, 단기 기억을 코드화하는 능력을 좌우한다. 또한 무엇을 해야 할지 아직 알지 못할 때 사용하는 지능의 원천으로 설명되어왔다. 유동성 지능은 생리학적 효율성에 근거를 두기 때문에 교육이나 사회화와는 비교적 관계가 없다.

이 글에서 밑줄로 강조된 부분에 주목하기 바란다. 교육이나 사회화와 독립된 성격이 유동성 지능과 결정성 지능을 구분하는 핵

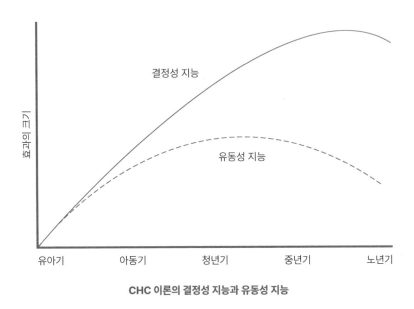

CHC 이론의 결정성 지능과 유동성 지능

심이기 때문이다. 그리고 유동성 지능이 개인적 성과와 직업적 성과에서 필수불가결한 역할을 하는 이유이기도 하다.

CHC 이론에 따르면 결정성 지능과 유동성 지능을 담아내는 역량은 나이가 들어가면서 변한다. 결정성 지능은 노년기에 도달할 때까지 계속 높아지지만, 유동성 지능은 청년기에 최고조에 이른 다음 점차 낮아진다. 그림은 이러한 두 가지 인지 능력이 한 사람의 일생 동안 어떻게 변하는지 보여준다.

CHC 이론은 나중에 다른 연구자들이 카텔의 원래 이론에 추가하거나 이를 확장하면서 계속 진화하고 있다. 여기서 주목할 점은 카텔이 1940년대 Gf-Gc 이론에서 유동성 지능과 결정성 지능의 차이를 처음으로 제안했을 때 신경가소성이라는 개념은 아직 잘 알려지지 않았다는 것이다. 따라서 연구자들은 유동성 지능을 성인기에도 계속 개선할 수 있을지도 모른다는 생각을 고려하지 않았다. 오늘날까지도 CHC 이론은 인지 능력의 강화와 발달보다는 그 측정에 중점을 두고 있다.

교육계에서는 여전히 인지평가 수행의 기초로 CHC 이론의 틀을 사용한다. 하지만 사람들이 가진 명시적 지식을 평가하는 언어 기반의 결정성 지능 검사가 계속해서 지나치게 강조되고 있다. 그 결과 언어 능력에 의존해서 인지 능력을 평가한다. 하지만 언어 기반의 검사법은 문제의 소지가 있다. 특히 해당 검사를 준비할 때 사용된 언어에 능숙하지 못한 사람에게 검사를 시행하는 경우에는 더욱 그렇다. 다행히도 검사 장비에 비언어 유동성 지능 평가가 추가되어 결국 더 광범위하고 포괄적으로 발전할 것이다.

비언어 인지 능력 평가

1980년대에 헬가 A. H. 로우Helga A. H. Rowe 박사는 오스트레일리아 토착 원주민을 포함해서 다양한 배경을 가진 어린이와 성인의 교육 가능성을 측정하고 검사할 예정이었다. 로우 박사의 연구에서는 기존의 검사가 대체로 영어 기반이었기 때문에 검사가 지닌 한계를 고심했다. 영어 기반의 검사는 영어에 능숙하지 못한 이들에게 불리한 것이 분명했다.[16] 더군다나 그 시대의 언어 기반의 지능 검사는 책으로 배운 지식에 중점을 두고 있었다. 이는 검사를 통해 파악한 지적 역량이 영어가 유창한 이들과 그렇지 않은 이들 사이에서 더 차이 나게 할 뿐이었다.

이러한 격차는 적절한 검사 방법을 찾기 위한 로우 박사의 여정에 자극제가 되었을 것이다. 로우 박사는 비언어 검사법으로 좌뇌 기반의 언어 편향을 피해 영어 실력과 상관없이 모두에게 중립적인 검사 환경을 제공할 수 있다는 것을 알고 있었다. 하지만 로우 박사의 초창기 노력은 자신에게도 실망스러울 정도였다. 기존 비언어 검사 중 상당수가 극히 좁은 범위에서 제한된 수의 인지 능력만 평가할 수 있었기 때문이다. 결국 로우 박사는 직접 유동성 지능의 개념을 바탕으로 포괄적이면서 통합적인 비언어 능력 검사 Nonverbal Ability Test,NAT를 설계했다.

로우 박사는 CHC 이론과 유동성 지능의 원칙을 활용해서 유동적 추론과 관련된 열 가지 차원에 더해 단기 기억의 네 가지 차원을 포함한 포괄적인 모델을 개발할 수 있었다.[17] 이러한 측정 기준은 교육 가능성과 학습 역량, 적응성에 영향을 미친다.

이 책에서 설명하는 열 가지 잠재의식의 사고 습관은 로우 박사가 말한 열 가지 유동적 추론에 기반하고 있다. 나는 로우 박사와 수차례 논의한 끝에 기존의 열 가지 유동적 추론 능력을 응용해서 포괄적인 모델을 만들었다. 그리고 이 모델은 기술적인 인지과학 용어 대신 비즈니스 언어를 사용하는 등 기업 리더의 요구에 정확히 부합하도록 설계되었다.

덧붙이면 내 모델에서는 유동성 지능에서 더욱 구체적으로 유동적 추론 측면, 즉 잠재의식의 사고 습관에 초점을 맞추기 위해 '유동적 사고'라는 용어를 사용한다. 그리고 전체 유동성 지능 검사와 달리 단기 기억을 검사하지 않는다는 점도 고려해야 한다.* 게다가 사업가는 '사고'라는 용어가 '지능'보다 직관적이고 이해하기 쉽다고 생각한다는 것도 발견했다.** 마찬가지로 '알고 있는 것'이라는 개념이 쉽게 이해되기 때문에 결정성 지능을 결정성 지식crystallized knowledge이라고 부른다.

잠재의식의 사고 습관은 유동적 사고를 뒷받침할 뿐만 아니라 뇌의 균형이나 잠재의식의 성공에 반드시 필요하다. 실제로 나는 잠재의식의 사고 습관이 대부분 우뇌의 영역이라고 제안한다. 이러한 연관성은 골드버그의 새로움―일상화 이론과 맥을 같이하며, 나의 뇌 코칭 프로그램에서 비언어적 접근 방법을 적용해 잠재의식의 사고 습관을 검사하는 이유이기도 하다. 교육적 검사에서 언어 편향을 제거한 로우 박사의 초창기 연구는 틀림없이 직업적 재능을 알아보고 개발할 때 공평한 경쟁의 장을 조성하는 데 도움이 되는 매우 큰 선물이 되어왔다.

이제 학습과 인지 검사의 이면에 자리한 가장 기본적인 이론 일

---

* 기업 임원이 최적이 아닌 수준의 단기 기억으로 조직을 운영하기 어렵기 때문이다.
** '지능'이라는 용어는 종종 곡해되어 어떤 낙인이 찍혀 있다.

부를 다루었으니, 우리가 생각하고 학습하며 적응하는 방법에 대한 나의 가설을 설명하고자 한다. 이러한 체계를 개발하는 과정에서 나는 많은 뛰어난 과학자들의 연구를 기반으로 삼고 서로 연결해 왔다. 그렇기에 지금 내가 제안하는 이론은 겸허하게 거인의 어깨 위에 서 있을 뿐이다.

유동적 사고 발달 이론

로우 박사의 연구와 피아제, 민츠버그, 골드버그 및 CHC 이론에 대한 앞선 논의를 통해 얻은 통찰력으로 충분히 발달한 유동적 사고가 얼마나 가치 있는지 이해할 수 있었다. 종합적으로 보면 잠재의식의 성공에 필요한 뇌의 균형을 창출하는 과정에서 유동적 사고가 수행하는 역할을 강조함으로써 유동적 사고 역량 강화에 더욱 관심을 가져야 한다는 주장을 뒷받침한다.

이 책에서 제안하는 유동적 사고 발달 이론의 핵심은 결정성 지식과 유동적 사고다. 이 두 개념은 CHC 이론의 결정성 지능, 유동성 지능과 유사하지만 몇 가지 중요한 차이점이 있다. 내 이론에서 결정성 지식은 뇌가 다양한 상황에서 기존 지식과 기술을 정리해서 적용하는 방법과 관련이 있다. 이때 결정성 지식이 경험이나 문화적 사회화, 학교 교육을 통해 발달된다는 점이 중요하다. 골드버그의 새로움―일상화 이론의 맥락에서 결정성 지식은 일상화된 지식으로 구성된다. 그렇기 때문에 이는 좌뇌가 담당하는 기능이다. 쉽게 말해서 결정성 지식은 컴퓨터 하드 드라이브에 저장된 데이터와 유사하게 뇌에 저장된 지식 데이터베이스라고 할 수 있다.

유동적 사고의 특징은 해결방안으로 인도할 사전 지식이나 전략 없이도 새롭고 신기한 문제를 해결하는 역량이다. 이처럼 유연하고 적응력이 뛰어난 특성 덕분에 뇌는 새로운 기술을 학습하고, 익숙지 않은 상황에서 새로운 문제를 해결하는 데 그 기술을 더 잘 적용할 수 있다. 여기에서도 유동적 사고와 인지적 새로움을 처리하는 우뇌 사이의 관계에서 골드버그의 연구와의 연관성을 볼 수 있다. 컴퓨터에 비유한 맥락에서 보면 유동적 사고는 인식하는 범위 바깥의 배경에서 실행되지만 부적절한 시점에 실행이 멈추면 매우 잘 인식하게 되는 컴퓨터의 운영체제와 유사하다.

다음 표에서 결정성 지식과 유동적 사고의 차이점을 요약 정리했다. 흥미롭게도 유동적 사고는 결정성 지식보다 먼저 발달한다. 로우 박사가 언급한 것처럼 "CHC 이론에 따르면 유동성 지능은 학교를 다니는 내내 학습에 투자되어 결정성 지능을 만들어낸다".[18] 내가 제안하는 체계의 맥락에서 유동적 사고는 학생의 결정성 지식을 생성하는 학습 엔진 역할을 한다.

내 이론에는 피아제의 연구도 반영되어 있다. 피아제는 지능이

결정성 지식(특정 분야의 지식)	유동적 사고(잠재의식의 사고 습관)
이전에 습득한 지식과 기술의 축적	원초적인 지능이자 신속하고 유연한 사고 능력
책으로 배운 지식	세상 사는 지혜
과거 경험을 활용	미래 지향적
익숙하거나 알려진 문제와 기회를 처리하는 데 활용	새롭거나 신기한 문제와 기회를 처리하는 데 활용
주제 전문성 및 일상화된 전문성	변화에 적응하고 지식을 적용하는 민첩성
컴퓨터 하드 드라이브에 저장된 데이터와 유사	컴퓨터 운영체제와 유사
무엇을 할 것인지를 해결	어떻게 할 것인지를 해결

적응력과 연관성이 있고, 적응력은 어린이가 피아제의 4단계 인지 발달 과정을 거쳐 발달하면서 점점 더 복잡해지는 인지 능력을 동화시킴으로써 키울 수 있다고 봤다. 또한 지능이란 점점 더 상위 수준의 인지 구조화(구조적 복잡성의 증가)와 시행착오 행동을 생각해 내는 동시에 그 경험에서 학습하는 능력, 결과를 예측하는 능력을 시사한다는 생각도 했다.

피아제가 말한 적응의 개념은 유동적 사고의 개념이나 골드버그가 말한 새로움—일상화 이론의 구성 요소인 새로움과 매우 유사하다. 골드버그의 새로움—일상화 이론과 피아제의 4단계 인지 발달 과정을 거쳐 발달하는 방법의 상호 작용을 이해하면, 뇌가 잠재의식의 사고 습관을 처음으로 코드화한 방법과 현재의 유동적 사고 수준을 이해하는 데 도움이 된다.

우리 모두는 늙는다. 그렇기 때문에 노화가 유동적 사고에 미치는 영향을 고려해야 한다. 이 장의 앞부분에서 설명한 바와 같이 유동적 사고는 일반적으로 청년기에 최고조에 이른 다음 나이가 들면서 꾸준히 낮아진다. 이러한 퇴화의 과정에서 새롭고 신기한 상황을 처리하는 능력도 감소한다. 하지만 유동적 사고와 관련하여 내 가설과 CHC 이론 사이에는 현저한 차이가 있다. 결정적으로 내 가설은 신경가소성에 대한 최신 연구를 활용한다. 현대 신경과학은 뇌가 노년기까지 잘 성장하고 변화할 능력이 있음을 보여주었다. 이와 같이 새롭게 알게 된 사실 덕분에 지금은 유동적 사고를 성인기 내내 계속해서 발달시킬 수 있다는 것을 알고 있다. 그림에서 점선은 이러한 인지 발달의 잠재력을 보여준다.

선택의 여지가 있는 경우 유동적 사고 능력이 감소한다는 것을 받아들일 이유가 있을까? 선조들과 달리 우리는 아동기에 습득한 인지적 결함과 씨름하며 성인기 전체를 보낼 필요가 없다. 최적의 유동적 사고가 모든 연령에서 가능할 뿐만 아니라 필요하다는 걸 이해하면, 나이에 상관없이 의도적이면서 방향성이 있는 학습을 통해 유동적 사고를 발달시킬 수 있다.

간단히 말해서 더 이상 우연히 만들어진 두뇌 앱과 억지로 씨름

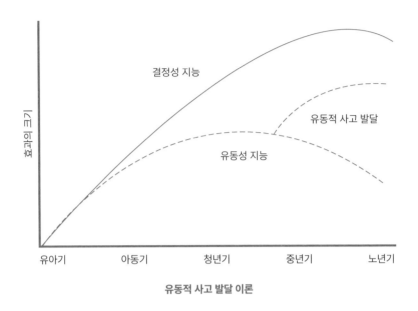

유동적 사고 발달 이론

하지 않아도 된다. 이제는 두뇌 앱을 업그레이드할 기회가 생겼다. 그리고 유동적 사고를 최적으로 발달시키는 일은 뇌의 균형에 너무나 중요하다. 이것이 바로 리더에게 있어 열 가지 잠재의식의 사고 습관을 모두 최적화하는 것의 중요성이다. 그리고 이는 잠재의식의 성공을 실현하는 열쇠다.

교육과 훈련, 코칭의 재개념화

나는 새롭고 균형 잡힌 학습법에 대한 민츠버그의 간절한 호소에 공감한다. CHC 이론에 대한 이야기에서 배운 것처럼, 현재의 교육 방식은 주로 개인의 결정성 지식을 발달시킨 다음 그 결정성 지식을 기억하거나 보여주는 능력을 평가하는 것에 기대고 있다. 이러한 유형의 학습은 뇌에 광범위한 지식 데이터베이스를 생성한다. 그리고 개인의 결정성 지식을 향상시키는 데 중점을 둔다. 불행히도 이러한 접근 방법은 생각하는 방법보다 알고 있는 것에 초점을 맞추기 때문에 사고하고 학습하며 적용하는 능력을 측정하고 비교 평가하는 교육자의 능력을 제한한다.

게다가 새로운 내용을 학습하는 데만 중점을 두면 최적으로 학습하지 못하게 된다. 이는 학습 발달에서 유동적 사고의 역할이 현재 과소평가되어 있고, 때로는 의도치 않게 간과되기 때문이다. 이처럼 무의식적인 과소평가는 중요한 의미가 있다. 우뇌와 그것에 관련된 열 가지 잠재의식의 사고 습관을 발달시키지 못하면 새로운 결정성 지식을 학습하고 적용하는 능력이 직접적으로 영향을 받는다.

뇌의 인지 역량이 가지고 있는 다양한 양상이 아직 발견되지 않은 가운데 유동적 사고가 개인의 잠재력에 미칠 수 있는 영향이 광범위하다는 것에는 논란의 여지가 없다. 여기에 몇 가지 생각할 거리가 있다. 카텔은 유동성 지능이 결정성 지능을 축적하는 속도를 결정하는 요소라는 사실을 발견했다.[19] 따라서 유동적 사고 수준이 높은 사람이 일생 동안 훨씬 더 많은 결정성 지식을 습득하고 적용할 수 있다고 추정하는 것도 크게 무리는 아니다. 이 분야는 분명히 더 많이 탐구할 가치가 있다. 교육 분야와 세계경제포럼에서 선언한 재교육 비상사태를 해결하는 분야가 특히 그렇다.

뇌 코칭은 어떻게 이루어지는가

지금까지 뇌의 균형이 중요한 이유를 충분히 이해했을 것으로 생각한다. 이제는 두뇌 앱을 업그레이드할 수 있는 실질적인 방법을 살펴볼 차례다. 뇌의 균형을 발달시키는 일은 사람마다 다른 세밀한 과정이기 때문에, 이 책의 목적은 독자가 뇌 코칭이 왜 필요하고, 나의 뇌 코칭 프로그램을 어떻게 적용하는지 이해하도록 하는 데 있다. 여기서 이 책의 목적을 다시 언급하는 것은 독자의 기대 수준을 조정하고 싶어서다. 그리고 이는 내 목적이 보다 폭넓은 이야기를 시작함으로써 인지과학과 신경과학의 원리가 교육계와 성과 개발 분야에서 채택될 수 있도록 하는 데 있다. 이 모든 이야기가 어떻게 하나로 합쳐지는지 간략하게 살펴보자.

발견학습과 의도적 연습

뇌의 가소성을 활용해서 유동적 사고를 강화하기 위해서는 목표가 있는 개인 맞춤형 접근 방법이 필요하다. 이 방법은 각자가 가지고 있는 잠재의식의 사고 습관을 발달시켜서 어렵고 시간이 많이 소요되던 일을 훨씬 더 쉽고 빠르게 할 수 있게 함으로써 일을 하는 데 필요한 정신적 노력이나 에너지의 양을 크게 감소시킨다. 간단히 말해서 최적으로 발달한 잠재의식의 사고 습관은 우리를 자동성automaticity(어떤 정보를 반사적 또는 무의식적으로 처리하는 성질을 가리키는 심리학 용어다—옮긴이) 상태로 나아가게 만든다. 그리고 이러한 상태는 피아제의 발견학습 개념과 안데르스 에릭슨K. Anders Ericsson의 의도적 연습 개념을 결합함으로써 도달할 수 있다.[20, 21]

이 두 가지 접근 방법을 통합하면 인지 발달을 위한 특별하면서도 단단한 토대를 만들 수 있다. 나의 뇌 코칭 프로그램에서는 피아제의 발견학습 개념을 활용하여 학습 과정과 결과에 대한 주인 의식을 찾아서 가질 수 있는 이상적인 환경을 조성한다. 그리고 에릭슨 교수의 의도적 연습 개념을 이용하여 뇌 운동 형태의 전문적인 훈련도 제공한다. 이처럼 재미있고 점점 더 어려워지는 유동적 사고 활동을 수행함으로써 목표하는 잠재의식의 사고 습관과 관련된 두뇌 루틴을 강화한다. 그리고 이러한 새로움과 루틴 발달의 결합은 뇌가 학습하는 방법과 성공에 필요한 유동적 사고를 강화하는 방법의 근간이다.

의도적 연습은 보이는 것보다 복잡하고 다면적이다. 표면적으로는 단순히 의도적으로 무언가를 연습하는 것처럼 보일 수 있지만 그보다 더 복잡한 일이다. 에릭슨 교수에 따르면 의도적 연습에는 다음 사항이 반드시 포함되어야 한다.

- 구체적인 목적이나 목표가 있어야 한다.

- 초점이 맞춰져야 한다.

- 전문가와 초보자를 구별할 수 있으면서 잘 정의된 분야여야 한다.

- 학습자는 피드백을 받아야 한다.

- 학습자는 자신의 안락구역comfort zone(어떤 일을 자신 있고 편안하게 할 수 있는 영역—옮긴이) 바깥으로 밀려 나가야 한다.

- 학습자는 새로운 기술을 사용하여 일시적인 정체기를 극복하고 창의적이어야 한다.

- 경험이 많은 선생이나 코치가 연습 및 학습 기법 시연이 포함된 맞춤 프로그램을 설계하고 전달해야 한다.

　이러한 특성을 이해하면 의도적 연습의 범위를 설정하는 데 도움이 되고, 의도적 연습이 발견학습과 어떻게 연결되는지 알 수 있다. 그리고 뇌 코칭 프로그램에서 개인별 맞춤형 유동적 사고 프로그램을 준비하는 이유도 이해할 수 있다. 유동적 사고 프로그램은 한마디로 미묘한 차이가 있고 구체적이며 세밀해야 한다. 성공한 프로 골프선수인 아놀드 파머Arnold Palmer는 의도적 연습의 핵심을 포착하는 통찰력이 있으면서 편한 마음으로 들을 수 있는 말을 남겼다. "재미있는 게, 연습을 하면 할수록 운이 좋아진다니까요."

　나의 뇌 코칭 프로그램에서는 집중적 사고라는 잠재의식의 사고 습관부터 시작한다. 이는 집중적 사고가 집중력과 주의 전환 능력을 강화하는 데 도움이 되기 때문이다. 궁극적으로 집중적 사고는 목적의식을 가지고 의도적 연습에 참여하고 미래의 모든 인지 발달을 최적화하는 능력을 향상시킨다.

TRACR 유동적 사고 방법론

나의 뇌 코칭의 유동적 사고 프로그램은 헬가 로우 박사의 연구를 활용하고 그 위에 쌓아올려 만든 TRACR 유동적 사고 방법론을 기반으로 한다. 로우 박사와 수차례 논의한 끝에 나는 현재의 유동적 사고 능력을 측정하고 비교 평가할 수 있는 비언어 유동적 사고 검사를 개발했다. 이 검사는 도표를 이용해서 열 가지 잠재의식의 사고 습관 각각의 효율성을 평가하는 동시에 우뇌를 활용하도록 한다.

검사　　　보고　　　행동　　　변화　　　재검사

TRACR 유동적 사고 방법론

그림은 TRACR 유동적 사고 방법론에서 각 단계를 보여준다. TRACR이라는 약자에서 알 수 있듯이, TRACR 유동적 사고 방법론은 다음 단계로 구성된다.

- **검사:** 먼저 약 40분가량 소요되는 유동적 사고 검사를 완료한다.

- **보고:** 검사 결과를 점수화해서 유동적 사고 보고서를 생성한다. 이 보고서는 인지적 강점과 인지적 결함을 확인할 수 있는 개인 두뇌 매뉴얼과 유사하다. 여기에는 각자의 세밀한 필요에 맞춰 준비한 맞춤형 유동적 사고 발달 로드맵이 포함된다.

- **행동:** 일련의 도전적이면서 재미있는 유동적 사고 활동, 퍼즐, 연습 등을 통해 코칭을 진행함으로써 맞춤형 프로그램을 실행에 옮긴다. 특히 개인별 검사 점수에 따라 개선이 필요한 잠재의식의 사고 습관을 발달시키기 위해 이와 같은 두뇌 운동을 구체적으로 설계한다.

- **변화:** 프로그램의 성과가 나타날수록 두뇌 운동은 점점 더 복잡해진다. 계속해서 더 어려운 퍼즐을 반복하는 과정을 거치면서 뇌는 신경 경로를 생성하고 강화하도록 훈련된다. 반복을 통해 목표하는 잠재의식의 사고 습관은 더 효율적이고 효과적이게 된다. 또한 강화된 잠재의식의 사고 습관을 실생활에 적용함으로써 이러한 습관이 뇌에 내재되어 지속 가능한 행동 변화와 뇌의 균형을 이끌어내는 방법도 보여준다.

- **재검사:** 뇌 코칭 프로그램을 완료하면 유동적 사고 능력을 재검사하고 그 결과를 최초 검사 결과와 비교하여 유동적 사고가 얼마나 개선되었는지 확인할 수 있다.

여기서 말하는 유동적 사고 검사에서는 사고 능력의 유효성과 효율성을 함께 측정한다는 점을 유의해야 한다. 유효성은 사고의 질과 관련이 있는 반면, 효율성은 사고의 속도와 관련이 있다. 특정 잠재의식의 사고 습관은 다음 네 가지 범주 가운데 하나에 속한다.

- **최적 수준의 능력**: 높은 유효성(고품질)과 높은 효율성(빠름)
- **보통 수준의 능력**: 높은 유효성(고품질)과 낮은 효율성(느림)
- **낮은 수준의 능력**: 낮은 유효성(저품질)과 낮은 효율성(느림)
- **과도하게 발달한 능력**: 낮은 유효성(저품질)과 높은 효율성(빠름)

인지 능력 평가

노엘 버치Noel Burch는 사람들이 어떻게 새로운 기술을 학습하고 완전히 익히는지를 설명하는 의식적 능력 학습 모델conscious competence learning model을 1970년대에 개발했다. 이 모델에서는 어떤 기술에 대해서 무능력에서 능력으로 발전하는 과정에서 네 단계를 거친다. 이 네 단계를 요약하면 다음과 같다. [22]

- **무의식적 무능력**: 맹점이 있지만 특정 기술이 부족하다는 것을 인식하지 못한다.
- **의식적 무능력**: 어떤 기술을 인식하지만 이를 수행할 능력이 부족하다.
- **의식적 능력**: 어떤 기술을 잘 학습했지만 그 기술에 대해 생각하지 않

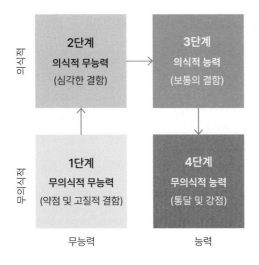

의식적	**2단계** 의식적 무능력 (심각한 결함)	**3단계** 의식적 능력 (보통의 결함)
무의식적	**1단계** 무의식적 무능력 (약점 및 고질적 결함)	**4단계** 무의식적 능력 (통달 및 강점)
	무능력	능력

의식적 능력 학습 모델
출처: 노엘 버치의 모델에 기반함

고 수행할 수 있을 만큼은 아니다.

- **무의식적 능력:** 어떤 기술을 완전히 익히고 통달했으며 이를 반사적
  으로 수행할 수 있다.

나의 뇌 코칭 프로그램에서는 의식적 능력 학습 모델을 이용해
서 인지적 결함을 찾아내고 극복하는 과정을 탐색한다. 개인별 맞
춤형 유동적 사고 보고서는 개인의 능력이 네 단계 능력의 맥락 내
에서 현재 어디에 위치하는지 보여준다. 그림은 이 모델을 이용하
여 개인의 인지적 강점과 인지적 결함을 분류하는 방법을 간략히
보여준다.

지금부터 검사가 의식적 능력 학습 모델의 각 단계에 어떻게 관련되는지 상세히 설명하겠다.

1단계: 무의식적 무능력

1단계에 처한 사람은 특정 영역에서 능력이 부족하다는 사실을 전혀 인식하지 못한다. 나는 그 사람에게 크게 개선해야 할 고질적인 결함이 있을 것으로 본다. 나는 이러한 결함을 '사각지대에 있는 결함'이라고 부른다. 왜냐하면 갑자기 겉으로 드러나 사람들을 깜짝 놀라게 하고, 직업적 성과에 광범위한 영향을 미칠 수 있기 때문이다.

이제 1단계 결함이 어떻게 작동하는지 예를 들어 살펴보자. 맥스라는 어느 기업 임원의 유동적 사고 보고서에 따르면 맥스는 글로 적혀 있지 않은 사회적 규범에 대한 인식 수준이 낮았다. 결과적으로 자기도 모르게 타인의 경계를 침범하는 경향이 있었다. 맥스는 유동적 사고 보고서에서 언급된 통찰력 있는 시각에 대부분 동의했지만 이 점만은 동의하지 않았다. 그래서 나는 맥스에게 자신이 신뢰하는 동료 몇몇에게 의견을 구할 것을 제안했다.

2단계: 의식적 무능력

불행히도 맥스는 직장에서 신뢰할 수 있는 동료 몇 명과 이야기를 나눠보라는 내 조언을 따르지 않았다. 대신 집으로 가서 그날

밤 자신의 배우자에게 물었다. 배우자는 맥스를 자리에 앉힌 다음 한 시간이 넘는 시간 동안 맥스가 글로 적혀 있지 않은 사회적 경계를 넘어갔던 모든 사례를 하나씩 이야기했다. 두 사람의 대화가 끝날 무렵 맥스는 2단계로 나아갔다. 이제는 자신이 본의 아니게 다른 이들의 마음을 상하게 했다는 사실을 인식하게 되었다.

맥스처럼 2단계에 있는 사람은 잠재의식의 사고 습관에 심각한 결함이 있으면 자신의 성과가 상당히 저해된다는 것을 의식적으로 인식한다.

3단계: 의식적 능력

3단계에 도달한 사람은 잠재의식의 사고 습관의 결함을 바로잡을 방법을 이해하기 시작한다. 이 과정에서 방향성이 있는 유동적 사고 코칭과 의도적 연습이 도움이 된다. 행동이 개선되기 시작하는 것이다. 하지만 그 과정에서 여전히 많은 집중력과 정신적 에너지, 의식적인 노력이 필요하다. 개선의 조짐은 분명히 보이지만 아직까지는 특정한 유동적 사고 능력이 자연스럽게 다가오지 않는다.

맥스와는 3단계에서 앞서 언급한 결함을 초래하는 잠재의식의 사고 습관을 발달시켰다. 그리고 맥스가 직장에서 새로운 사회적 행동을 적용하는 데 도움이 되는 코칭도 제공했다. 맥스는 새롭게 습득한 능력을 의식적이고 의도적으로 계속 적용하면서 크게 발전했다. 비록 여전히 가끔 실수하기도 하지만 그 실수에서 교훈을 얻어서 자신의 의식적 능력을 더욱 개선하고 발달시킬 수 있었다.

4단계: 무의식적 능력

특정 잠재의식의 사고 습관에 대한 의도적 연습을 상당히 많이 하면 해당 습관과 관련된 새롭게 개선된 행동이 제2의 천성second nature이 된다. 이 시점에는 원하는 행동에 편안함을 느끼고, 외부 스트레스 요인에 관계없이 거의 모든 상황에서 그 행동을 할 수 있다.

4단계에서 결함은 반복을 통해 강점으로 탈바꿈하게 된다. 의식적으로 생각하지 않아도 원하는 행동을 능숙하게 수행할 수 있다. 잠재의식에서 성공적인 행동을 수행할 수 있으면 최상의 성과는 틀림없이 나타나게 된다. 이것이 바로 잠재의식의 성공에 숨은 본질이다.

지속적인 연습을 통해 맥스의 새로운 사회적 행동은 맥스에게 새로운 일상이 되었다. 맥스 자신은 물론이고 그의 배우자와 동료들에게도 아주 다행스러운 일이었다. 더 이상 본의 아니게 다른 이들의 마음을 상하게 하지 않았기 때문에 맥스는 자신을 향한 동료들의 행동이 달라졌다는 것도 알 수 있었다. 새로운 행동에 통달한 뒤 맥스는 잠재의식에서 그 행동을 적용하는 일에 능숙해졌다.

미래의 성공에서 인지 능력이 맡은 역할

•

뇌의 균형은 잠재의식의 성공이라는 퍼즐을 푸는 핵심 조각이다. 지금까지 다룬 과학적 이론은 모두 뇌의 균형이 왜 성공의 핵심인지를 이해하는 데 도움이 된다.

이 책을 읽으면서 궁극적으로 뇌의 균형이 필요한 것인지 아니면 그것을 바라는 것인지 결정해야 한다. 나는 필요한 것이라고 믿는다. 또한 학습하는 방법과 세심하게 인지 능력을 형성하는 방법, 점점 더 복잡해지는 세상에 끊임없이 적응해야 하는 어려움에 접근하는 방법을 한 단계 끌어올리는 훌륭한 장치라고 믿는다. 이와 같은 내 입장에는 두 가지 중요한 이유가 있다. 우선 디지털 환경과 이에 수반되는 인공지능 혁명이 빠르게 진행되고 있다. 그리고 미래에 리더가 성공하는 데 필요한 직업적 능력도 예상할 수 있다. 또다른 이유도 많이 있겠지만 이 두 가지 이유는 더 자세히 알아볼 가치가 있다.

세계경제포럼은 〈2020년 일자리의 미래 보고서2020 Future of Jobs Report〉에서 2025년까지 기업에 필요한 10대 능력을 강조했다.[23] 흥미롭게도 이 능력의 80퍼센트는 유동적 사고와 더 나아가 열 가지 잠재의식의 사고 습관으로 뒷받침되거나 이와 관련된 것들이다. 오직 20퍼센트만이 결정성 지식에 관련된 것들인데 그조차도 지속적인 성과와 성공을 위해서는 최적화된 유동적 사고를 필

세계경제포럼이 제시한 2025년까지 기업에 필요한 10대 능력

인지 능력의 종류	능력의 범주	10대 능력
유동적 사고	문제해결	분석적 사고와 혁신 복잡한 문제해결 비판적 사고와 분석 창의성과 독창성, 진취성 추론과 문제해결, 관념화
유동적 사고	자기관리	능동 학습과 학습 전략 회복탄력성과 스트레스 내성, 유연성
유동적 사고	협업	리더십과 사회적 영향력
결정성 지식	기술의 이용 및 개발	기술의 이용과 감시, 통제 기술의 설계와 계획 수립

출처: 세계경제포럼 (2020년 일자리의 미래 보고서)

요로 한다. 해당 표에는 세계경제포럼이 주목한 열 가지 능력이 나열되어 있다. 여기에 덧붙여서 나는 실질적인 기업의 맥락에서 유동적 사고의 인지 영역을 결정성 지식의 인지 영역과 비교하여 강조했다.

지속적인 재교육과 신기술 학습이라는 난관을 헤쳐 나가면서 우리 모두는 엄청난 부담을 갖게 될 것이다. 빠르게 변하는 세상을 따라잡기 위해서는 발견학습과 의도적 연습을 통해 우뇌를 발달시켜야 한다. 만약 그렇지 못한다면 느린 정보 처리와 두뇌 앱의 결함이 불러일으키는 좌절감으로 엄청난 어려움을 겪을 것이다.

이러한 재교육 난관에 어떻게 접근할 것인지에 관해 세상은 가사假死 상태(생리적 기능 약화로 죽은 것처럼 보이는 상태를 말한다—옮긴이)에 놓여 있다. 이는 교육과 훈련, 발달에서 보다 균형 잡힌 접근 방법을 채택하는 집단적 역량을 시험대에 올려놓을 것이다. 지속적인 학습 여정을 눈앞에 마주한 가운데 뇌의 균형을 활용하면 많은 이들이 손쉽게 앞으로 나아갈 수 있다. 미래에 잠재의식의 성공에 도달하는 일은 뇌의 역량 개발에 어떻게 접근하는지에 달려 있다. 마음의 기로 이어지는 뇌의 균형은 더 높은 곳으로 올라가서 타인과 차별화되어 성공할 수 있는 장치다. 또한 뇌의 균형은 의도적으로 설계되고 업그레이드된 두뇌 앱을 충분히 활용하는 능력을 뒷받침한다.

첫 번째 기둥:

주의력 통제

뇌는 자꾸만
딴짓을 하고 싶다

🧠 "전문가란 집중해야 할 것과 무시해야 할 것을 알기 때문에 더 간단하
게 의사 결정과 판단을 해 온 사람이다."

에두와르 드 보노 Edward De Bono

단 하루도 시간이 충분한 적이 없다. 할 일이 많다는 부담감이 커
지면서 우리는 마치 꿀벌처럼 부산하게 이 일을 하다 저 일로 옮겨
다닌다. 중간중간 끼어드는 수많은 방해요인 속에서 허우적거리
면 집중력을 유지하기 힘들어진다.

일에 집중하는 것이 전쟁 같다고 느끼는 것은 방해요인이 어디
에나 있기 때문이다. 외부의 환경적 요인일 수도 있고, 내면의 정
신적 요인일 수도 있다. 대개는 방해요인이 어떠한 영향을 미치는
지 알지도 못하면서 잠재의식 속에서 그것에 반응한다. 더 큰 문제
는 뇌가 방해요인을 사랑하도록 설정되어 있다는 것이다. 방해요

2부 첫 번째 기둥: 주의력 통제

인을 갈망한다는 의미인데, 복잡하거나 불편하고 재미없는 일을 처리해야 할 때면 더더욱 그렇다.

이러니 뭐라도 해낸다면 놀라운 일이다. 수많은 방해요인 속에서 일의 우선순위를 정하면서도 일이 지연되어 고생하는 대부분의 사람들이 성공할 방법이 있기는 할까? 인간은 대부분의 순간을 잠재의식 속에서 생각하고 움직이기 때문에 특정 행동의 이유를 잘 알지 못한다. 그 행동이 자신에게 도움이 되지 않는 경우에는 특히 더 그렇다. 자연스럽게, 뇌가 의식적으로 성공을 만들어내는 것은 아니라고 생각할 수 있다. 그렇다고 성공을 운에 맡길 수는 없지 않은가? 이것이 바로 첫 번째 기둥인 '주의력 통제'가 모든 일의 근간이 되는 이유다. 바람직하지 않은 행동이 무엇인지 알아야 변화시키고 노력할 수 있는 법이다.

첫 번째 기둥인 주의력 통제와 관련된 잠재의식의 사고 습관은 '집중적 사고' 하나뿐이다. 집중적 사고 습관은 그 범위가 아주 넓어서 다양한 영역에서 영향을 미친다. 예를 들어, 상세한 자료를 분석하고 회의에서 새로운 개념을 들을 때 고도의 집중력을 발휘해야 한다. 새로운 전략과 계획을 수립하고 업무를 위임하거나 특히 다른 이들과 어울릴 때도 집중해야 한다. 내가 진행하는 뇌 코칭 프로그램의 한 참가자는 다른 사람과 나눈 대화를 기억하지 못해서 단기 기억력에 문제가 있다고 걱정했다. 하지만 근본 원인은 그의 마음이 대화에 집중하지 못하고 다른 생각에 사로잡혀 있다는 데

있었다. 대화 정보가 뇌에 입력된 적이 없으니 생각나지 않는 것이 당연했다.

집중적 사고는 성공의 핵심이기에 이 습관은 모두 발달시켜야 한다. 실제로 뇌 코칭 프로그램을 시작하기 전에 실시하는 검사에서 프로그램 참가자 열 명 가운데 아홉 명은 집중적 사고의 효율성이 낮거나 겨우 보통인 것으로 나타난다. 뒤집어 말하면 열 명 가운데 아홉 명이 보통 정도로 또는 아주 쉽게 산만해진다는 것이다. 집중적 사고는 잠재의식 수준에서 일어나기 때문에 심지어 자신이 주의력 통제에 어려움을 겪고 있다는 것을 인식하지도 못한다.

통제하고 있다는 느낌이 들면 마음에 위안은 될 수 있지만, 의식적인 바람이나 의지만으로 산만해지려는 인간의 본성을 이겨내기 어렵다. 이는 산만함의 근본 원인이 취약한 집중적 사고 역량과 관련이 있기 때문이다. 그러니 아무리 강한 의지로 노력하더라도 의식하는 수준에서는 산만함에 대한 장기 면역이 결코 형성되지 않는다. 의식적인 마음 습관과 의지로 산만해지는 증상을 일시적으로 완화할 수도 있지만, 인지과학 이론을 적용해서 산만함의 근본 원인을 해소할 수 있다면 이러한 증상을 가지고 지낼 필요는 없지 않을까?

집중적 사고라는 잠재의식의 사고 습관을 발달시키면 주의력을 통제하는 능력이 향상되어 정신적 에너지를 회복하고 삶의 균형을 되찾을 수 있다. 이를 위해 나의 뇌 코칭에서는 뇌에 내재된 신경가소성을 활용하여 뇌를 재구성한다. 결과적으로는 산만해지고 싶은 유혹에 자꾸 넘어가서 일을 몇 번이고 미루는 악순환에 빠지지 않고 주의력을 통제할 방법을 알게 된다.

리마 찰리: 제 말이 잘 들립니까?

集중력은 본질적으로 뇌 속 신호 대 잡음 비율signal-to-noise ratio, SNR로 수렴한다. 신호 대 잡음 비율은 쉽게 말해서 상관없는 정보(방해요인이 만들어내는 잡음) 대비 관련 정보(신호)의 상대적 비율이다.

뇌 코칭 프로그램에서 참가자들에게 신호 대 잡음 비율을 설명할 때 나는 보통 휴대전화에 비유한다. 휴대전화 화면 상단에 표시되는 점점 커지는 막대그래프는 이동통신 신호의 강도를 가리킨다. 막대기가 네다섯 개면 신호가 강하다는 뜻이고 통화 상대의 목소리를 크고 깨끗하게 들을 수 있다. 반면 신호가 약한 곳으로 가면 통화 중에 잡음이 들리기 시작한다. 쉭쉭 소리나 갈라지는 소리 같은 잡음이 들리기도 하고 통화 상대의 목소리가 왜곡될 수도 있다. 신호가 더욱 약해지면 결국 통화가 끊어지기도 한다.

이동통신망을 연결하는 타워와 마찬가지로 뇌도 해야 할 일 가운데 우선순위가 가장 높은 일에 대한 신호를 생성한다. 예를 들어, 보고서를 작성하거나 발표 자료를 만들고 중요한 회의를 준비해야 하면 뇌에서 우선 그 작업에 대한 신호를 생성해야 한다. 하지만 안팎의 환경에서 끝없이 쏟아지는 방해요인은 이 신호를 압도하는 잡음을 만들어낸다. 결과적으로 우선순위가 가장 높은 일에 주의를 집중하지 못하고 곁길로 새서 다른 일에 시간을 허비하거나 우선순위가 낮은 일을 하면서 바쁜 시간을 보낸다. 그러다 오후 시간이 반쯤 지나면 우선순위가 높은 일을 바라던 대로 오늘 끝내지는 못할 것 같다는 생각이 들기 시작한다. 어제 그리고 그제에 그랬던 것처럼 말이다.

뇌가 우선순위가 가장 높은 중요한 일에 대한 또렷한 신호를 만들기 위해 애쓰는 그 순간 주의력은 잡음에 휘말리고 있는 것이다. 그리고 방해요인은 가장 큰 잡음을 생성한다. 이는 그 수가 너무 많기 때문이기도 하지만, 지금 해야 하는 일보다 방해요인이 더 큰 즐거움을 주기 때문이다. 결국 신호는 잦아들기 시작하고 잡음 속에서 길을 잃어버린다. 그렇게 우리는 우선순위가 가장 높은 일에 집중하지 못하고 지금 당장 관심을 가져달라고 아우성치는 일에 집중하게 된다.

어떤 과제가 최우선 순위가 되려면 중요한 일이어야 한다. 하지만 많은 사람들이 우선순위가 가장 높은 일보다 훨씬 덜 중요한 일에 주의를 기울이는 덫에 빠진다. 기한이 가까워질수록 최우선 과제는 점점 더 시급히 처리해야 한다. 우선순위가 높은 과제가 시급한 일이 되도록 놔두면 쳇바퀴 속에서 늘 달리고 있는 다람쥐 신세가 된다. 반대로 우선순위가 높은 과제에 더 일찍 주의를 기울였다면 나중에 시급한 일이 되지 않았을 것이다.

군사 용어 가운데 '리마Lima 찰리Charlie'는 '크고loud 또렷한clear'이라는 뜻이다. 많이 알려진 이 표현은 주의력 통제에도 적용된다. 집중력을 유지하기 위해서는 뇌에 최우선 과제가 무엇인지 알려주는 '리마 찰리' 신호가 필요하다. 결국 모든 것이 신호 대 잡음 비율로 수렴한다. 뇌는 정확해야 잘 작동한다. 정확하지 않으면 잡음 때문에 계속해서 주의가 분산된다. 그리고 너무 많은 잡음 때문에 최우선 과제에 집중하지 못하면 미쳐버릴 것 같은 악순환을 반복한다. 아인슈타인은 말했다. "미친 짓이란 똑같은 일을 반복하면서 다른 결과가 나오기를 바라는 것이다." 뇌 속 신호 대 잡음 비율의 균형이 무너지면 미쳐버릴 것 같다는 생각이 들게 하는 악순환으로 이어진다. 그리고 대개는 신경이 곤두서거나 정신적으로 진이 빠지는 결말을 맞이한다.

뇌가 집중해야 한다는 또렷한 신호를 생성하려면 먼저 최우선 과제를 정해야 한다는 점을 명심하자. 하지만 뇌에서 신호 대 잡음 비율이 낮으면 최우선 과제를 정하기도 쉽지 않다. 동화 《이상한 나라의 앨리스》의 앨리스처럼 행동하는 사람들을 자주 목격할 수 있는 이유가 바로 이것이다.

앨리스: 제발 알려줘. 난 어디로 가야 해?
고양이: 그건 네가 어디로 가고 싶은지에 달렸지.
앨리스: 어디든 별로 상관없어.
고양이: 그럼 어디로 가든 상관없겠네.[1]

앨리스와 마찬가지로 뇌도 최우선 과제를 모르는 경우가 많다. 고양이의 말처럼, 어디로 가고 싶은지 관심이 없는데 어디로 가는지가 과연 중요할까? 뇌도 강한 신호가 없으면 무심코 잡음이 들리는 방향으로 따라갈 가능성이 매우 높다. 심지어 잡음을 따라가면서도 따라가고 있다는 것조차 인식하지 못한다. 이런 일이 벌어지면 뇌가 주의력을 통제하는 것이 아니라 주의력이 뇌를 통제하게 된다. 집중적 사고가 발달하면 이러한 문제를 해결할 수 있다.

다른 모든 잠재의식의 사고 습관과 마찬가지로 집중적 사고도 발달시킬 수 있다. 뇌가 더 집중할 수 있도록 훈련하는 것은 이두

박근을 키우기 위해 아령을 드는 것과 비슷하다. 두 가지 모두 원하는 목표를 달성하려면 일정 시간 동안 특정 유형의 훈련을 반복해야 한다. 나의 뇌 코칭 프로그램에서는 신경과학 분야의 최신 연구를 바탕으로 독창적으로 설계한 의도적 연습을 훈련시키는 체계를 활용한다. 프로그램 참가자 열 명 가운데 아홉 명의 집중적 사고가 최적 수준에 미치지 못한다는 점에서 보듯이 거의 모든 사람들은 잠재의식의 사고 습관을 발달시키기 위해 노력해야 한다. 특히 집중적 사고는 근본적으로 다른 모든 잠재의식의 사고 습관을 뒷받침하기 때문에 이를 먼저 개발하면 다른 사고 습관을 더 수월하게 향상시킬 수 있다.

뇌가 왜 그렇게 쉽게 산만해지는지를 이해하는 것과 방해요인의 공격을 막아내고 집중력을 유지하는 것은 완전히 다른 문제다. 의도적 연습을 통해 집중적 사고를 발달시키면 산만해질 가능성을 낮추고 생산성을 높일 수 있다.

신호는 없고 소음만 있는 대가는 너무나 크다

낮은 신호 대 잡은 비율로 인한 집중력 저하는 개인적 실망감뿐 아니라 심각한 경제적 손실도 유발한다. 이코노미스트 인텔리전스 유닛Economist Intelligence Unit(영국의 시사 경제 주간지 〈이코노미스트 The Economist〉의 계열사로 전 세계 국가별 정치, 경제, 시장, 산업 등에 대한 정보를 제공하는 기관이다―옮긴이)에서 지식 노동자 600명을 대상으로 조사한 결과를 〈잃어버린 집중력을 찾아서In Search of Lost Focus〉라는 제목으로 발표했다. 이 보고서에 따르면 직장에서 겪는 집중력 상실로 인해 노동자 한 명당 연평균 3만 4,000달러의 경제적 손실이 발생한다고 한다. 이를 미국 기업 전체로 환산하면 경제적 손실 규모는 매년 3,910억 달러가 된다.[2] 한편 직장에서 겪는 방해요인 때문에 노동자 한 명이 입는 생산성 손실은 연간 580시간에 달하며, 이는 전체 노동 시간의 약 28퍼센트를 차지한다. 더 나아가 이 보고서는 직원의 집중력을 높이고 그 결과 생산성을 제고함으로써 기업이 얻을 수 있는 이익은 1조 2,000억 달러에 달한다고 추정했다. 한마디로 방해요인이 만들어내는 잡음 때문에 직무 생산성은 30퍼센트 가까이 감소하고, 기업은 매년 1조 달러가 넘는 대가를 치르고 있는 것이다. 이 어마어마한 경제적 의미는 차치하더라도, 일하는 데 매년 580시간을 더 투자하면 얼마나 많은 성과를 낼 수 있는지 상상하는 것은 어렵지 않다. 그리고 직장 외부의 방해요인 때문에 잃어버린 시간을 되찾을 수 있다면 개인의 삶에서도 얼마나 많은 것을 이룰 수 있을지 생각해 보자.

집중적 사고가 강화되면 뇌의 신호 대 잡음 비율이 높아진다. 이는 뇌가 더 강한 신호를 생성할 수 있으며, 그 결과 더 쉽게 일에 집중할 수 있다는 뜻이다. 마치 앨리스에게 목적지 주소와 구글맵 앱을 주면서 말로 설명까지 하는 것과 같다. "200미터 앞에서 오른쪽으로 가십시오"부터 "목적지가 왼쪽에 있습니다"까지 모든 것이

'리마 찰리', 즉 크고 또렷하다.

앨리스는 이제 강한 신호를 받고 있다. 어디로 어떻게 가야 하는지를 분명히 알기 때문에 방해요인이 만들어내는 잡음을 걸러내고 집중력을 통제할 수 있다. 집중적 사고가 충분히 발달한 덕분에 앨리스는 주변의 방해요인을 인지하고, 그것에 반응하고 싶은지를 스스로 결정함으로써 자신의 주의력을 통제할 수 있다. 그러는 사이 앨리스는 목적지에 안전하게 도착해야 한다는 최우선 과제를 달성하기 위해 신호에 맞춰 움직일 수 있다. 즉 뇌가 주의력을 통제하고 있으면 생산성과 시간 관리, 성과는 자연스럽게 따라온다는 것이다.

첫째도, 둘째도 우선순위다

방해요인에게 형제자매가 있다면 우선순위 결정일 것이다. 형제자매가 대개 그렇듯이 우선순위도 자신이 더 많은 관심을 받기 위해 방해요인과 끊임없이 다툰다. 일을 더 복잡하게 만드는 것은 우선순위가 늘 정확하지 않다는 것이다. 방해요인이 성질을 부리기라도 하면 더욱 그렇다. 뇌가 방해요인과 우선순위를 결정하는 데 괴로워하면 모든 것이 유동적이고 모든 일이 우선순위가 높은 것처럼 보인다. 마치 빙글빙글 돌아가는 세탁기 안에 있는 것처럼 말이다. 나는 이러한 현상을 소용돌이 효과whirlpool effect라고 부른다.

내일이 이번 주 중에 가장 생산적인 날이다

●

방해요인과 우선순위 결정이 형제자매 사이라면 미루기는 방해요인의 단짝 친구다. 잠깐 한잔하자고 불러대는 친구 말이다. 주의가 산만해지면 일을 미루고 싶은 유혹에 휩싸인다. 더 재미있고 신나는 일이 눈앞에 보이면 우선순위가 높은 일은 내팽개쳐지기 마련이다.

한쪽 어깨에는 천사가 하나 있고, 반대쪽 어깨에는 악마가 둘이 있다고 생각해 보자. 우선순위 결정이 천사인 반면, 방해요인과 미루기는 말썽꾸러기 두 악동이다. 이 둘은 호시탐탐 주의력을 훔쳐가려고 애쓰고 있다. 그러니 뇌가 우선순위가 높은 일에 집중력을 유지하기 어려워하는 것도 놀랄 일은 아니다.

5장

집중적 사고

💭 "가장 위험한 방해요인은 당신이 사랑하는 것이다. 하지만 방해요인
은 받은 사랑을 되돌려주지 않는다."

워런 버핏Warren Buffet

주의력이 뇌를 통제하는가? 아니면 뇌가 주의력을 통제하는가? 이
는 아주 통찰력 있는 질문이다. 뇌가 어떻게 작동하며 뇌의 최적화
에 대해 무엇을 알고 있는지를 논의할 수 있는 문을 열어주기 때문
이다. 또는 뇌가 어떻게 작동하는지에 관해 제대로 배운 사람이 거
의 없다는 점을 고려하면 1장의 엘리엇이 느낀 것처럼 당황스러운
질문일 수도 있다. 하지만 여기서 중요한 것은 소득 창출 역량이
뇌의 성능을 최적화하는 데 달려 있다는 점이다.

뇌는 방해요인을 사랑하지만 방해요인은 받은 사랑을 되돌려주
지 않는다. 이는 정신적 및 육체적 에너지를 갉아먹는 악순환 속

주의력 통제

집중적 사고

첫 번째 기둥

에서 방해요인이 우선순위가 높은 일로부터 멀어지게 하기 때문이다. 4장에서 언급했듯이 우리 대부분은 이러한 딜레마에 시달린다. 반짝거리는 물체에 이끌려 부산하게 이 일에서 저 일로 옮겨 다니는 것이다.

그러나 방해요인이나 미루기는 집중적 사고라는 잠재의식의 사고 습관과 상대가 되지 않는다. 집중적 사고를 최적화하면 결승선을 통과하기 위해 갑자기 분비해야 하는 부신 호르몬(콩팥 위쪽 내분비샘인 부신에서 분비되는 코르티솔, 알도스테론, 아드레날린 등 여러 호르몬을 말한다—옮긴이)에 의존해서 주의력을 통제할 필요가 없다.

집중적 사고를 위한 잠재의식의 사고 습관 모델

집중적 사고는 개인의 생산성과 팀 생산성은 물론이고 리더십 역량을 최적화하는 데 핵심이 된다. 뇌는 잠재의식의 사고 습관을 이용하여 주의력을 적절하게 지휘하고 가장 중요한 과제에 주의를 집중할 수 있도록 한다. 집중적 사고는 업무 환경에서 유혹적인 방해요인("커피 한잔 할까요?")을 이겨내거나 의도치 않게 떠오르는 딴 생각('올해는 어디로 휴가를 갈까나?')을 통제해야 할 때 필요하다.

4장에서 말한 바와 같이 나의 뇌 코칭 프로그램에서 검사한 대부분의 사람들은 집중적 사고 수준이 낮거나 보통이었다. 이번 장의 뒷부분에서는 이것이 개인적 삶과 직업적 삶에서 어떠한 부정적인 영향을 미치는지를 다룰 것이다.

집중적 사고 수준이 낮은 경우 잠재의식의 사고 습관이 작동하는 모습을 다음의 예에서 살펴보자.

- **신호:** 2주 내에 중요한 보고서를 제출해야 하는 최우선 과제가 있다.
- **루틴:** 잠재의식 속에서 최적으로 발달하지 못한 집중적 사고 루틴을 실행한다.
- **결과:** 우선순위가 낮지만 더 쉽고 재미있는(그리고 생산적으로 일하고 있다는 환상을 심어주는) 활동으로 인해 일을 미루고 자주 주의가 산만해진다. 그래서 보고서 제출 기한 전날에야 그 보고서를 완성하기 위해 엄청난 시간 동안 일하며 종종 마지막 순간이 되어서야 보고서를 제출한다.

집중적 사고 수준이 낮으면 뇌는 외부 환경의 작업 활동(소음)으로 인해 쉽게 주의가 산만해지며, 뇌의 신호 대 잡음 비율이 낮기 때문에 최우선 과제(신호)에 집중하지 못한다.

강한 집중력과 약한 집중력

나는 집중적 사고의 진화에 관한 이론을 발전시켜왔다. 수렵채집 시대에 인간은 먹이를 사냥하는 데 약 10퍼센트의 시간을 썼다. 그리고 나머지 90퍼센트의 시간에는 주위 환경을 탐색하여 생존을 위협하는 요인이나 사냥감을 찾았다. 이 지점에서 내 가설은 이렇다. 먹이를 사냥하는 동안에는 좁은 범위에서 강한 집중력을 유지해야 했던 반면, 주위 환경을 탐색할 때는 상대적으로 약한 집중력으로 주위를 두루 살펴야 했다.

수렵채집 시대 이후 오늘날 우리가 살고 있는 세상이나 환경은 너무나 많이 달라졌다. 현대 사회의 많은 사람들은 생각으로 생계를 유지하는 지식 노동자다. 디지털화된 직장에서 일하면서 매우 복잡한 과제를 수행하기 때문에 이들은 이제 90퍼센트의 시간 동안 좁은 범위에서 강한 집중력을 유지해야 한다. 그리고 나머지 시간 동안 주위를 두루 살피는 상대적으로 약한 집중력이 필요하다.

그런데 불행하게도 대부분의 사람들은 오늘날에도 여전히 수렵채집 모드에서 살아가고 있다. 다시 말해서 우리의 뇌는 주로 주위를 두루 살피는 약한 집중력 모드로 작동하고 있다. 그렇기 때문에 자신의 생각이나 중간중간 끼어드는 환경적 요인, 기타 소음으로 인해 쉽게 주의가 산만해진다.

이러한 가설을 어떻게 발전시켰는지 간략히 살펴보자. 《사이언티픽 아메리칸Scientific American》에 따르면 지난 1만 년 동안 인간의 뇌는 크게 변하지 않았다.[1] 간간이 발생하는 질병이나 기근으로 변화하는 조건에 반응하는 사이, 시간이 가면서 약간 팽창하거나 수축해 왔을 뿐 뇌의 크기나 부피는 거의 같은 수준을 유지했다.

이제 지난 1만 년간 집중적 사고에 영향을 미쳐온 거시적 요인에 대해 생각해 보자. 수렵채집을 하던 인류의 조상은 대략 1만 년 전에 농사를 짓기 시작했다. 뇌가 기능하는 방식에 엄청난 전환을 가져온 변화였다. 수렵채집인에게는 대부분의 시간 동안 생존을 위해 주변을 두루 살피는 약한 집중력이 필요했다. 이러한 집중력은 사냥할 먹이를 찾거나 다른 포식자의 먹이가 되는 일을 피하기 위해 신속하면서도 효과적으로 훨씬 더 넓은 범위에서 주변 자연 환경을 살피는 데 도움이 되었다. 잠재의식 속에서는 사냥감을 포착하고 난 뒤에 좁은 범위에서 발휘되는 강한 집중력으로 전환되었을 것이다. 그리고 이러한 전환을 통해 사냥감에 집중한 가운데 서로 협력해서 사냥감을 잡을 수 있었다. 사냥하는 동안에는 급격하게 많은 양의 아드레날린과 코르티솔이 분비된 덕분에 좁은 범위에서 강한 집중력을 유지할 수 있었다. 나는 인류의 조상이 먹이를 사냥하는 짧은 시간 동안만 부신 호르몬에 의존했다는 가설을 세웠다. 나머지 시간 동안에 뇌는 주변을 두루 살피는 약한 집중력을 유지했기 때문에 부신 호르몬을 지속적으로 만들어낼 필요가 없었다.

하지만 오늘날 우리는 조상들과 완전히 다른 종류의 집중력이 필요하다. 현대 인류는 겨우 팔 길이만큼 떨어져 있는 컴퓨터 화면을 보면서 대부분의 낮 시간과 많은 밤 시간을 보낸다. 이는 대부분의 시간 동안 좁은 범위에서 강한 집중력이 필요하다는 뜻이다. 그런데 인간의 뇌는 여전히 주변을 두루 살피는 약한 집중력을 발휘하는 수렵채집 모드로 작동하고 있다. 슬프게도 진화는 아직 완전하게 되지 않았고, 이것이 근본적인 딜레마다.

창의적 사고나 혁신적 사고를 시작한 경우에는 보다 약하고 낮은 수준의 집중력이 바람직하다(8장 참조). 이러한 집중력이 뇌를 '자유롭게 흐르는' 모드에서 작동할 수 있게 해주기 때문이다. 하지만 이상적으로는 약한 집중력을 의식적으로 선택하여 뇌가 유동적으로 작동하기를 바란다. 어떤 활동을 하고 있는지에 상관없이 잠재의식 속에서 기본적으로 약한 집중력 모드로 있기를 원하지는 않는다.

이러한 가설은 나의 뇌 코칭 프로그램에서 검사한 사람들 가운데 90퍼센트 이상이 집중력 사고 역량이 낮거나 보통 수준에 불과

한 이유를 설명할 수 있다. 주변을 두루 살피는 약한 집중력 모드로 일하는 경우에는 소음과 환경 변화로 인해 끊임없이 주의가 산만해지고 잠재의식 속에서 이러한 방해요인에 반응한다. 이와 같은 본능적인 행동 때문에 많은 이들이 최우선 과제에 집중하는 데 어려움을 겪는다. 다행히도 이러한 현상은 뇌에 내재된 가소성을 활용하여 신경 경로를 재구성함으로써 쉽게 극복할 수 있다.

방해요인으로 가득한 세상

우리가 읽고 삶에 반영하기 위해 애쓰는 것은 대부분 진지하고 중요하다. 하지만 읽는 내용이 무미건조하면 배우는 일이 어려울 수 있다. 뇌는 무언가를 할 때 가장 잘 학습하며 재미와 놀이, 도전을 즐긴다. 이것이 바로 나의 뇌 코칭 프로그램에서 이러한 학습 원리를 반영하여 잠재의식의 사고 습관을 성공적으로 변화시키는 이유다.

전화나 이메일 알림, 메신저 등의 외부 방해요인을 차단하기만 해도 집중력을 향상시킬 수 있다는 말을 많이 들어봤을 것이다. 이러한 조언은 결정성 지식의 접근 방법을 바탕으로 한 것으로, 이론적으로는 괜찮게 들릴지 모르지만 지속 가능하지는 않다. 왜 그런지 살펴보자.

우선 외부의 방해요인을 차단하면 집중적 사고가 낮은 수준일 때 나타나는 증상만 치료될 뿐이다. 즉 뇌의 잠재의식에서 비롯된 근본 원인이 해소되지는 못한다. 다음으로 무엇을 해야 하는지(전화나 이메일을 확인하지 않는 것) 정확히 알고 있더라도 아주 오랫동안 그렇게 하는 것은 거의 불가능하다. 뇌는 그저 휴대전화나 다른 전자기기를 쳐다보는 것을 참기만 할 수는 없다. 그 순간 우리 안에서는 잠깐 동안 보기만 하겠다고 이야기한다. 그러다 보면 어느새 이메일이나 문자 메시지에 답을 하고 있다. 대부분이 긴급하지도 않은 내용인데 말이다. 그렇게 엄청나게 많은 방해요인이 우리를 최우선 과제에서 멀어지게 하지만 그런 일이 벌어지고 있다는 것조차 의식하지 못한다.

결정성 지식 접근 방법을 따르는 것과는 반대로, 일반적으로 유동적 사고 그리고 구체적으로는 집중적 사고를 강화하기 위해서는 능동적 학습과 경험적 접근 방법을 택해야 한다. 새로운 지식을 습득하는 것과 학습한 바를 통합하는 것 사이에는 큰 차이가 있다. 통합하려면 뇌가 신경 경로를 재구성해야 하고, 그 과정에는 시간이 걸린다. 이것이 바로 뇌 코칭 프로그램에 참여한 사람들이 자신이 가진 잠재의식의 사고 습관의 효율성을 높이기 위해 수개월에 걸쳐 의도적 연습 훈련을 하는 이유다.

쉽게 이해할 수 있는 예를 들어보자. 작가가 그린 여러 삽화 속에 교묘하게 숨어 있는 월리라는 캐릭터를 찾는 《월리를 찾아라》

라는 게임을 잘 알고 있을 것이다. 뇌의 신호 대 잡음 비율이라는 맥락에서 보면, 월리는 신호이고 그림 속 다른 인물들은 잡음이라고 생각할 수 있다. 집중적 사고 수준이 낮은 사람들은《월리를 찾아라》를 매우 어려워한다. 이들은 그림 속 다른 인물들로 인해 끊임없이 주의가 산만해지기 때문에 월리를 찾는 데 많은 시간이 걸린다.

나의 뇌 코칭 프로그램에서는《월리를 찾아라》처럼 과학적으로 설계된 의도적 연습을 이용해서 집중적 사고 능력을 높이는 걸 추천한다. 점점 더 어려워지는 퍼즐을 푸는 사이, 뇌는 월리라는 신호를 늘리고 다른 배경 잡음을 줄이는 방법을 배운다. 궁극적으로는 뇌의 신호 대 잡음 비율이 향상될 것이기 때문에 집중적 사고가 더 효율적이고 효과적으로 작동하게 된다.

도전적이고 재미있는 퍼즐을 풀면 집중적 사고를 개선할 수 있지만 이러한 활동은 목표 달성을 위한 수단일 뿐이라는 점을 명심해야 한다. 월리를 찾는 것은 최종 목적이 아니다. 최종 목적은 집중적 사고 능력을 강화하고 적용하여 직장, 가족, 사회, 놀이 등 삶의 모든 영역에서 주의 산만성을 감소시키는 것이다.

우리 모두는 일상생활에서 무수히 많은 외부 방해요인 사이를 항해하고 있다. 가장 흔한 방해요인은 이메일이나 전화통화, 메신저, 소셜 미디어, 알림처럼 기술과 관련이 있다. 구글맵에서 낭비하는 시간은 말할 것도 없다. 또한 즉석에서 결정한 휴식 시간과 마지막 순간에 진행하는 회의는 물론이고 방해요인의 최고봉인 "혹시 5분만 이야기할 수 있을까요?" 때문에 끊임없이 옆길로 빠지기도 한다. 이와 같은 외부의 방해요인 외에도 마음이 방황하거나 몽상에 빠져 있으면 내면의 방해요인이 주의를 딴 데로 돌린다.

여기에서 몇 가지 사실을 이야기하겠다. 첫째, 방해요인 때문에 주의가 산만해진 사람은 진짜 당신이 아니며 당신만 그렇게 되는 것도 아니다. 둘째, 이와 같은 방해요인은 순전히 의지만으로는 극복할 수 없다. 뇌가 아직 1만 년 전과 같은 방식으로 집중하고 있다는 걸 잊지 말자.

그러니 너무 자책하지 말기 바란다. 대신 뇌에 집중적 사고를 뒷받침하는 인지 루틴을 업데이트할 때라고 알려주면 된다.

방해요인, 정보화 시대의 본질적인 문제

노벨상을 수상한 경제학자 허버트 A. 사이먼Herbert A. Simon은 1971년에 믿기지 않을 정도로 통찰력 있는 말을 남겼다. "정보가 소모하는 것은 어느 정도 확실하다. 정보는 수신자의 주의력을 소모한다. 결국 정보의 풍요는 주의력의 결핍을 만든다."[2]

지금 우리는 정보가 지배하는 시대에 살고 있다. 역사상 다른 어느 시대와 비교하더라도 소비할 수 있는 것보다 훨씬 더 많은 콘텐츠가 있지만 이를 소화할 능력은 더없이 부족하다. 인류가 주의력 결핍에 시달리고 있음을 이해할 필요가 있다. 만약 이러한 사실을 무시하면 정보 소화력은 선택의 대상이고 주의력은 훈련의 대상이라는 믿음의 덫에 걸려 정신적으로 진이 다 빠질 것이다. 이와 같은 환원적 결론에 도달하면 2019년 세계보건기구에서 정신적 탈진을 '번 아웃 증후군'이라는 명칭을 붙여 공식적으로 인정한 이유를 이해할 수 있을 것이다.[3]

문제는 방해요인, 특히 외부의 방해요인이 인식하는 수준 아래에서 발생해 대부분 눈에 띄지 않기 때문에 과소평가되는 경우가 많다는 것이다. 뒤늦은 깨달음은 손상된 집중력으로 인해 유발된 결과나 부정적 영향을 비추는 불편한 거울과 같다. 이 거울에 자신의 모습을 비출수록 방해요인이 어디에서 어떻게 작동하고, 집중력에 통달하는 것이 얼마나 중요한 일인지 깨닫게 된다.

나의 뇌 코칭 프로그램에서는 짧은 시간 동안 집중력을 향상시킬 수 있는 기법이 많이 있다. 이러한 기법들은 일시적으로나마 정신적으로 집중하는 상태를 갖추는 데 도움이 된다. 하지만 매일매일 하는 일이나 개인 생활이 지닌 본질적 특성 때문에 이러한 정신적 상태에서 벗어나게 되는 경우가 많다. 마감, 화상 회의, 대면 회의, 이메일, 보고 등 끝없이 밀려드는 파도를 헤쳐 나가다 보면 잠재의식 속에서 자신도 모르는 사이에 주의력을 통제할 힘을 잃어버리고 만다. 의식적으로 인식하지 못하면 마음은 방황하기 시작하고, 방해요인이 또다시 집중력을 빼앗아간다.

토끼굴에 빠지다

나쁜 소식을 전하는 사람이 되고 싶지는 않지만, 이번 경우에는 정직이 최선일 것이다. 방해요인에 대한 이야기는 아직 끝나지 않았다. 외부의 방해요인에는 내면의 방해요인이라 불리는 쌍둥이가 있다.

앨리스를 기억하는가? 《이상한 나라의 앨리스》를 읽어봤다면, 떠돌아다니던 앨리스가 토끼굴에 떨어지면서(fall down the rabbit hole 은 '주로 쓸데없는 일에 빠져 시간 가는 줄 모른다'는 의미로 사용되는 관용구다—옮긴이) 이상한 나라에 도착한 것을 알 것이다. 흥미롭게도 연구에 따르면 우리는 어떤 일을 할 때 거의 절반의 시간을 다른 곳에 정신이 팔려서 자기만의 토끼굴에 빠진다고 한다. [4] 그렇게 도착한 자기만의 이상한 나라에는 마음속 공상에 잠기고 과도한 생각에 빠지며 지금 하는 일과 무관한 것을 생각한다. 그리고 이 모두는 주의력과 생산성을 떨어뜨린다.

마음은 방황을 좋아하지만 우리가 좋아하는 것이 우리에게 좋은 것과 직접적으로 충돌할 수도 있다. 마음은 창의적이면서 미묘하게 방황한다는 점을 꼭 이해해야 한다. 앨리스와 달리 우리는 토끼굴에서 벗어나기 전까지는 토끼굴에 빠졌었다는 사실조차 인식하지 못할 것이기 때문이다. 이러한 내면의 방해요인은 다양한 형태로 나타날 수 있다.

예를 들어, 조금이나마 방황하고 있는 마음이 읽은 내용을 의식적으로 받아들이지 못했기 때문에 책이나 온라인 기사의 한 구절을 다시 읽고 있는 자신을 발견한 적이 있는가? 회의 시간에 마음이 여기저기 떠돌아다니다 보니 해야 할 일 목록에 적은 급한 과제를 생각하거나, 다음 휴가에 관한 공상에 잠기거나, 아니면 점심 메뉴를 고민한 적이 있는가? 이 모든 것이 토끼굴의 일부다. 그러나 마음에는 토끼굴에 빠지지 않도록 도와주는 경고등이 없다. 그러므로 주의력을 통제할 힘을 되찾기 위해서는 집중적 사고라는 잠재의식의 사고 습관을 반드시 발달시켜야 한다.

우선순위를 결정하는 일

"거울아, 거울아, 어떤 과제가 제일 중요하니?" 이렇게 물어서 간단히 해결하면 얼마나 좋을까? 안타깝게도 이러한 진귀한 마법의 거울은 팔지 않는다. 하지만 원하는 결과를 얻는 데 도움이 된다고 입증된 몇 가지 방법은 알고 있다.

우선순위 결정은 다음 두 가지 중요한 능력을 필요로 한다. 그래서 매우 복잡한 과정이다.

- 우선순위를 정의하고 그 순서를 정하는 방법을 이해하기

우선순위를 결정하는 능력은 '개념적 사고'라고 불리는 또 다른 잠재의식의 사고 습관에 달려 있다(9장 참조). 여기에 더해 집중적 사고가 효율적이어야 하고 뇌의 신호 대 잡음 비율이 높아야 한다. 이는 최우선 과제가 일반적으로 크고 복잡한 일이라서 감당하기 힘들거나 넌더리가 난다고 느낄 수 있기 때문이다. 그래서 설사 뇌가 효과적으로 우선순위를 정해서 매우 분명한 신호를 생성했다 하더라도 방해요인은 아주 가까운 곳에서 최우선 과제로부터 주의력을 훔쳐갈 기회를 노리고 있다.

뇌 코칭 프로그램에 참여한 사람들 대부분이 이와 같은 원리를 인지하고 이해하지만 여전히 동일한 방해요인의 양상에 빠져 있는 자기 모습을 발견한다. 이는 집중적 사고를 개념적으로 이해하는 것과 집중적 사고를 잠재의식의 사고 습관으로 발달시키는 것은 엄청나게 다르기 때문이다. 한 가지 비유를 들어보자. 당신이 체지방은 적고 근육량은 많은 조각 같은 몸을 만들고 싶다고 가정하자. 이제 운동 루틴을 만들어서 매일 한 시간씩 체육관에서 시간을 보낼 생각이다. 하지만 운동 대신 주스를 마시면서 그 시간을 보낸다면 당신의 몸은 조금도 바뀌지 않을 것이다. 원하는 결과를 얻기 위해서는 운동 기구에 올라가 실제로 운동을 해야 한다. 체육관에서 주스를 마시면서 시간을 보낸다고 해서 조각 같은 몸이 만들어지지 않는 것처럼 집중적 사고를 개념적으로 이해한다고 해서 주의력을 통제할 수 있는 것은 아니다. 신체를 발달시키려면 운동 기구를 이용해야 한다는 것은 누구나 알고 있지만, 뇌를 발달시키기 위해 특정한 훈련을 할 수 있다는 것을 아는 사람은 거의 없다.

멀티태스킹의 신화

효율성(사고의 속도)과 유효성(사고의 질)은 멀티태스킹과 계속 연결되어 있다. 문제는 멀티태스킹이 근거 없는 신화라는 것이다. 불행히도 우리는 이 신화를 계속 신봉하고 있다. 당연히 여러 가지 일을 동시에 처리해야 한다는 부담감에 달성 불가능한 비현실적인 기대치를 설정하고 궁극적으로는 엄청난 스트레스를 초래하는 것이다. 오히려 멀티태스킹이 더욱 비생산적인 결과를 낳는다.

《실험심리학 저널Journal of Experimental Psychology》에 게재된 〈작업 전환에서 인지 과정의 실행 제어Executive control of cognitive processes in task switching〉에서 루빈스타인Rubinstein과 에반스Evans, 마이어Meyer는 멀티태스킹이라는 신화의 실체를 밝혀냈다.[5] 이 논문에 따르면 잠깐이라도 작업을 전환하면 생산적인 시간의 40퍼센트가 사라져버린다. 게다가 작업이 매우 복잡하거나 익숙하지 않다면 작업 전환에 훨씬 더 많은 시간을 낭비하게 된다.

따라서 많은 경우 사람들은 좋은 의도를 가지고 멀티태스킹을 하지만 실제로는 생산적인 시간을 잘게 쪼개다 보니 약화된 집중적 사고를 더 복잡하게 만드는 최악의 결과를 초래한다. 과학은 주의력을 통제하는 방법을 배워야 하는 이유를 강조하면서 이 기본적인 기둥, 즉 주의력 통제를 계속해서 다시 가리킨다. 우선순위가 낮은 일 사이를 바쁘게 오가다 보면 최우선 과제에서는 멀어지고, 모든 과제가 똑같이 중요하고 긴급해 보이며, 뇌가 고갈되는 것 같은 상태에 빠지기 때문이다.

흥미롭게도 집중적 사고 수준이 고도로 발달된 사람들은 멀티태스킹이 비생산적인 작업 방식이라는 것을 알기 때문에 멀티태스킹을 시도조차 하지 않는다. 이들의 뇌는 처음부터 정확한 신호를 생성할 수 있어서 최우선 과제에 대한 집중력을 쉽게 유지할 수 있다. 반면에 뇌의 신호 대 잡음 비율이 낮은(따라서 집중적 사고 수준이 낮은) 사람들은 활동이 많다고 늘 생산성이 높은 것은 아니라는 걸 알지 못하기 때문에 일상적으로 멀티태스킹을 시도한다.

미루기 대회에서 1등 하기

미루는 것은 집중적 사고 수준이 낮을 때 나타나는 가장 흔한 증상 중 하나다. 어쨌든 내일로 미룰 수 있는 일을 오늘 할 이유가 있을까? 이것이 바로 미루기 대회 우승자의 태도다.

농담은 이쯤 해 두자. 어떤 일이 거대하고 복잡할수록 미루게 될 가능성은 더 커진다. 좋은 의도나 모범 사례는 미루기의 유혹에는 상대가 되지 않는다. 하물며 방해요인이 미루기와 한 팀으로 힘을 모으기라도 하면 확률이 우리 편은 아님을 쉽게 인지할 수 있다. 우리는 뇌의 신호 대 잡음 비율이 손상되고, 이로 인해 집중력이 쉽게 흐트러진다는 것을 알고 있다. 하지만 이제는 집중적 사고라는 잠재의식의 사고 습관이 효율적으로 작동하도록 발달시키는 데 필요한 두뇌 활동을 수행함으로써 이러한 결함을 예방하고 이겨낼 수 있다는 것도 알고 있다.

자, 만약 뇌의 미루는 능력이 뛰어나다면 어떻게 일을 끝낼 수 있을까? 이 순간 경기장에 입장하는 것은 바로 전세를 뒤집는 무패 전적의 헤비급 챔피언 부신 호르몬이다. 아드레날린과 코르티솔은 언제나 어려움에서 벗어나게 한다. 하지만 일을 하는 원동력과 더 나은 집중력을 위해 이 호르몬들에 의존하면 큰 대가를 치러야 한다. 게다가 장기적으로는 기한을 준수하는 데 있어 전혀 지속 가능한 방법이 아니다. 밤늦게까지 불을 밝히며 엄청난 시간을 일할 수도 있지만 결국은 그 불도 전부 타버릴 것이고 그 과정에서 당신도 타버릴 것이기 때문이다. 다음번에는 다를 것이라고 아무리 다짐해도 뇌를 재구성하고 집중적 사고 역량을 높은 수준으로 발달시키지 않는 한, 이 패턴을 깨뜨리는 건 현실적으로 쉽지 않다.

이제 잠시 멈춰서 이 기본적인 사실에 대해 생각해 보기 바란다. 많은 사람들이 당황하는 이유는 자신의 주의력을 통제할 수 있다는 환상에 사로잡혀 있기 때문이다. 이들은 자제력과 의지력이 부족한 자기 자신을 탓하지만 진실은 완전히 다른 곳에 있다.

뇌의 구성이 성과를 좌우한다

뇌의 구성은 생리적 스트레스나 정신적 스트레스에 어떻게 반응할 것인지를 결정한다. 심리학자 로버트 M. 여키스Robert M. Yerkes와 존 D. 도슨John D. Dodson은 1908년에 〈자극의 강도와 습관이 형성되는 속도 사이의 관계The Relation of Strength of Stimulus to Rapidity of Habit Formation〉라는 논문을 발표했다.[6] 이들의 이론은 당시 획기적인 연구로 인정받았고 나중에 여키스—도슨 법칙이라는 이름으로 알려졌다.

로버트 여키스는 처음에는 여러 종류의 쥐를 대상으로 연구를 했지만 나중에는 인간의 심리 검사와 측정에 관심을 갖게 되었다. 제1차 세계대전 중에 남녀 군인 약 170만 명을 대상으로 심리 검사를 실시하며 최초의 대규모 검사 프로그램을 진행한 것으로 알려져 있다. 또한 동물 연구를 통해 인간의 행동을 배우는 비교 심리학 분야에서 가장 뛰어난 인물 가운데 한 명으로도 알려져 있다.

앞에서 언급한 논문을 집필할 당시 존 도슨은 하버드 대학교에서 여키스를 지도교수로 한 석사과정 학생이었고, 이 논문을 발표하고 상당한 시간이 지난 1918년 미네소타 대학교에서 심리학 박사 학위를 받았다. 도슨과 여키스는 수년간 간간히 연락을 주고받았지만 도슨의 이력에 대해서는 알려진 바가 거의 없다.

여키스—도슨 법칙에 따르면 성과는 개인이 경험하고 있는 생리적 또는 정신적 자극이나 스트레스의 수준에 따라 달라진다. 중요한 것은 스트레스가 증가할수록 성과도 높아지지만 티핑 포인트 tipping point(작은 변화들이 쌓이다 어느 순간 변화의 크기나 방향이 급격하게 바뀌는 지점이다—옮긴이)까지만 그렇다는 점이다.[7] 한계점 또는 전환점으로도 불리는 이 지점 이후에는 성과가 급격하게 낮아진다. 그림에 나타난 바와 같이 뇌가 스트레스를 활용하여 집중력을 높임으로써 최적 성과를 창출하는 구간이 존재한다. 이 구간에 들어서면 부신 호르몬이 최고 성과 모드에 진입하도록 만듦으로써 미룰 여지를 남기지 않는다. 그리고 압박감 덕분에 일에 효과적으로 집중하여 기한을 지킬 수 있다. 하지만 불행히도 이와 같은 호르몬의 급격한 증가에는 엄청난 개인적 대가가 따른다.

그림을 다시 살펴보자. 일이 지루하거나 스트레스가 너무 적으면 동기부여가 되지 않는다고 느낀다. 반면 너무 큰 압박감은 불안이나 공황과 같은 정신적 상태를 유발하기 때문에 성과가 크게 저하되고 오류가 발생할 가능성과 다시 작업할 필요성이 높아진다.

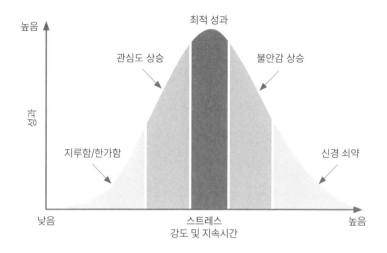

지루함/한가함	관심도 상승	최적 성과	불안감 상승	신경 쇠약
• 지루함 • 쉽게 산만해짐 • 몰입하지 않음 • 의욕이 없음	• 관심 있음 • 집중력 상승 • 몰입하게 됨 • 커지는 의욕	• 무아지경 • 대단히 생산적임 • 매우 집중함 • 완전히 몰입함 • 매우 의욕적임	• 불안함 • 쉽게 실수함 • 집중력 하락 • 덜 몰입함 • 의욕이 꺾임	• 공황 상태 • 진이 다 빠짐 • 집중력 상실 • 몰입하지 않음 • 괴로워함

여키스―도슨 법칙에 따른 인간의 과제 수행 성과 그래프

많은 사람들이 압박감이 있을 때 일이 더 잘 된다고 생각하지만, 그것은 부신 호르몬에 의존하고 있기 때문에 그렇게 보일 뿐이다. 집중적 사고가 잘 발달하면 임박한 기한으로 인한 압박감이 없더라도 효과적으로 일할 수 있다. 이는 집중하기 위해 뇌에 부신 호르몬이 넘쳐나고 몸과 마음이 엄청나게 스트레스를 받는 상태에

놓여 있을 필요가 없다는 뜻이다. 불행하게도 장기간에 걸쳐 스트레스가 높은 수준을 유지하면 개인적 성과나 직업적 성과가 저하되는 것은 물론이고 웰빙well-being이 악화되는 결과로 이어진다. 이처럼 웰빙이 악화되는 현상을 번 아웃이라고 부른다. 세계보건기구는 번 아웃을 직업적 현상으로 분류하고 최근 제11차 국제질병분류ICD-11에서 이를 새롭게 정의했다. ICD-11에 따른 번 아웃의 정의는 다음과 같다.[8]

> 번 아웃이란 만성적인 직장 스트레스가 잘 관리되지 않아 발생하는 증후군으로 다음 세 가지 차원에서 특징을 지닌다.
> - 에너지가 고갈되거나 소진되는 느낌
> - 자신의 일에서 정신적으로 더 멀어지려는 감정, 또는 자신의 일에 대한 부정적 또는 냉소적 감정
> - 직업적 효용성의 감소

좋은 소식은 누구나 자신의 집중적 사고를 강화할 수 있다는 것이다. 만약 더 이상 꿀벌처럼 부산하게 돌아다니지 않고 방해요인과 상충하는 우선순위나 지연(미루기) 때문에 갈피를 잡지 못하는 모습에서 벗어나면 인생이 어떻게 바뀔지 상상해 보자. 집중적 사고가 잘 발달하면 판도가 바뀐다. 집중적 사고의 발달 덕분에 지속적으로 최고의 성과를 낼 역량을 확보할 수 있으며, 이로써 짧은

시간에 양질의 결과물을 만들어낼 수 있다. 또한 단순히 현재 가진 잠재력을 바쁘게 이용하는 것이 아니라 잠재력 수준 이상으로 날 아갈 능력까지 발달한다.

방해요인 때문에 경로에서 벗어나다

이론적인 이야기는 이쯤 하고 이제 병에 든 꿀벌처럼 정신없이 바쁜 비앙카를 만나보자. 비앙카는 주의력을 통제하는 방법에 관해 이번 장에서 설명한 이야기의 주인공이다.

비앙카는 기업의 인사 담당 고위 임원으로, 열정적이고 아는 것도 많으며 사람들과 빠르게 가까워지는 장점이 있다. 여러 일을 하려고 사무실에서 끊임없이 바쁘게 움직이는 비앙카를 가리켜 동료들은 장난스럽게 '병에 든 꿀벌'이라고 부른다. 비앙카는 언제나 도울 마음이 있는 팀 플레이어인 데다 동료들은 그녀의 식견을 높이 평가한다. 그 결과 비앙카의 일상은 5분만 시간을 내 달라거나 갑자기 커피 한잔 하자는 요청 때문에 자주 방해받는다. 불행히도 이처럼 부산하게 돌아다니는 습관으로 인해 비앙카는 정작 자신이 가장 먼저 처리해야 할 일에서 벗어나게 된다. 그러다 보니 바쁜 일상에도 불구하고 생산성 목표를 달성하지 못하고 있다. 한마디로 비앙카는 반짝이는 물체 증후군Shiny Object Syndrome(새롭고 재미있는 것에 과도한 관심을 보이지만 다른 새로운 것이 나타나면 이전 것을 즉시 버리는 현상을 말한다―옮긴이)에 시달리고 있다. 달리 표현하면 비앙카의 뇌가 주의력을 이끄는 것이 아니라 주의력이 뇌를 이끌고 있다.

비앙카도 자신이 쉽게 주의가 산만해지는 것을 알고 있다. 그 중거도 쌓여가고 있다. 집중적 사고 수준이 낮기 때문에 비앙카는 더 많은 오류를 저지른다. 이는 장시간의 재작업과 그것에 따른 비생산적인 멀티태스킹으로 이어진다. 임박한 기한 때문에 시간에 쫓기다 보면 의사소통도 어려워져서 조기에 효과적으로 일을 위임하는 능력이 저하된다. 결과적으로는 기한을 맞추기 위해 엄청난 시간을 일하게 된다. 이 모든 일로 인해 비앙카는 정신적으로 진이 다 빠져버리고 능력의 한계에 도달하게 된다.

여기저기 부산하게 다니며 반짝이는 물체 증후군을 헤쳐 나가느라 좌절하고 기진맥진하며 정신적으로 지친 비앙카는 우선순위가 높은 자신의 일에 집중하는 데 어려움을 겪고 있다. 결과적으로 비앙카가 이끄는 팀의 생산성과 사기도 저하된다. 비앙카는 다시 주의력을 집중하기 위해 우리가 흔히 하는 일을 한다. 바로 우선순위가 높은 과제를 포함해 해야 할 일 목록을 작성하는 것이다. 우리는 마음을 편안하게 하는 이 유명한 목록에 얼마나 집착하고 있는가! 어느 추운 날 마시는 핫초콜릿처럼 이 목록도 일시적으로 마음에 큰 위로가 된다. 해야 할 일 목록을 작성하다 보면 복잡한 마음이 정리되면서 잠시 멈춰 통제하고 있다고 느낄 수 있다. 하지만 불행하게도 이 고요하고 맑은 느낌은 오래 유지되지 않는다. 비앙카는 자신이 만든 목록을 내려다보면서 이제 집에 가서 와인 한잔 해야겠다고 생각할까? 아니다. 미안하지만 이야기는 그렇게 전개되지 않는다. 실제로 벌어지는 일은 이렇다. 자신이 완수해야 하는 모든 일이 얼마나 크고 중요한지를 이해하자, 비앙카가 느꼈던 편안함은 불안감으로 바뀌게 된다.

포괄적이면서 정확한 데다 우선순위까지 매겨진 비앙카의 목록은 해야 할 일을 적은 목록 가운데 가장 뛰어나게 작성된 것이다. 하지만 머지않아 방해요인 때문에 우선순위가 높은 과제가 다양한 활동의 소용돌이로 빨려 들어감으로써 생산성 부족 현상이 악화될 것이다. 늘 그렇듯 업무 시간은 끝나지만 목록에 있는 중요한 과제를 아직 마무리하지 못한 상태이다 보니 비앙카는 더욱더 의욕이 사라진다. 하루하루 시간이 갈수록 비앙카는 점점 더 늦게까지 남아 일한다. 긴 시간 일하는 것을 명예로운 훈장처럼 생각하지만 자신의 능력이 한계에 도달했음을 깨닫는다. 주말이 되면 침대와 소파에 널브러져 있다가 월요일에 다시 부산하게 돌아다닐 수 있을 정도의 원기를 간신히 충전한다.

이 시점이 되면 비앙카가 주의력과 집중력 향상에 도움이 된다고 알려진 수많은 방법을 활용해 본 적이 있는지 궁금할 것이다. 비앙카는 이미 다수의 시간관리 과정을 이수했다. 놀랍지 않은가? 게다가 이메일이나 전화, 소셜 미디어와 같은 외부의 방해요인을 차단하려는 노력도 해 봤다. 다양한 해결방안을 시도했지만 효과는 없었다.

이제 비앙카가 자신의 주의력을 통제하는 역량을 향상시켜야 한다는 것이 분명해졌다. 더 크고 복잡하며 일상적인 작업일수록 비앙카가 방해요인에 휘말려서 일을 미룰 가능성이 높았다. 보고서를 작성해야 할 때마다 미루는 습관 때문에 답답하고 짜증이 났으며 늘 마지막 순간까지 기다리곤 했다. 그래서 비앙카는 다른 방법을 시도해 보기로 했다. 방해요인을 제거할 수 있다는 생각으로 스스로를 물리적으로 격리한 것이다. 마음속으로 비앙카는 그렇게 함으로써 결국 미루는 습관을 극복하고 최우선 과제를 완수할 수 있을 것이라 생각했다.

다음번 보고일이 정해지면서 비앙카는 다른 방법을 시도해 보기로 마음먹었다. 보고일 일주일 전 어느 하루의 일정을 모두 비우고 집에서 일하면서 일에 전념하기로 한 것이다. 그렇게 하면 방해요인이 없는 공간에서 더 집중할 수 있을 것이라고 생각했다. 비서에게는 긴급한 일이 아니면 방해하지 말아달라고 전했다. 하지만 막상 스스로를 격리하기로 한 날이 되자 비앙카는 방해요인과 미루기에 시달리는 자신을 다시 한번 발견했다. 비앙카의 마음은 토끼굴에 빠져버린 앨리스처럼 몽상에 빠져 방황하고 있었다. 당연히 비앙카는 점점 더 실망하게 되었다. 자신의 계획이 기대했던 것과는 다른 결과를 낳았기 때문이다.

시간은 흘러 마음이 불편할 정도로 기한이 다가왔다. 비앙카의 스트레스 수준은 높아졌고 불안감이 엄습해왔다. 보고일이 되자 갑자기 비앙카의 집중력이 레이저처럼 날카로워졌다. 미친 듯이 일한 끝에 비앙카는 결국 자정이 다 되어서야 보고서를 마무리했다. 일을 마치고 일주일 전 스스로를 격려했던 날을 되돌아보면서 궁금해졌다. "일주일 전에는 전혀 집중할 수 없었는데 왜 마지막 순간에 갑자기 집중력을 통제할 수 있게 되었을까?" 비앙카는 자신도 모르는 사이에 뇌가 가지고 있는 비밀 무기를 활용해왔다.*

　비앙카는 삼중의 어려움을 겪고 있다.

1 비앙카가 적은 해야 할 일 목록은 길고, 모든 일이 똑같이 중요해 보이기 때문에 최우선 과제를 파악하기가 쉽지 않다.
2 이처럼 정확성이 부족한 것은 비앙카의 뇌에 주의력을 집중할 분명한 신호가 없다는 것을 의미한다.
3 정확성이 부족하면 방해요인이 생성하는 소음의 크기가 더 커진다.

　이러한 요인들이 종합적으로 작용한 결과, 비앙카는 소음을 헤

---

* 상황이 어려워지면 우리 몸은 많은 양의 아드레날린과 코르티솔을 배출한다. 여키스—도슨 법칙에서 이야기한 바와 같이 기한이 가까워지면 스트레스가 커지고 그에 따라 부신 호르몬의 배출량이 급격히 증가해 방해요인이나 지연을 극복하는 데 도움이 된다.

치고 나아갈 힘이나 준비가 부족하다는 느낌을 받는다. 결과를 쏟아낼 수 있을 정도로 부신 호르몬의 배출량이 급증하기 전까지는 계속 불안정한 상태에 놓이게 된다. 한 가지 일에서 다음 일로 바쁘게 다니면서 멀티태스킹을 하느라 스스로 지쳐버리지만 최선의 노력에도 불구하고 목표를 성공적으로 달성하는 경우가 거의 없다.

대부분의 사람들과 마찬가지로 비앙카도 낮은 집중적 사고 수준으로 인해 어려움을 겪고 있다. 더구나 개념적 사고도 제대로 발달되지 않아서 일의 우선순위를 결정하는 것도 많이 어려워한다. 비앙카가 의식적으로 적용했던 방법이 어느 정도는 도움이 될 수 있지만, 모두 방해요인과 지연이라는 악순환으로 이어질 뿐이다. 비앙카는 집중적 사고를 최적으로 발달시키지 않는 한, 끊임없이 주의력을 통제하는 데 어려움을 겪을 것이다. 지금으로서는 비앙카가 집중력을 유지하기 위해 노력하는 것은 마치 산소 탱크 없이 바닷속 깊이 잠수하는 것처럼 어려운 데다 아주 잠시만 지속 가능한 일일 뿐이다.

취약한 집중적 사고가 미치는 영향

●

때로는 사소한 방해요인 정도는 괜찮아 보이기도 한다. 바하마로 떠나는 휴가에 대해 생각하거나 점심 메뉴로 샐러드와 샌드위치

가운데 고민한다고 해서 누구 하나 다치는 일이 있을까? 회의 시간에 마음이 방황하는 동안 누군가가 크게 다치는 일은 일어나지 않지만, 자기 자신에게는 몇 가지 방식으로 상처를 입혔을지 모른다. 우선 회의에서 다룬 일부 정보를 놓쳤을 것이다. 중요한 세부 정보를 놓치면 동료들의 인식이나 작업 결과의 질이 영향을 받는다.

집중력 저하의 또 다른 일반적인 결과는 수동적 듣기다. 집중적 사고 역량이 낮으면 진행 중인 대화나 경영 상황에 전적으로 참여하지 못한다. 마음은 방황하고, 그 결과 효과적으로 라포를 구축하는 능력도 갈피를 못 잡는다. 누군가의 말을 듣고 있기는 하지만 집중해서 듣지 않기 때문에 이야기에 대한 반응은 보통 진짜라기보다 수동적이다. 방황하는 마음이 유발하는 결과가 쌓이면 업무의 질은 낮아지고 직업적 관계가 훼손되며 직업적 발전도 상당히 저해될 수 있다. 자, 크기와 상관없이 토끼굴은 좋은 곳이 아니다. 그리고 우리 마음속의 이상한 나라는 그리 멋지지 않은 결과를 남길 뿐이라는 것을 기억하자.

덜 발달된 집중적 사고가 불러오는 세 번째 결과는 불행이다. 매튜 킬링스워스Matthew Killingsworth와 대니얼 길버트Daniel Gilbert는 〈방황하는 마음은 불행한 마음이다A Wandering Mind Is an Unhappy Mind〉에서 인간은 깨어 있는 시간의 47퍼센트를 지금 하고 있는 일이 아닌 다른 무언가를 생각하는 데 쓴다는 점을 강조했다.[9] 이와 같이 마음이 방황할수록 지금 하는 일에서 점점 더 멀어지게 된다.

그리고 이는 행복의 감소라는 높은 정서적 비용을 유발한다. 흥미롭게도 이 연구에서는 딴생각이 피실험자들이 느낀 불행의 근본 원인이었다는 사실을 규명함으로써 다시 한번 잠재의식의 사고 습관을 키우는 일의 본질과 필요성을 강조했다.

집중적 사고를 키우는 일의 가치를 과소평가하는 오류를 저지르지 말기 바란다. 토끼굴에 빠져 방황하면 그 대가는 매우 크다.

뇌 코칭 후 높은 집중력을 확보하다

다행히 뇌 코칭 프로그램을 마친 뒤에 비앙카의 집중적 사고는 상당히 강화되었고, 뇌의 신호 대 잡음 비율도 전반적으로 개선되었다. 이러한 변화 덕분에 두 가지 좋은 점이 생겼다. 첫째, 가장 중요한 일에서 멀어지게 하는 방해요인을 빨리 찾아내고 차단할 수 있다. 둘째, 집중하고 싶은 것을 선택하는 힘을 이제는 완전히 통제할 수 있게 되었다.

집중적 사고를 최적화하면 성공 가도에서 이탈하게 하는 잠재의식 속 패턴이 제거된다. 또한 잘 발달된 집중적 사고는 주의력과 시간의 노예가 아니라 주인이 될 기회를 부여한다. 내면과 외부의 모든 방해요인으로부터 자유로운 뇌는 비할 데 없이 높은 생산성으로 마음껏 창조하고 실행하는 뇌다.

3부

두 번째 기둥:
복잡한 문제해결

6장

복잡한 문제를
쉽게 해결하기

🧠 **"문제를 만들었을 때와 같은 사고방식으로는 문제를 해결할 수 없다."**

알베르트 아인슈타인Albert Einstein

문제란 길들이기 힘든 동물과 같다. 그래서 문제를 아주 정확히 정의해야 한다. 그렇지 않으면 완전히 다른 문제를 풀게 될 가능성이 높다. 어떤 문제의 핵심을 정의하고, 다양한 해결방안을 도출하며, 최적의 해결방안을 평가하고 선택하는 작업은 생각보다 복잡하다. 그 과정에서 뇌는 문제를 정의하는 일과 이상적인 해결방안을 찾는 일 사이에서 미묘한 균형을 찾아야 한다.

잠재의식의 성공을 떠받치는 두 번째 기둥은 다음 그림에 표시된 것처럼 세 가지의 잠재의식의 사고 습관으로 구성된다. 이 세 가지 잠재의식의 사고 습관은 문제해결 과정 전반에 걸쳐 서로 독

복잡한 문제해결

분석적 사고
혁신적 사고
개념적 사고

두 번째 기둥

립적이면서도 협력하는 방식으로 작동하여 간절히 원하는 순간에 좋은 생각이 떠오르게 한다.

- **분석적 사고**: 문제나 기회를 정확하게 분석하고 정의할 뿐 아니라 성공 가능성이 높은 해결방안의 기준을 설정하기 위해 필요하다.
- **혁신적 사고**: 분석적 사고를 통해 정의한 문제나 기회에 적용 가능한 해결방안을 이끌어낼 때 매우 중요하다.
- **개념적 사고**: 혁신적 사고를 통해 도출한 다양한 해결방안을 각각 평가한 다음, 분석적 사고로 설정한 성공 기준을 충족하는 최적의 해결방안을 결정할 때 필요하다.

조직에서는 복잡한 문제를 해결하기 위해 팀을 만든다. 이는 사람들의 관점이 서로 다르다는 것을 잘 알기 때문이다. 그러나 더 중요한 이유는 복잡한 문제를 해결하는 여러 단계에 거쳐 사람들이 가지고 있는 역량이 천차만별이라는 점이다. 누군가는 문제를 깔끔하게 정의하는 재주가 있는 반면, 누군가는 문제에 대해 논의하고 정리하는 데 뛰어난 사람도 있다. 더 나아가 다양한 해결방안을 평가해서 전략적 가치가 가장 높은 것을 선택하는 데 탁월한 사람도 있다.

사람들이 가지고 있는 역량이 이처럼 다양한 것은 개인의 내면에서 발달한 각자 고유의 인지 역량 때문이다. 복잡한 문제를 쉽게 해결하는 사람은 흔치 않다. 분석적 사고, 혁신적 사고, 개념적 사고라는 세 가지 잠재의식의 사고 습관이 균형 있게 발달한 사람은 거의 없기 때문이다. 그럼에도 이러한 균형은 깨달음의 순간을 불러오기 위해 꼭 필요하다.

문제해결을 위한 팀 기반의 접근 방법은 성공적일 수 있지만 상당히 큰 비용이 든다. 모든 의사 결정에 팀을 개입시키면 혼자 결정하는 것보다 더 많은 시간과 자원이 소요되기 때문이다. 복잡한 문제와 독립적으로 씨름할 수 있는 자유가 허락될 정도로 신경 경로가 발달하고 균형을 이루면 진정으로 자유로운 감정을 느낄 수 있다. 하지만 어떤 문제가 광범위한 계층의 사람들에게 영향을 미치는 경우에는 분명히 서로 협력하여 문제를 해결하는 것이 중요하다. 팀 내 각 구성원이 최적의 복잡한 문제해결 역량을 보유하고 있다면 가능한 한 최고의 해결방안에 빠르게 도달할 가능성이 한결 높아진다.

개인적·업적 관점 모두에서 보면 복잡한 문제해결에 도움이 되는 세 가지 잠재의식의 사고 습관을 발달시켜서 얻는 이점은 아무리 강조해도 지나치지 않다. 이러한 사고 습관을 잘 구축한 사람은 자기 삶을 장악했다는 새로운 감각에 도달하게 된다.

팀 차원의 문제해결

축구처럼 여러 명이 호흡을 맞춰야 하는 팀 스포츠는 골프처럼 각자 경쟁하는 스포츠보다 작전이나 경기 운영 방식이 복잡하고 어려울 수밖에 없다. 그래서 팀 스포츠에서는 팀에서 가장 역량이 부족한 선수의 수준에 따라 팀의 경쟁력이 결정된다는 말이 있다. 예를 들어, 축구에서 열 명의 선수가 매우 뛰어나더라도 나머지 한 명이 어이없는 실수를 반복한다면 팀은 그 경기에서 승리하기 어려운 법이다. 이 책을 읽고 있는 독자라면 이미 개인적 성취를 위해 노력하고 있을 것으로 생각한다. 그래서 직장에서 팀의 수준은 변화가 심해서 믿을 만한 것이 못 된다는 걸 알고 있을 것이다.

또한 사회생활에서 좋은 성과를 내고 빠르게 성장하는 사람들 대부분은 결함을 보완하는 성향을 가지고 있다. 이들은 수준 이하의 결과물이 도출되어 자신에게 인계되면 기한 내에 결과물의 품질을 높이기 위해 직접 작업을 진행할 가능성이 크다. 이러한 재작업의 결과는 단기적으로는 팀의 다른 구성원에 대한 불만이나 실망 정도다. 그러나 장기적으로는 이 정도 수준의 재작업은 지속 가능하지 않다. 더 높은 자리로 승진하게 되면 더욱 그렇다. 따라서 여러 사람과 함께 일하는 경우가 잦은 경우, 복잡한 문제를 쉽게 해결하는 능력은 사회생활에서 더 높은 자리로 승진하고, 인생에서 성공할 수 있는 기반을 마련한다.

팀 스포츠라는 관점에서 볼 때 복잡한 문제해결은 리더가 경기장의 사이드라인에서 코칭을 통해 그 과정을 관리하는 한 매우 효과적일 수 있다. 경기장 안에서 효과적인 팀 플레이어가 되는 방법을 아는 것도 중요하지만, 경기장 바깥에서도 효과적인 기량을 육성하는 것이 중요하다. 경기장에서 뛰는 선수로 계속 남아 있으면 지속적인 발전을 기대하기 어렵다.

어떤 시점이 되면 선수에서 코치로 역할을 전환해야만 성공한 리더나 기업가가 될 수 있다. 경기장 바깥의 코치는 세 가지 역량을 모두 결합한다. 그리고 복잡한 문제해결이라는 게임이 지니는 미묘한 차이를 이해함으로써 전략적으로 승리를 가져온다. 이제 중요한 질문을 할 순서다. 당신은 경기를 뛰는 선수가 되고 싶은가, 아니면 사이드라인에서 위대한 결과를 연출하는 코치가 되고 싶은가?

당신은 리더가 되고 싶은가

●

큰물에 온 것을 환영한다. 전 세계 경영 환경이 점점 더 예측 불가하고 불안정해지면서 성공하기 위해서는 새로운 능력을 갖춰야 한다는 것이 분명해졌다. 복잡한 문제해결 역량은 미래의 리더들에게 타협할 수 없는 가치가 됐다. 세계경제포럼은 〈2020년 일자리의 미래 보고서〉에서 2025년까지 반드시 갖춰야 하는 세 가지 능력 중 하나로 복잡한 문제해결을 제시했다.[1] 게다가 기업에 가장 필요하다고 보고서에 언급된 10대 능력 중 다섯 가지가 문제해결과 관련된 것들이다.

- 분석적 사고와 혁신
- 복잡한 문제해결
- 비판적 사고와 분석
- 창의성, 독창성, 진취성
- 추론, 문제해결, 관념화

전 세계 경영 환경이 계속해서 급격한 변화에 노출됨에 따라 앞으로 기업 임원과 기업가, 학생들의 성공은 현재와 미래에 맞닥뜨릴 새로운 문제를 다르게 생각하고 해결하는 능력에 달려 있을 것이다. 앞서 언급된 다섯 가지 능력을 갈고닦으면 한 개인의 인생뿐 아니라 기업의 발전과 직업적 성장 과정에서 미래를 대비하는 데 도움이 될 것이다.

복잡한 문제해결 이면의 과학

《심리학의 프론티어Frontiers in Psychology》에 게재된 〈복잡한 문제해결: 이해와 오해Complex Problem-Solving: What It Is and What It Is Not〉에서 디트리히 도르너Dietrich Dörner와 요아킴 푼케Joachim Funke 는 복잡한 문제를 단순한 문제와 구별하는 방법을 설명하며 복잡한 문제해결이 시사하는 바를 논한다.[2] 이들에 따르면 단순한 문제는 제한된 영역 내에서 잘 정의할 수 있다는 특징이 있는 반면, 복잡한 문제는 쉽사리 정의하기 어렵고 경계가 정확하지 않으며 해결방안이 겉으로 잘 드러나지 않는다. 그리고 문제가 복잡한지 단순한지에 따라 문제를 해결하기 위해 완전히 다른 인지 과정을 이용한다. 두 번째 기둥에서는 이러한 인지 과정이 분석적 사고와 혁신적 사고, 개념적 사고라는 세 가지 잠재의식의 사고 습관과 어떻게 관련되는지 보여준다.

이 논문에서 도르너는 복잡성을 다룰 때 경험하는 지적 어려움을 연구한 결과를 1980년에 발표한 《시뮬레이션과 게임Simulation and Games》이라는 저널의 내용을 인용한다.[3] 나는 복잡성이 잠재의식 속 인지 과정과 의식적 사고의 유효성 및 효율성에도 영향을 미친다고 생각한다. 5장에서 살펴본 바와 같이 여키스와 도슨의 연구에 따르면 지나치게 스트레스를 받는 경우 인지 수행 능력이 크게 저하된다. 도르너는 위급한 상황에서 복잡성을 다루는 사람들에게 다음과 같은 경향이 나타난다는 점을 발견했다.

- 자아성찰 능력 감소
- 과도한 스트레스로 지적 역량 약화
- 위험 감수 및 규칙 위반 성향의 강화에 따른 행위 지향성 상승
- 당면 과제의 해결을 위해 가설을 세우고 시험하는 능력 감소
- 목표를 맥락화하는 능력 감소

도르너와 푼케에 따르면 "이러한 현상은 인지와 감정, 동기 사이의 강한 연관성을 보여준다. 위급한 상황에서 나타나는 반응은 복잡성의 압박하에서 정보 처리 방식이 전환되었음을 드러낸다".[4] 내 관점에서 이러한 전환은 복잡한 문제를 다룰 때, 부담감을 느끼는 일에서, 그리고 분초를 다투는 상황에서 더욱 강하게 일어난다. 특히 복잡한 문제해결을 뒷받침하는 세 가지 잠재의식의 사고 습관 가운데 하나 이상이 최적의 역량을 발휘하지 못하는 경우에는 더더욱 그렇다.

흥미롭게도 도르너와 푼케는 엥겔하트Engelhart 등의 2017년 연

구[5]를 참조해서 이렇게 언급했다. "자체 실험에서 저자들은 지식의 활용이 아니라 지식의 습득에 대해서만 교육이 효과가 있었음을 입증할 수 있었다. 복잡한 환경에서는 구체적인 피드백이 있어야 성과가 높아질 수 있다." 이 이야기는 결정성 지식과 유동적 사고의 차이를 전형적으로 보여준다는 면에서 큰 의미가 있다.

3장에서 설명한 바와 같이 전통적인 교육에서 지식의 습득(결정성 지식)은 제공할 수 있지만, 지식의 활용(유동적 사고가 뒷받침하는)은 제공하지 못한다. 따라서 복잡한 환경에서 성과를 높이려면 당연히 지식의 활용에 대한 구체적이면서 전문적인 피드백(의도적 연습의 두 가지 핵심 신조)이 필요하다.

문제를 정의하는 기법, 도구, 전략 등에 관한 글은 매우 많다. 그러나 그 글의 저자들은 대개 무엇을 할 것인지(결정성 지식)에 초점을 맞추고 있다. 정작 중요한 것은 어떻게 할 것인지(유동적 사고)인데 말이다. 불행하게도 분석적 사고의 효율성이 낮거나 중간 정도인 사람은 자신이 이용할 수 있는 문제해결 기법이나 체계가 얼마나 좋은 것인지에 상관없이 문제를 분석하고 정의하는 데 큰 어려움을 겪을 것이다.

복잡한 문제해결의 4단계

두 번째 기둥과 관련된 세 가지 잠재의식의 사고 습관 사이에서 최적의 균형을 이루지 못하면 복잡한 문제를 해결해야 할 때 어려움을 겪을 것이다. 세 가지 습관 가운데 어느 하나라도 충분히 발달하지 않으면(혹은 과도하게 발달하면), 복잡한 문제해결 과정 전체의 속도가 느려지고 효과는 낮아진다. 적용 가능한 최상의 해결방안을 도출하는 데 필요 이상으로 많은 시간이 걸릴 것이고, 그 과정에서 내리는 의사 결정에 대한 확신이 줄어들 수 있다.

오늘날 복잡한 문제해결에 이용할 수 있는 체계나 틀은 많이 있지만 모두가 핵심 내용은 같고 세부 사항만 다른 경향이 있다. 반면에 내가 개발한 체계는 인지적 관점을 취한다는 면에서 차이가 있다. 이 체계는 그림에 표시된 것처럼 4단계로 구성된다. 각 단계마다 해야 할 일이 있으며, 각 단계는 세 가지 잠재의식의 사고 습관 중 하나와 짝을 이룬다.

이 4단계를 완전히 이해하면 보다 손쉽게 해낼 수 있다. 다시 말해서 복잡한 문제를 잘 해결할 수 있는 효과적인 방안을 지속적으로 창출할 수 있다. 이제 각 단계마다 어떤 일이 일어나는지 자세히 살펴보자.

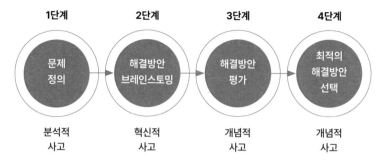

1단계	2단계	3단계	4단계
문제 정의	해결방안 브레인스토밍	해결방안 평가	최적의 해결방안 선택
분석적 사고	혁신적 사고	개념적 사고	개념적 사고

복잡한 문제해결의 4단계

1단계: 문제 정의(분석적 사고)

"제대로 기술된 문제는 절반쯤 해결된 것이나 마찬가지다."

_찰스 케터링Charles Kettering

어떤 문제를 잘 정의하는 능력은 합리적이고 논리적인 사고를 지원하는 분석적 사고라는 잠재의식의 사고 습관에 달려 있다. 분석적 사고가 발달하면 복잡한 문제를 작은 크기의 구성 요소로 분해할 수 있다. 그 결과 문제의 핵심 요소를 훨씬 쉽게 찾을 수 있다. 복잡한 문제를 나누고 분류함으로써 문제뿐만 아니라 그 해결방안의 선정 기준을 정확하게 찾아내고 설명할 수 있는 기초를 다질 수 있다.

2단계: 해결방안 브레인스토밍(혁신적 사고)

"지식보다 상상력이 중요하다. 지식은 한계가 있지만, 상상력은 세상을 여행한다." _알베르트 아인슈타인Albert Einstein

혁신적 사고라는 잠재의식의 사고 습관에 의존하는 브레인스토밍 과정을 이용하면 해결방안을 많이 만들 수 있다. 논리에 기반한 분석적 사고와 달리 혁신적 사고는 감각과 직관을 토대로 한다. 혁신적 사고가 고도로 발달하면 백지상태에 놓여도 편안함을 느끼면서 새로운 아이디어를 신속하고 유기적으로 창출할 수 있다. 관점에 어떠한 제약도 받지 않고 해결방안을 제한하는 선입견에 빠지려는 유혹도 이겨낸다. 마찬가지로 오직 과거의 경험에서 드러난 패턴에 기대어 잠재적인 해결방안을 구성하려는 충동에 굴복하지 않는다. 요컨대, 혁신적 사고가 최적으로 발달하면 뇌가 창의적 몰입 상태에 있으므로 논리적 설명 없이도 창의적인 생각이 머릿속에서 빠르게 떠오른다.

3단계: 해결방안 평가(개념적 사고)

"진정한 천재성은 불확실하고 위험하며 상반되는 정보를 평가하는 능력에 있다. _윈스턴 처칠Winston Churchill

복잡한 문제해결의 3단계는 잠재의식의 사고 습관 중 큰 그림을 지향하는 개념적 사고에 의존한다. 이러한 총체적 방식의 사고가 고도로 발달하면 서로 끊어져 조각난 정보를 한데 모아 잘 구성된 개념을 형성함으로써 현 상황을 신속하고 분명하며 효과적으로 이해한 다음, 적절히 행동할 수 있는 능력을 갖출 수 있다. 개념적 사고는 합리적 사고와 논리적 사고를 결합한 것에 필요에 따라 직관적·감각적 사고를 적절하게 더한 결과다. 그리고 1단계에서 찾아낸 선정 기준에 따라 여러 해결방안을 평가하는 방법을 이해하며, 해결방안들 사이에서 우선순위를 정하고 궁극적으로는 최종 후보군을 선정하는 데 있어 결정적인 역할을 한다.

4단계: 최적의 해결방안 선택(개념적 사고)

"모든 문제에 대한 해결방안은 전부 간단하다. 수수께끼가 있는 곳은 바로 그 둘 사이의 거리다." _데릭 랜디Derek Landy

복잡한 문제해결의 마지막 단계는 최적의 해결방안을 선택하는 것이다. 이 단계에서도 개념적 사고가 작용한다. 개념적 사고가 고도로 발달하면 최고의 해결방안 후보를 추리기 전에 뇌가 처음에는 다양한 해결방안의 타당성을 신속하고 직감적으로 평가한다. 그런 다음 개념적 사고의 구성 요소 가운데 논리적 사고를 이용하여 최종 후보군에 포함된 해결방안을 평가함으로써 최적의 해결방안을 선정한다. 개념적 사고의 이러한 합리적인 측면은 예상치 못한 위험을 평가하는 데 도움이 된다. 그리고 특정 해결방안이 조직의 중요한 목표와 장기 전략에 부합하는지 여부를 결정하는 데도 도움이 된다.

평가를 마치고 이상적인 해결방안을 선택하면 최종 선정된 해결방안을 성공적으로 적용할 방법에 대해 충분히 생각할 차례다. 이러한 사고 과정은 세 번째 기둥에서 다룰 것이다.

7장

분석적 사고

🧠 "문제는 정의되지 않는 한 해결되지 않는다."

〈스타워즈〉의 요다

〈스타워즈〉에서 은유의 달인인 요다Yoda는 틀리는 법이 없다. 문제가 정의되지 않았는데 과연 해결할 방법이 있을까? 때때로 우리는 시간에 너무 쫓긴 나머지 잠시 멈춰서 문제의 근본 원인을 정의하기도 전에 곧장 해결 모드에 돌입한다. 그리고 이는 대개 문제의 핵심과는 동떨어진 해결방안을 선택하는 결과로 이어진다. 예를 들어, 선택된 해결방안이 증상은 해소하더라도 원인은 해결하지 못할지도 모른다. 인정하기 싫겠지만 우리 대부분은 잠시 멈춰 생각하지 못했기 때문에 지금껏 시간과 수면과 능력까지 잃었다. 여러 번 나가떨어진 이유가 무엇인지 의아하면서도 잘못 이해한 문

복잡한 문제해결

분석적 사고
혁신적 사고
개념적 사고

두 번째 기둥

제의 그림자를 상대로 계속해서 싸우고 있다. 그리고 이는 순전히 경기장에 돌아오기 전에 잠시 멈춰 서서 문제를 작은 부분으로 나누고 상세하게 정의하지 않았기 때문이다.

위대한 코치는 경기장 바깥에서 승리가 담보된다는 것을 알고 있다. 코치가 경기에 앞서 선수들에게 제공하는 전략과 세부 전술, 훈련이 궁극적으로 경기 당일의 승패를 좌우한다. 성공적인 해결방안은 빙산과 같다. 대부분의 작업은 전혀 눈에 띄지 않는다. 그러나 엄청난 양의 분석과 깊이 있는 생각이 수면 아래에서 해결방안을 안정적으로 지탱한다.

해결 모드로 뛰어들기 전에 잠시 멈춰서 문제를 정의하는 능력은 역사상 가장 영향력 있는 사상가 중 한 사람의 지지를 받고 있다. 아인슈타인은 다음과 같은 말을 남겼다. "만약 세상을 구할 시간이 단 한 시간밖에 없다면, 문제를 정의하는 데 55분을 쓰고 나머지 5분은 그 해결방안을 찾는 데 쓸 것이다." 여기서 핵심은

해결방안이 성공하기를 원한다면 문제를 정확하게 정의하는 일부
터 시작해야 한다는 것이다.

하지만 불행히도 우리 대부분은 문제에 정반대로 접근하고
있다. 운이 좋다면 5분간 잠시 멈춰서 문제를 정의한 다음 문제해
결에 나머지 55분을 쓸지도 모른다. 아인슈타인은 믿을 수 없을 정
도로 분석적인 정신세계를 가진 인물이었다. 그러니 아인슈타인
의 접근 방법을 자연스럽게 받아들이지 못한다고 해서 자책할 필
요는 없다.

인간의 뇌는 모두 다르다. 특히 잠재의식의 사고 습관을 발달시
켜온 방식에 있어서는 더욱 그렇다. 어떤 사람들은 문제를 정의하
는 데 55분이나 쓰는 게 두렵고 부담스럽다. 일반적으로 이는 분석
적 사고의 효율성이 낮기 때문에 나타나는 현상이다. 그리고 이와
같이 분석적 사고가 취약하면 뇌의 균형이 방해받은 결과, 문제의
세부 사항에 맞춰 유연하게 움직이기는커녕 그 안에 갇혀 옴짝달
싹 못 하게 된다.

분석적 사고를 위한 잠재의식의 사고 습관 모델

분석적 사고에 대한 잠재의식의 사고 습관 모델은 잠재의식 속
에서 잠시 멈춰서 분석하고 정확하게 하여 문제의 근본 원인을 정

의하는 이성적 능력을 바탕으로 한다. 분석적 사고가 충분히 발달하지 못하면 이러한 과정이 경로에서 이탈하게 된다. 분석적 사고 능력이 낮은 사람은 문제를 제대로 정의하지 않은 채 해결 모드로 뛰어든다. 이와 같은 행동을 인지하고 있지만 의식적인 수준에서는 결코 바꿀 수 없다는 것에 실망할 수도 있다. 많은 스트레스를 겪을 뿐만 아니라 여러 해결방안 사이에서 방황하면서 자신감 있게 의사 결정을 하지 못한다.

분석적 사고 능력이 부족하면 잠재의식의 사고 습관은 다음과 같은 모습을 보인다.

- **신호:** 해결해야 할 문제가 발생한다.
- **루틴:** 잠재의식 속에서 충분히 발달하지 못한 분석적 사고 루틴을 실행한다.
- **결과:** 잘못 정의된 문제를 찾은 다음 너무 빨리 해결 모드에 돌입한다.

분석적 사고 수준이 낮으면 보통 비효율적인 시행착오 방식을 적용하여 문제를 해결하려 한다. 그 최종 결과는 시간 낭비와 기회 상실, 이상적이지 않은 해결방안뿐이다.

분석적 사고 이면의 과학

《하버드 비즈니스 리뷰》에 기고한 〈최고의 관리자는 분석적 지능과 정서 지능 사이의 균형을 유지한다The Best Managers Balance Analytical and Emotional Intelligence〉에서 멜빈 스미스Melvin Smith 등은 케이스 웨스턴 리저브 대학교의 동료 교수 앤서니 잭Anthony Jack 이 인간의 뇌에서 작동하는 주요 신경망 두 가지에 관해 수행한 신경촬영법 연구를 인용한다.[1] 첫 번째 신경망은 분석망analytical network, AN인데 과제활성화 네트워크task-positive network로 불리기도 한다. 분석망은 과제를 비롯해 정량적 데이터 및 정보의 분석에 중점을 둔다. 분석망은 다음과 같은 일을 지원한다.

- 주위 환경에서 벌어지는 일과 데이터를 이해한다.
- 데이터 분석, 재무 분석 등 분석 작업을 수행한다.
- 문제를 해결하고 의사를 결정한다.

두 번째 신경망은 공감망empathetic network, EN으로 주위 환경의 사람 및 정성적 관찰 결과에 중점을 둔다. 공감망은 다음과 같은 일을 지원한다.

- 타인의 관점을 적극적으로 듣고 이해하면서 사회적 참여를 최적화

한다.

- 사회적 환경을 지속적으로 살펴보고 느낌으로써 새로운 아이디어, 사람, 감정 등을 잘 받아들인다.
- 도덕적인 관심사와 문제를 다룬다.

이 두 가지 신경망은 겹치는 부분이 거의 없으며 상호 적대적이라서 서로를 억제한다. 따라서 공감망이 활성화되면 분석망은 비활성화 상태가 된다. 물론 반대의 경우도 마찬가지다. 앤서니 잭은 분석망과 공감망이 이성의 양 극단에 있는 신경망이라고 인식한다. 둘 다 잠재의식에서 일어나는 빠른 사고와 관련된 이성과 인지 활동, 정보 처리 특성을 수반하기 때문이다.

멜빈 스미스 등은 "가장 효과적인 리더는 실제로 두 신경망을 모두 사용하고 순식간에 둘 사이를 오가며 상태(활성화 또는 비활성화)를 전환할 수 있다"라고 말했다. 이는 잠재의식의 사고 습관이 작동하는 방식, 즉 의식하는 한계 수준 아래에서 병렬적이고 신속하게 정보를 처리하는 모습과 일치한다. 반면에 의식적 사고는 느린 속도로 의식적으로 인식하면서 대개는 연속적으로, 즉 한 가지씩 정보를 처리한다.

또한 저자들은 공감망과 분석망이 뇌를 지배하기 위해 끊임없이 싸운다고 주장한다. 결국 어느 하나가 활성화되면 다른 하나는 억제되어 비활성화 상태가 되기 때문이다. 이는 어느 하나는 좋은 것이고 다른 하나는 나쁜 것이라는 의미가 아니다. 오히려 이들은 지금까지 이야기한 최적의 뇌 균형과 매우 비슷하게 균형을 이루면서 작동하고 있다. 내 관점에서 보면 잠재의식의 사고 습관 중 전략적 사고가 현재 상황에서 공감망과 분석망 가운데 어떤 것이 적합한지 파악하고 두 신경망 사이를 오가면서 상태를 전환하는 과정을 안내한다.

분석적 사고와 경력 개발

직업, 경력 개발 등의 실생활에서 분석적 사고는 어떤 모습으로 나타날까? 이 질문에 대한 답을 찾기 위해 나는 세계적인 구인구직 사이트인 인디드닷컴Indeed.com으로 갔다. 이곳에서는 다양한 산업과 나라의 고용주들이 구직자에게서 어떤 역량과 사고 능력을 찾고 있는지 파악할 수 있다. 인디드닷컴에 있는 〈분석 능력의 정의와 사례Definition and Examples of Analytical Skills〉에서 인디드닷컴 편집팀은 복잡한 문제를 분석하고 해결하는 데 필요한 사고 능력을 설명했다.[2] 다음은 이 글의 핵심적인 내용에 내 의견을 더한 것이다.

- "분석적 사고란 복잡한 정보나 데이터를 가져와 다른 사람들이 쉽게

이해할 수 있는 것으로 변환하는 정신 작용이다." 분석적 사고를 이용하면 복잡한 것을 작고 소화하기 쉬운 부분들로 나누어 이해하기가 더 쉬워진다. 이처럼 복잡한 것을 단순하게 만들 수 있다는 점에서 이 내용에 동의한다.

- "분석적 사고의 핵심은 인과관계를 신속하게 파악하고 가능성 있는 결과를 떠올리는 능력이다." 내 경험에 따르면, 인과관계를 파악하는 능력은 분석적 사고는 물론이고 복잡한 문제해결의 문제 정의 단계에서 매우 중요한 요소다.

- 모든 구직자는 다음의 분석적 사고 능력을 반드시 갖춰야 한다.
  - 세부적인 일에 대한 관심
  - 비판적 사고
  - 연구와 정보 분석

나라면 문제를 정의하는 역량이 아마도 가장 중요한 능력이라는 말을 더할 것이다.

- 강력한 분석적 사고 능력을 갖춘 지원자는 관리 감독이 덜 필요하고 의사 결정을 더 잘하며 실수할 가능성이 낮기 때문에 고용주에게 더욱 매력적으로 보인다.

이들은 분석적 사고 능력이 "문제를 해결하고 해결방안을 찾아내는 방법을 결정하는 데 사용된다"는 이야기도 한다. 분석적 사고가 문제 정의 단계를 뒷받침한다는 점에는 매우 동의하지만, 해결 방안을 만들어내기 위해서는 혁신적 사고나 개념적 사고처럼 다른 사고 능력이 필요하다.

증상과 근본 원인을 혼동하지 마라

복잡한 문제해결 과정에서 발생하는 가장 흔한 문제는 분석적 사고가 효율적이지 못한 사람은 근본 원인을 파악하지 못하고 겉으로 드러난 갖가지 증상에 얽매이는 경향이 있다는 것이다. 더구나 문제 정의 단계에서 많은 양의 데이터를 분석해야 하는 경우, 분석적 사고 능력이 낮은 사람은 그 모든 데이터에 압도될 수 있다. 그래서 무수히 많은 세부 사항을 살펴보는 데 상당한 시간과 노력, 정신적 에너지가 소모된다. 결과적으로는 문제를 정의하는 일이 매우 어렵다고 느끼는 경우가 잦아진다. 또한 무언가에 막히면 뒷걸음질치거나 미루는 경향을 보인다. 특히 감정적이거나 일종의 갈등을 수반하는 상황에서는 더더욱 그렇다.

혹시 자기 자신에게서 이러한 특성이 보이는가? 이제 복잡한 문제해결을 어려워하는 사람의 시선을 통해 취약한 분석적 사고가 어떤 모습으로 나타나는지 살펴보자.

1단계: 문제 정의

6장에서 언급했듯이 분석적 사고는 복잡한 문제해결 과정의 첫 번째 단계를 뒷받침한다. 문제 정의 단계인 1단계는 궁극적으로 복잡한 문제에 대한 최적의 해결방안을 선택할 수 있는 기반을 제공한다. 이 단계가 잘 진행되면 복잡한 문제해결 과정이 탄탄한 기반에서 시작된다. 그렇지 못한 경우에는 복잡한 문제해결 과정이 불안정한 기반에서 시작되기 때문에 자신이 종잡을 수 없는 환경에서 움직이고, 끊임없이 스스로를 의심하고 있는 것처럼 느낄 것이다.

오늘날 빠르게 변화하는 경영 환경에서 성공적인 리더가 되려면 복잡한 문제를 능숙하게 해결해야 한다. 분석적 사고 수준이 낮으면 보통 피터의 법칙Peter Principle의 희생양이 된다. 이 법칙에 따르면, 직업적 발전 가능성에는 한계가 있어서 조직의 구성원은 자신의 리더십 역량보다 한 단계 높은 자리까지만 승진할 수 있다. 결국 1루(문제해결)를 밟지도 못하는 선수가 홈런을 칠 가능성은 희박한 법이다.

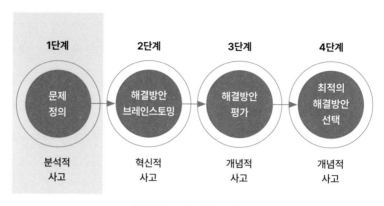

복잡한 문제해결 1단계: 문제 정의

악마는 문제 정의에 있다

자, 데이비드를 만나보자. 데이비드는 탁월한 화이트칼라 직장인의 전형이다. 자기 분야에 대한 지식이 풍부하고 전도유망한 리더로서 동료들을 제치고 승진을 거듭하면서 출세가도를 달려왔다. 향후 회사의 최고경영자 후보로서 핵심 인재 육성 프로그램에 포함될 정도였다. 데이비드는 비교적 젊은 나이에 세계적인 다국적 기업에서 상대적으로 고위 임원직을 맡고 있다. 경력 내내 눈에 띄는 성공을 거뒀고, 성과는 지속적으로 기대 수준을 뛰어넘었으며, 담당 사업부는 매년 두 자릿수 성장을 거듭하는 인상적인 모습을 보여왔다.

어쩌면 데이비드는 모든 기업이 꿈꾸는 직원일지 모른다. 아니면 직장인이 꿈꾸는 직업적 포부를 상징하는 인물이라고 생각할 수도 있다. 그런데 여기서 문제가 하나 있다. 바로 데이비드에게 문제가 있다는 것이다. 문제가 있다는 것을 알 수 있을 정도로 경각심을 갖고 있지만 그 문제를 해결하기는커녕 정의할 수도 없다. 이것이 바로 악마는 문제 정의에 있다고 말하는 이유다. 정확하게 설명하고 정의할 수 없는 것을 해결할 수는 없기 때문이다.

데이비드의 문제는 담당 사업부가 성공할수록 자신이 더 열심히 일해야 하는 현상이 갈수록 심해지면서 번 아웃 문턱까지 와 있다는 사실이다. 번 아웃을 경험해 본 사람이라면 번 아웃이 어떻게 경력과 사람을 동시에 실패하게 할 수 있는지 알 것이다. 데이비드가 처한 곤경을 더욱 복잡하게 만드는 것은 더 열심히 일하는 것이 결국 자기가 이끄는 팀이 가진 능력을 충분히 활용하지 못하고 있음을 의미한다는 점이다.

안타깝게도 데이비드는 엄청난 노동 시간이 쳐놓은 덫에 걸려 버렸다. 살인적인 업무량이 가족과 함께하는 개인적인 시간을 파고들어 데이비드 자신은 물론이고 가까운 관계에 있는 사람들에게 상당한 타격을 주었다. 그 결과 한 개인으로서 데이비드의 삶은 위기에 처했다. 여기서 다시 한번 우리는 문제의 근본 원인을 이해하지 못한 채 문제를 고민하고 그것을 정의하고 있는 데이비드를 만나게 된다.

이제 데이비드가 마음속으로 혼자 하는 말은 건너뛰고 전반적인 상황을 살펴보자. 우선 업무 위임이 계획대로 진행되지 않고 있다. 팀에서는 절반쯤 완성된 결과를 만들어서 보통 마지막 순간에 데이비드에게 전달한다. 그러고 나면 데이비드가 마법사처럼 달빛을 밝히고 놀라운 재주를 부리며 밤새 일해서 기한 내에 결과를 만들어낸다. 마법이 파티를 즐겁게 만들 수는 있지만 새로움은 오래가지 못하는 법이다. 더구나 자신이 계속해서 장시간 일해야만 하는 두 가지 잠재적 원인에 대해 깊이 생각하면서 데이비드가 느끼는 압박감은 더욱 커졌다.

데이비드 또는 팀이 효과적으로 일하지 않고 있는 것은 분명하다. 그런데 어느 쪽이 원인인지와 상관없이 두 시나리오 모두 데이비드의 직업적 성장, 즉 승진을 위태롭게 할 수 있다. 데이비드는 수많은 친구와 동료들이 효과적이지 못한 위임이 초래한 결과를 헤쳐 나가려고 애쓰는 모습을 봐왔다. 솔직히 말하면 효과적이지 못한 쪽이 데이비드이든 그의 팀이든 상관없이 최종 결과는 결코 바람직하지 않다. 게다가 데이비드는 이 문제를 해결할 마음을 접을 생각이 없으며 그렇게 해서도 안 된다.

다음은 데이비드가 친구나 동료, 멘토에게 전화할 차례다. 대화 상대가 수용하기 어려운 조언을 하지 않는 한 일반적으로 혼자보다 머리를 맞대는 편이 낫다. 데이비드는 은유의 달인인 요다가 하는 이야기를 존중과 짜증이 반씩 뒤섞인 마음으로 듣는 제다이와 같다. 요다는 "문제는 정의되지 않는 한 해결되지 않는다"라고 조언한다. 여기서 흥미로운 점은 데이비드의 감정이 이 조언에 어울리게 타오르지 않는다는 것이다. 많은 사람들에게 있어 이러한 감정의 불길은 문제 정의 단계는 건너뛰고 곧장 해결방안을 향해 돌진하고 싶은 본능적 욕구에 의해 촉발된다.

이 지점에서 몇 가지 일이 벌어진다. 처음에 데이비드는 팀에 문제가 있다고 생각했다. 그래서 상대적으로 생산적이지 못한 팀원 한두 명을 해고하고 싶은 마음이 들었다. 그러면 팀 전체가 충격을 받고 어쩌면 팀 구성원들이 양질의 결과물을 생산할 것만 같았다. 동시에 능력 있는 팀원 몇 명을 외부에서 채용하는 방법도 고려했다. 이러한 조치들이 모두 실행되면 자신은 업무량의 균형을 되찾고 이상적으로는 팀이 양질의 결과물을 적시에 전달할 것으로 예상했다. 데이비드의 시각에서 보면 제법 훌륭한 해결방안인 것 같았다. 어쩌면 자신의 요다는 자기 자신일지 모른다고도 생각했다.

하지만 복잡했던 마음이 차분히 가라앉고 이성적인 생각을 하게 되면서 데이비드는 몇 가지 의문을 갖기 시작했다. 자신이 생각해 낸 견고한 해결방안에는 우려할 만한 결함이 있었다. 새로 채용한 팀원이 내보내려는 팀원과 비슷한 능력을 갖고 있다면 어떻게 될까? 현재 팀은 이미 폭넓은 인터뷰와 평가를 거쳐 검증이 끝났지만, 새로 합류할 팀원이 팀에 적응하려면 데이비드의 시간과 역량이 더 많이 소모될 것이 뻔했다. 과정이 같으면 결과도 같지 않을까? 그러면서 몇 달 동안 귀찮은 일만 더 많아지고 부담감만 더 커지지 않을까?

데이비드는 곧 진짜 문제는 자신의 리더십일지 모른다는 생각에 직면하게 되었다. 이처럼 인식함으로써 데이비드는 어느 열차를 타야 하는지도 모른 채 '해결방안' 역에 발이 묶였다. 반면 '세부적인 일'이라는 이름의 악마는 혼란스러운 이 모든 상황을 관조하며 키득키득 웃고 있다.

흥미롭게도 데이비드가 겪고 있는 어려움은 문제를 제대로 인식하지 못하는 것이 아니라 문제해결은 고사하고 문제를 정의조차 하지 못한다는 것이다. 취약한 분석적 사고 능력으로 인해 문제를 정확하게 정의하는 능력을 발휘할 수 없고, 이로써 문제를 제대로 해결하지 못한다. 데이비드에게는 흩어져 있는 정보를 하나로 엮어서 큰 그림과 비전을 만드는 데 탁월한 재주가 있지만 복잡한 문제를 분석하는 일은 항상 까다로운 영역이다. 데이비드는 어떤 문제를 소화 가능한 작은 덩어리로 신속하게 쪼개는 일에는 재주가 없다. 신경학적 관점에서 데이비드가 '사격—조준—준비'와 같이 반대 방향에서부터 문제를 해결하도록 설정되어 있기 때문이다. 그리고 이는 완전히 다른 문제에 대해 훌륭한 해결방안을 생각해내는 경우가 빈번하다는 의미다. 결과적으로 보면, 근본 원인이 해결되지 않았기 때문에 같은 문제가 다시 발생한다. 이러한 현상은 당연히 데이비드에게 매우 짜증 나는 일이다.

데이비드가 팀원들의 업무 성과에 대한 기대 수준을 정확하게 정의한 적이 없기 때문에 그의 짜증은 팀으로 퍼져 나간다. 또한 데이비드가 일을 효과적으로 나누지 못하기 때문에 팀은 어려움을 겪는다. 데이비드는 일반적으로 팀원들에게 상위 수준에서 말로 설명한다. 하지만 이러한 설명에는 다음 단계의 작업을 위해 필요한 양질의 결과물을 생산하기 위해 팀이 필요로 하는 구체적인 정보가 부족하다. 게다가 데이비드의 분석적 사고가 취약하다는 것은 팀이 업무 결과를 산출하는 데 필요한 시간과 노력을 데이비드가 과소평가하는 경향이 있음을 의미한다. 데이비드가 상위 수준에서 설명하고 달성할 수 없는 기한을 설정함으로써 팀은 종종 혼란에 빠진다. 이는 예외 없이 데이비드가 어깨에 짊어져야 할 재작업의 부담이 크게 늘어나는 결과로 이어진다. 이렇게 데이비드와 팀이 혼란과 불만에 둘러싸인 모든 것이 악순환에 빠지게 된다. 여기서 최악은 원하는 결과를 내놓기 위해 마지막 순간까지 엄청난 시간을 일하는 데이비드가 일의 결과를 느끼는 유일한 사람이라는 것이다.

취약한 분석적 사고가 미치는 영향

데이비드의 사례에서 본 것처럼 취약한 분석적 사고의 가장 큰 문제는 매일 처리해야 하는 업무량이 증가하고 부담감도 점점 더 커진다는 것이다. 분석적 사고가 충분히 발달하지 않은 상태로 남아 있으면 다양한 영역에서 어려움을 겪게 되고 그 결과도 빠르게 나빠진다. 사회생활 초반에는 이러한 어려움을 막을 수 있지만, 그대로 두면 직업적으로 지속 가능하게 성장하는 데 지대한 영향을 미친다.

데이비드가 경험한 모든 것은 지극히 정상적이며 분석적 사고가 성과에 어떤 영향을 미치는지를 이해하면 충분히 예상할 수 있는 일이다. 이 잠재의식의 사고 습관이 충분히 발달되지 않은 상태로 방치된 사람들은 부정적인 마음속에 숨고 싶을 것이다.

취약한 분석적 사고가 데이비드의 일상 업무에 어떤 영향을 미치는지 살펴보자. 혹시 데이비드에게서 자기 자신의 모습이 보이는가? 어쩌면 다른 누군가의 얼굴이 생각날지도 모른다.

세부적인 일을 회피한다

처음부터 시작해 보자. 데이비드처럼 큰 그림을 그리는 사람들은 세부적인 일을 회피하는 경향이 있다. 적나라하게 표현하면 이들은 세부적인 일을 얕보고 싫어한다. 재미도 없으면서 에너지만 소모하게 하는 작은 일을 상대하는 대신 못 본 체할 것이다. 데이비드는 많은 양의 데이터나 긴 이메일과 보고서, 복잡한 엑셀 스프레드시트에 담긴 작은 일을 회피하기 때문에 중요한 정보를 정확하고 효과적으로 전달하는 방법을 배울 기회를 놓치고 있다. 대신 더 빠르고 쉽게 자신의 팀과 일을 시작할 수 있다는 이유로 상위 수준에서 두루뭉술하게 말로 설명하는 방법을 선호한다. 이 방법은 경력 초반에 비교적 단순한 문제를 처리할 때는 효과가 있지만, 팀이 기대 이하의 업무 결과를 내놓는 것에서 알 수 있듯이 데이비드가 더 높은 자리로 옮겨갈수록 그 효과는 빠르게 감소한다. 더구나 데이비드 자신의 성과에도 영향을 미치기 시작한다. 복잡한 데이터를 분석해서 기회, 위험, 경향 등을 파악하는 능력을 방해받기 때문이다. 그리고 이 모든 것은 데이비드의 직업적 성장에 위협이 된다. 데이비드가 이 길을 선택한 것이 아니다. 데이비드의 취약한 분석적 사고가 근본 원인이고, 다른 것은 모두 증상일 뿐이다.

무슨 수를 써서라도 갈등을 회피한다

갈등은 작은 일에서 해소되는 경우가 많다. 그래서 분석적 사고가 취약한 사람은 갈등이 수반되는 상황을 회피하려는 경향이 있다. 데이비드도 갈등을 두려워한다. 복잡한 문제에서 상충하는 부분을 전부 분석하는 일은 데이비드에게 모래사장에서 바늘을 찾는 것처럼 거의 불가능하게 느껴진다.

또한 데이비드는 대인관계에서 발생하는 갈등으로 인해 힘들어하기도 한다. 데이비드는 팀 때문에 크게 실망한 상태다. 이 실망감이 분노를 자아내지만 속으로 삭일 뿐이다. 아무리 노력해도 갈

등의 근본 원인을 파악하지 못한다.

미루는 것은 회피의 다른 모습일 뿐이다

취약한 분석적 사고는 비판적 사고와 미루는 성향에도 영향을 미친다. 이는 상당히 비싼 대가가 따르는 결함이다. 데이비드의 경우, 특히 그가 비교적 젊은 나이에 고위직에 있기 때문이다. 데이비드는 지나칠 정도로 실용적인 사람이다. 비판적 사고를 대하는 자세 역시 당연히 실용적이다. 이는 데이비드가 정보를 액면 그대로 받아들이는 경우가 종종 발생한다는 뜻이다. 이와 같은 경향은 데이터와 세부적인 일을 비판적으로 다루는 역량에 영향을 미치기 때문에 데이비드는 업무 결과에 반드시 포함돼야 하는 중요한 뉘앙스를 자주 놓치고 만다.

세부적인 일을 회피하려는 욕구가 너무 강한 나머지 데이비드는 덜 힘든 활동을 하는 방법으로 시급한 일을 미룬다. 누가 데이비드를 비난할 수 있겠는가? 우리의 뇌는 방해요인, 즉 딴짓을 사랑한다. 그래서 지루하고 단조로운 일을 피하기 위해 할 수 있는 모든 일을 하는 것이다. 즉 데이비드가 일을 미루는 것은 자연스러운 현상이다. 그리고 이는 이러한 결함을 극복하는 데 필요한 잠재의식의 사고 습관이 제대로 발달하지 않았기 때문이다.

우유부단의 덫에 빠진다

분석적 사고 수준이 낮으면 결단력도 약해진다. 데이비드와 같은 사람은 늘 확실한 것과 추가 정보를 원한다. 그래서 데이비드에게는 문제를 정확하게 파악하기 위해 끊임없이 연구하려는 욕구가 있다. 이 모든 연구가 의미하는 것이 결국 분석해야 할 세부적인 일을 더 많이 만나게 될 것이라는 사실은 도움이 되지 않는다.

데이비드는 자신이 이미 확보한 정보를 분석하거나 통합하는 역량이 부족한 것이 아니라 정보가 부족한 것이 문제라는 잘못된 믿음을 가지고 있다. 엄청난 양의 데이터에 압도되어 점점 나아갈 방향에 대한 확신을 잃어간다. 이러한 모습은 정보 과잉의 전형적인 사례다. 세부적인 일에 압도되어 옴짝달싹 못 하게 되면, 자신감은 떨어지고 자기 자신에 대한 의구심이 커져서 자신감 있게 의사 결정을 못하게 된다.

과제 완수에 필요한 시간과 노력을 과소평가한다

취약한 분석적 사고와 관련된 또 다른 결함 요인은 과제를 완료하기 위해 필요한 노력과 시간의 양을 정확하게 추정하는 일을 어려워한다는 것이다. 분석적 사고 수준이 낮은 사람은 일을 과소평가하기 쉽다. 그렇게 되면 이미 위태로운 상태에서 출발한 것이다. 데이비드는 자신이 팀에 비현실적인 기한을 자주 제시한다는 사실을 모르고 있다. 이러한 악순환으로 데이비드와 팀은 서로에게 불만을 갖고, 때로는 화를 내는 모습으로 이어지며, 결국 피할 수 있었던 재작업이라는 결말에 이르게 된다.

잘못된 지시는 잘못된 결과로 이어진다

데이비드는 낮은 수준의 분석적 사고로 인해 팀의 성과 기준을 설정하는 역량도 저하된 상태다. 자신과 팀이 동의했다고 가정하고 그 지식 수준을 바탕으로 설명한다. 이는 재앙을 만드는 비법이다. 만약 팀 구성원들이 리더와 동일한 수준의 경험과 전문성에 사고 능력까지 갖추고 있다면 리더의 부하 직원이 아니라 동료가 되었을 것이기 때문이다.

모두가 자신과 같은 방식으로 정보를 처리한다고 가정하면 끔찍한 함정에 빠지게 된다. 특히 큰 그림을 그리는 사람이라면 더더욱 그렇다. 팀은 자신들이 한 가정에 따라 빈 곳을 채우며 일한다. 그 결과는 보통 원하는 품질과 포괄성을 갖추지 못한 결과물이 되어 리더와 팀원은 결국 침묵 속에서 대치하게 된다. 정확성이 부족하면 대개 나쁜 성과가 뒤따른다. 바로 이러한 방식으로 데이비드를 비롯한 많은 리더들이 세부적인 일을 분석하고 정확하게 의사소통하는 능력이 부족한 결과, 경로에서 이탈하게 되는 것이다.

독해 능력이 감퇴한다

데이비드처럼 분석적 사고가 취약한 사람들은 복잡하고 자세한 정보를 다시 읽어야 핵심 개념을 완전히 이해하는 경험을 반복한다. 어쩌면 당신도 형광펜을 광선검처럼 사용해서 복잡한 문서를 헤쳐 나가며 형광 노랑의 힘을 빌려 중요한 모든 내용에 표시하고 있을지 모른다. 의도가 강한 만큼 이 방법은 대개 문서를 형광 노랑이 가득한 추상화처럼 보이게 만든다. 왜 이런 일이 발생할까?

분석적 사고 능력이 부족한 사람에게는 모든 것이 똑같이 중요해 보여서 뇌가 가장 중요한 부분을 찾아내는 데 어려움을 겪기 때문이다. 더구나 구두로 의사소통하는 경우와 비교하면 서면으로 작성된 문서에는 소화해야 하는 세부 정보가 추가되어 있다. 게다가 문서를 읽는 동안에는 궁금한 내용이 있더라도 그 즉시 질문할 수도 없다.

고도로 발달한 분석적 사고의 이점

이처럼 데이비드에게는 심각한 문제가 있다. 하지만 겉으로 드러난 결함은 증상일 뿐이라는 것을 기억하자. 근본 원인은 취약한 분석적 사고 능력이다. 좋은 소식은 다른 모든 잠재의식의 사고 습관과 마찬가지로 분석적 사고도 의도적 연습을 통해 발달시킬 수 있다. 잠재의식의 사고 습관이 발달하면 근본 원인이 해소됨으로써 증상이 사라질 수 있다. 그리고 그렇게 자유로운 사고의 경지에 도달하게 된다.

복잡한 문제해결은 문제와 근본 원인을 정확하게 정의하는 것에서 시작된다. 고도로 발달한 분석적 사고는 문제를 정의하는 능력의 핵심이자 적합한 해결방안을 찾는 전제 조건이다.

뇌 코칭 후 효과적으로 문제를 정의하다

●

데이비드는 뇌 코칭 프로그램을 성공적으로 마쳤고, 그 결과 분석적 사고 역량이 크게 향상되었다. 데이비드가 직장에서 매일 겪는 일들과 데이비드의 직업적 전망이 어떻게 달라졌는지 알아보자.

- 성급하게 해결 모드로 뛰어들기보다는 잠시 뒤로 물러나 문제를 정의하고 근본 원인을 파악하는 일에 익숙해졌다.
- 세부적인 일을 피하지 않고 그 일을 분석해서 통찰력 있는 소중한 결과를 얻는 능력이 발전했다.
- 정보를 잘게 쪼개고 과제를 신속하게 구성 요소로 나누어 일의 시작점을 손쉽게 파악하는 일에 능숙해짐으로써 미루는 습관을 극복했다.
- 일의 범위와 기한을 정확하게 추정하는 자신의 능력에 대해 자신감을

갖게 된 결과, 위임하는 역량도 발전했다.

- 감정적 요인이 개입된 갈등이나 문제를 합리적이고 공정하게 처리하게 되었다.
- 문제의 핵심을 빠르게 파악하고 자신의 의사 결정에 자신감을 갖게 되었다.

요약하자면 데이비드는 상당히 발달한 분석적 사고를 활용하여 큰 확신과 자신감을 가지고 팀을 이끌고 있다. 업무 성과가 크게 향상된 지금, 데이비드는 높은 고위직을 수행할 준비가 잘 되어 있다.

8장

혁신적 사고

🧠 **"혁신이 리더와 팔로워를 구분 짓는다."**

스티브 잡스Steve Jobs

혁신적 사고는 약할 때뿐 아니라 강할 때도 어려움을 초래한다는 측면에서 아주 흥미롭다. 이상적으로 보면 혁신적 사고는 균형 있게 발달해야 한다. 충분히 발달하지 못하거나 과도하게 발달하면 장점과 단점이 모두 있는 양날의 검이 될 수 있다.

혁신적 사고 수준이 너무 낮은 사람은 과정과 운영 중심적으로 사고하고 행동한다. 반면 그 수준이 너무 높으면 비범한 창의력을 발휘할 수는 있지만, 아이디어를 효과적으로 실행하는 데 필요한 실용적인 역량이 부족해진다. 혁신적 사고의 결핍이나 과잉은 모두 한 개인의 직업적 발전 과정에 크게 영향을 미친다. 또한 자기

자신을 비롯해서 함께 일하는 동료와 더 나아가 소속된 팀과 조직에 엄청난 혼란과 불만을 야기한다.

혁신적 사고의 기저에는 잠재의식 속에서 패턴을 인식하는 능력이 있다. 패턴을 잘 인식하는 사람은 혁신적 사고 수준이 낮다. 패턴 인식 능력이 운영하는 역할에는 강점이 될 수 있다. 하지만 예측 불가능한 일을 통제하고 변화에 신속하게 적응하는 능력까지 갖추며 리더십을 발휘하는 자리에는 약점이 되는 경우가 많다. 바꿔 말하면 패턴을 잘 인식하지 못하는 사람은 혁신적 사고 수준이 지나치게 높기 때문에 창의력을 적절히 누그러뜨리고 수많은 혁신적 아이디어를 실용적인 해결방안으로 변환하는 일에 어려움을 겪는 경향이 있다.

혁신적 사고는 다른 잠재의식의 사고 습관들보다 다면적이기 때문에 이해하기 어려울 수 있다. 이러한 어려움을 겪는 일부 원인은 창의력과 혁신이 흔히 개인의 성격과 관련 있다고 인식되는 데 있다. 하지만 혁신적 사고는 성격적 특성이 아니다. 사람들은 성격을 기준으로 혁신 역량을 판단할 때면 종종 사람은 바뀌지 않는다고 가정한다. 하지만 실제로는 자기가 가진 잠재의식의 사고 습관을 최적으로 발달시키고 패턴 인식 능력을 적절하게 활용한다면 누구나 혁신적인 사람이 될 수 있다. 이 사고 역량이 균형 잡힌 뇌는 최고 수준으로 성능을 발휘할 수 있다.

혁신적 사고를 위한 잠재의식의 사고 습관 모델

혁신적 사고는 분석적 사고와는 매우 다른 유형의 사고방식이다. 분석적 사고는 완벽하게 집중한 상태에서 냉철하고 이성적이며 논리적인 과정을 거쳐 복잡한 문제와 정보를 작고 단순하고 쉽게 이해할 수 있는 구성 요소로 분해한다. 이에 반해 혁신적 사고는 반쯤 집중한 상태에서 훨씬 더 부드럽고 감각적이며 자유로운 형식을 따르는 사고방식이다.

가장 창의적인 순간의 상태를 머릿속에 떠올려보자. 숲속에서 신선한 공기를 마시며 걷고 있을 때인가? 아름다운 바다 전망을 바라보고 있을 때인가? 마음이 자유로운 상태에서 편안하게 따뜻한 샤워를 하는 호사를 누리고 있을 때인가? 이도 저도 아니라면 아마도 무언가 다른 방법이 가장 효과가 있을지도 모른다. 그 방법이

다양한 수준으로 발달한 혁신적 사고

	충분히 발달하지 못함	과도하게 발달함	균형 잡히게 발달함
신호	상사가 정의된 문제의 해결방안을 브레인스토밍할 것을 요청한다.		
루틴	잠재의식 속에서 충분히 발달하지 못한 혁신적 사고를 실행한다.	잠재의식 속에서 과도하게 발달한 혁신적 사고를 실행한다.	잠재의식 속에서 균형 잡히게 발달한 혁신적 사고를 실행한다.
결과	상황을 해결하기 위해 참신한 아이디어를 떠올리는 데 어려움을 겪으며 과거에 적용한 해결방안을 반복하는 경향이 있다.	정의된 문제에 대한 창의적인 해결방안을 수없이 만들어내지만, 너무 특이해서 종종 실용적이지 않은 해결방안을 선호하는 경향이 있다.	실용적이고 실행하기 쉬우면서 창의적인 해결방안을 다수 만들어낸다.

무엇이든 간에 책상의 컴퓨터 앞에 앉아 일할 때는 아니라는 것 정도는 장담할 수 있다.

나는 많은 사람들에게 시간이 허락하는 한 중요한 문제나 기회를 하룻밤 자고 생각해 볼 것을 권장한다. 그리고 이를 실천한 사람들은 다음 날 아침 눈을 떴을 때 뇌가 매우 창의적이고 혁신적인 해결방안을 제시하는 것에 항상 놀라움을 금치 못한다.

위의 표에서 알 수 있듯이 이 잠재의식의 사고 습관에 관련된 신호/루틴/결과 모델은 혁신적 사고의 발달 수준(불충분한 발달, 과도한 발달, 균형 잡힌 발달)에 따라 달리 나타난다.

이번 장에서는 에이드리언과 미셸의 이야기를 통해 균형적으로 발달하지 못한 혁신적 사고가 실생활에서 어떤 모습으로 나타나는지 살펴볼 것이다. 여기에서 에이드리언과 미셸은 혁신적 사고의 발달 수준이 서로 다르기 때문에 각자 독특한 어려움을 겪고 있다. 그런 다음에는 의도적 연습이라는 접근 방법을 이용하여 뇌의 가소성을 활용함으로써 에이드리언과 미셸의 혁신적 사고 역량을 이상적으로 균형 있게 발달시켰을 때 두 사람이 얼마나 더 나은 성과를 내게 되었는지 살펴볼 것이다.

혁신적 사고 이면의 과학

·

《하버드 비즈니스 리뷰》온라인 판에 게재된〈제약 조건이 혁신에 긍정적인 이유Why Constraints Are Good for Innovation〉에서 오그즈 아카르Oguz A. Acar 등은 제약 조건이 창의력과 혁신에 미치는 영향에 관한 145가지의 실증적 연구를 분석했다.[1] 이들에 따르면 무언가를 창조하고 혁신하는 과정에서 아무런 제약이 없는 경우 사람들은 현실에 안주하고 가장 저항이 적은 경로를 따라갔다. 즉 더 좋은 아이디어를 개발하는 데 시간과 노력, 에너지를 투입하는 대신 직감적으로 가장 먼저 떠오르는 생각을 선택했다. 하지만 제약 조건이 너무 많은 경우 사람들은 의욕을 상실하게 되었다.

이 두 상황과는 대조적으로 적절한 제약 조건을 제시하자 사람들의 집중력과 창의력은 향상되었고, 다양한 경로로 확보한 정보를 검토할 수 있게 되었다. 그 결과 새로운 제품과 서비스, 프로세스에 대한 참신하고 창의적인 해결방안이 도출되었다. 이들은 제약 조건을 방해요인이 아니라 창의적인 도전 과제로 삼는 것이 중요하다는 점을 알게 되었다. 또한 창의력과 혁신을 육성하는 열쇠는 직원의 창의력과 열정을 제약하지 않는 가운데 혁신적 사고 과정을 이끌어가면서 동기를 부여하는 제약 조건을 구성하는 데 있다고 지적했다.

이들이 발견한 사실은 내가 복잡한 문제해결에 접근하는 방법이 옳았다는 것을 보여준다.

- 문제 정의 단계는 가능한 한 구체적이어야 한다. 이 단계에서 문제와 제약 조건을 심사숙고하고 성공 가능성이 높은 해결방안의 기준을 정확하게 정의하는 틀을 설정하기 때문이다.
- 목적에 부합하면서 실행하기도 쉬운 창의적인 해결방안을 만들어내는 동시에 과거 경험을 활용하여 쓸데없이 시간을 낭비하는 일을 피하려면 균형 잡히고 딱 적당한 수준의 혁신적 사고가 필요하다.

혁신적 사고와 생각 없음

〈때로는 '생각 없음'이 '마음 챙김'보다 낫다Sometimes Mindlessness Is Better Than Mindfulness〉에서 알렉산더 버고인Alexander Burgoyne과 데이비드 햄브릭David Hambrick은 마음 챙김이 대체로 유용하지만

'생각 없음' 상태가 효과가 좋은 경우에는 역효과가 나기도 한다고 지적한다.[2] 이들은 인지심리학에서 의식적으로 주의를 기울이지 않더라도 자동적으로 일어나는 생각과 행동이라고 정의하는 자동성automaticity에 관해 이야기한다.

버고인과 햄브릭은 초보자가 피아노 솜씨를 익히는 방법을 조사하기 위해 수행한 연구를 언급했다. 이들에 따르면 주의 집중하는 능력을 바탕으로 초보자가 생일 축하 노래의 피아노 연주법을 학습하는 능력을 예측할 수 있었다. 핵심은 초보자가 새로운 기술을 배울 때 학습 과정에서 집중력을 유지하는 능력이 성과의 질을 좌우한다는 것이다. 이 이야기는 특히 새로운 기술을 배울 때 집중적 사고(5장 참조)가 반드시 높은 수준에서 작동되는 일의 중요성을 잘 보여준다.

반면에 잘 훈련된 전문성과 높은 수준의 자동성을 갖춘 사람들(예: 샷을 치는 숙련된 골퍼)의 경우 어떤 일에 지나치게 주의를 기울이면 역효과가 날 수 있다고 지적하며 야니크 발크Yannick Balk와 동료 연구원들이 수행한 연구를 인용했다. 이 연구에서는 연구 참가자들의 골프 샷을 영상으로 촬영하고 골프 스코어를 누구나 볼 수 있도록 클럽하우스 내에 게시할 것이라고 말하며 의도적으로 성과에 대한 부담감을 유발했다. 이에 부담감을 느낀 골퍼들은 대조군에 비해 골프 스코어가 훨씬 나빴다. 이는 예상치 못한 결과가 아니다. 여키스─도슨 법칙에 따르면 과도한 부담감이나 스트레스에 노출되면 성과가 급격히 나빠지기 마련이다.

　반면 이 연구에서 대조군에 속한 골퍼들은 자동성을 활용했다. 이들에게는 기억하고 있는 노래를 생각해 보라고 권장하여 뇌가 집중할 수 없게 방해했다. 이들은 노래에 계속 주의를 집중함으로써 자신들이 골프 샷을 어떻게 쳤는지에 대해 과도하게 생각하지 않게 되었다. 또한 실험군과 달리 골프 샷을 촬영하거나 골프 스코어를 클럽하우스에 게시하는 등 성과에 대한 부담감을 주지 않았다. 그 결과 대조군에 속한 골퍼들은 잠재의식 속에서 자동적으로, 즉 별다른 생각이 없는 상태에서 반사적으로 골프를 쳤다. 이것이 바로 대조군의 골프 스코어가 실험군보다 좋은 이유였다.

　이 연구는 최적의 혁신적 사고 영역에서 내가 해 온 일을 뒷받침한다. 잠재의식의 사고 습관은 자동성의 예다. 나는 뇌가 극도로 집중하고 과도하게 생각이 많은 상태일 때와 비교해서 별다른 생각이 없는 상태일 때 복잡한 문제에 대해 가장 창의적이고 혁신적인 해결방안을 만들어낸다는 사실을 발견했다. 혁신적 사고를 위해서는 뇌가 반쯤 집중해야 한다. 마음이 갈 곳을 모르는 순간 혁신적 사고는 자유롭게 잠재의식 속에서 자동적으로 작동한다.

ADHD 환자가 창의력 면에서 이점이 있을까?

　흔히 ADHD로 불리는 주의력결핍 과잉행동 장애는 산만함과 충동성, 과잉행동이 특징인 신경 장애다. 이러한 특징은 모두 학업

성적과 취업, 사회적 관계에 다양한 영향을 미칠 수 있다. 그러나 〈ADHD의 창의력The Creativity of ADHD〉에서 홀리 화이트Holly White 는 동일한 수준의 산만함이 ADHD 환자가 창의적이고 독창적인 사고를 하는 데 도움이 될 수 있다고 지적한다.[3] 또한 "오래된 모델이나 관습, 전통적인 사고방식에 갇혀 있거나 얽매이지 않고 매우 새로운 것을 발명하는 것이 목표일 때 ADHD는 장점이 되고 유익할 수 있다"라고 말한다.

내 관점에서 보면 화이트가 내린 결론은 일부 ADHD 환자에게 흔히 나타나는 '집중력이 낮고 별다른 생각이 없는 상태'에 있으면 창의적으로 생각하고 혁신적인 해결방안을 도출해 내는 능력이 향상될 수 있다는 생각에 힘을 실어준다. 그러나 ADHD는 다차원적 장애라서 사람마다 다른 모습으로 발현된다는 것을 명심해야 한다. 많은 ADHD 환자들은 재미있는 일에는 집중하지만 지루함을 느끼면 집중력을 유지하기 어려워한다. 예를 들어, 취미나 학교에서의 특정 활동, 비디오 게임처럼 화면으로 보는 활동에는 지나치게 집중하지만, 흥미가 없는 활동에는 무관심하다.

여기에서도 여키스―도슨 법칙이 적용될 수 있다. 앞서 5장에서 의욕을 잃거나 지루함을 느끼면 부신 호르몬 수치가 낮아져서 인지 수행 능력에 부정적인 영향을 미친다고 말한 내용을 기억해 보자. ADHD 환자의 경우 어떤 주제에 대한 관심이 높아지면 부신 호르몬 수치도 높아져서 집중력과 인지 수행 능력이 향상된다고 보는 것이 타당하다.

술은 창의력에 영향을 미칠 수 있을까?

이제 몇몇 색다른 연구를 살펴볼 예정이다. 나는 인지과학자로서 잠재의식의 사고 습관을 최적화하기 위해 술을 이용하는 것을 권장하지 않지만, 연구에 따르면 적은 양을 섭취하면 술은 혁신적 사고를 향상시킬 수 있다. 〈당신의 연구를 방어하라: 술에 취한 사람이 창의적인 문제해결에 더 능하다Defend Your Research: Drunk People Are Better at Creative Problem-Solving〉라는 글이 《하버드 비즈니스 리뷰》에 수록된 적이 있다. 이 글에서 앨리슨 비어드Alison Beard는 미시시피 주립대학교의 앤드류 자로스Andrew Jarosz 교수와 나눈 대담의 주요 내용을 공유했다.[4] 두 사람은 혈중 알코올 농도가 법적으로 취한 상태에 근접한 남성 20명을 대상으로 자로스 교수가 수행한 연구에 관해 대화를 나눴다. 연구 참가자들에게는 일련의 단어 연상 문제가 주어졌다. 실험 결과 가볍게 취한 참가자들은 술에 취하지 않은 통제군보다 훨씬 더 많은 문제를 맞혔을 뿐만 아니라 문제를 더 빠르게 풀었다. 이러한 결과는 내게 직관에 어긋난 이야기처럼 들린다. 그렇지 않을까? 자, 이제 비어드와 자로스 교수의 대화를 검토하여 이 직관에 어긋나는 결과에 대해 더 자세히 살펴보자.

비어드: 그렇다면 결국 술이 우리를 정신적으로 둔화시키지는 않는다는 이야기인가요?

자로스: 둔화시키기는 합니다. 하지만 창의적인 문제해결은 음주의 핵심 효과인 집중력 상실이 좋은 결과를 내는 한 가지 영역입니다. 실험 참가자들에게 머릿속에 갑자기 떠오른 생각과 비교해서 전략적 사고에 얼마나 의존해서 문제를 풀었는지 물었을 때, 술에 취한 사람들은 갑자기 떠오른 생각을 이용해 푼 문제가 술에 취하지 않은 사람들보다 10퍼센트 더 많은 것으로 밝혀졌습니다.

나는 자로스 교수의 말을 이렇게 해석한다. 술에 안 취한 맑은 정신이 집중적 사고에는 극도로 중요하지만, 약간 취한 상태가 혁신적 사고와 관련된 창의력에는 더 도움이 될 수 있다고 말이다. 술을 마시면 집중력이 떨어지면서 마음이 갈 곳을 몰라 방황하는 사이에 창의력은 향상된다. 물론 창의력을 높이기 위해 술을 마시라고 권하지는 않겠지만, 자로스 교수가 언급한 집중력 저하의 결과와 집중력 저하가 혁신적 사고에 미치는 영향은 이 장에서 이미 다룬 내용과 일치한다.

비어드: 다른 약물은 어떻습니까?

자로스: 그것에 관해 논평하기는 어렵습니다. 하지만 연구를 통해 특정 유형의 뇌 손상을 입은 사람들이 일부 창의력 검사에서 더 좋은 결과를 낸 것으로 밝혀진 바 있습니다. 이러한 결과는 집중력 장애가 그 이유이기 때문에 의미가 있습니다. 심지어 차를 마시는 행위도 창의력을 향상시키는 것으로 밝혀졌습니다.

이 말은 차를 마시는 행위가 편안한 상태를 유도해서 마음을 방황하는 상태에 놓기 때문에 집중력 향상에 도움이 된다는 뜻으로 해석된다.

비어드: 이 연구를 시작한 계기가 무엇입니까? 혹시 교수님의 음주 습관이 나쁜 것이 아니라고 밝히고 싶으셨나요?

자로스: 내 연구의 주요 관심사는 문제해결 능력을 개선할 가능성을 조사하는 것입니다. 아르키메데스의 일화 가운데 목욕을 하다가 '아하!'라고 외치면서 깨닫는 이야기가 있습니다. 나는 사람들이 어느 순간 갑자기 통찰력 있는 깨달음을 얻는 원인이 무엇인지 늘 궁금했습니다.

나는 문제를 해결해야 할 때는 누구나 아르키메데스가 '아하!'라고 외친 그 순간을 찾고 있다고 본다. 그러나 이들이 깨닫지 못하는 것은 잠재적인 해결방안을 브레인스토밍할 때 그러한 순간은 약한 집중력뿐만 아니라 균형 잡힌 혁신적 사고에도 달려 있다는 점이다.

> 비어드: 술이 또 다른 정신적 측면에서 도움이 된다고 과학자들이 밝혀낸 것이 있습니까?
>
> 자로스: 피츠버그 대학교의 마이클 사예트Michael Sayette 교수 등이 작성한 〈고주망태가 되다Lost in the Sauce〉라는 논문이 있습니다. 이 논문에 따르면 술을 마신 사람들은 더 쉽게 마음이 방황하는 경향이 있고, 이는 일부 영역에서는 도움이 되지만 다른 영역에서는 해가 될 수 있습니다.

여기서 핵심은 방황하는 마음이 창의력과 혁신적 사고를 최적으로 발달시키는 데 중요한 요소가 될 수 있다는 것이다.

> 비어드: 그러면 그러한 순간이 좋은 성과를 더 빨리 내는 결과로 이어졌습니까?
>
> 자로스: 이 사례에서는 그랬습니다. 술을 마신 사람들은 강

한 집중력을 발휘해서 목표 지향적으로 답을 찾아가는 대신 신경과학에서 활성화 확산spreading activation이라고 부르는 과정을 거쳤습니다. 실험 참가자들의 뇌를 fMRI로 촬영한 이미지를 보면 다양한 뇌 영역이 활성화되는 것을 알 수 있습니다. 이는 사람들이 정답인 단어를 찾기 위해 잠재의식 속에서 기억의 가장 깊은 곳을 전부 활성화하고 있다는 것을 보여줍니다.

자로스 교수의 의견에 일부 동의한다. 이 실험의 핵심은 참가자들이 정답을 찾을 때 의식적인 논리 프로세스에 국한되는 것이 아니라 잠재의식 속에 있는 자신의 기억에 접근한다는 것이다.

2단계: 해결방안 브레인스토밍

6장에서 설명한 것처럼 복잡한 문제해결의 1단계에서 문제를 정의한 다음에는 2단계로 옮겨가 성공 가능성이 있고 혁신적인 해결방안을 브레인스토밍한다는 것을 기억하자.

앞서 언급했듯이 브레인스토밍 세션 초반에 잠재적인 해결방안에 적용되는 제약 조건을 합의하여 명시하면 양질의 혁신적인 해

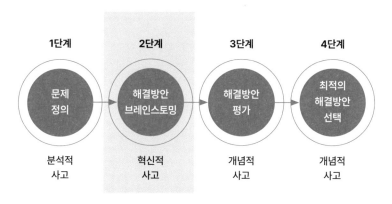

1단계	2단계	3단계	4단계
문제 정의	해결방안 브레인스토밍	해결방안 평가	최적의 해결방안 선택
분석적 사고	혁신적 사고	개념적 사고	개념적 사고

복잡한 문제해결 2단계: 해결방안 브레인스토밍

결방안을 도출할 수 있다. 제약 조건으로 인해 뇌가 정확성과 집중력을 갖춤으로써 브레인스토밍 과정에서 창의력이 최적화되기 때문이다. 이는 1단계에서 문제를 정확하게 정의하는 것이 가장 중요한 이유이기도 하다. 그렇지 않은 경우 사람들은 종합적이고 생산적인 방식으로 브레인스토밍을 하는 대신, 저항이 가장 적은 길을 택한 다음 너무 빤하고 쉬운 해결방안을 찾는 경향이 있다는 연구 결과가 있다.[5]

검증된 방법이 가장 효과가 좋다?

우리는 모두 에이드리언 같은 사람을 알고 있다. 매우 유능하고 태양만큼 신뢰할 수 있는 사람 말이다. 이 이야기에서 에이드리언은 세계적인 식품 회사의 운영 담당 부사장으로 높은 평가를 받고 있다. 운영 분야에서는 뛰어난 능력을 발휘해 왔고 업무 결과 역시 탁월하다. 현상 유지라는 말이 가진 의미를 전형적으로 보여주는 긴 재직 기간 덕분에 사내 정치의 패턴을 활용해서 지금껏 생존해올 수 있었다. 하지만 민첩성과 적응력은 부족하며 특별히 혁신적인 모습은 없다. 그 결과 에이드리언은 변화와 유연성이 필요한 새로운 기회를 "흥, 사기치고 있네!"라고 내뱉은 스크루지 영감의 마음으로 맞이한다.

또한 에이드리언은 브레인스토밍에도 스크루지 영감과 같은 태도로 접근한다. 창의력에 대한 인식은 회의적이며, 일을 대하는 일반적인 시각은 '고장도 안 났는데 왜 고쳐야 합니까?'이다. 에이드리언에게 브레인스토밍은 고통스러운 일일 뿐이다. 동료들은 해결방안을 알고 있지만 자신은 아무것도 생각해 내지 못하는 모습에 브레인스토밍은 별다른 도움이 되지 않는다는 생각이 마음속에 자리하게 된다. 이처럼 부정적인 감정은 시간이 지나면서 증폭되었다. 우리는 에이드리언의 태도를 어렵지 않게 이해할 수 있다. 에이드리언이 브레인스토밍에 기여하는 유일한 방법은 오래되고 검증된 아이디어를 고쳐 쓰는 것이다. 에이드리언은 새롭게 발생한 문제의 달라진 맥락을 받아들이고 이를 과거 경험에서 얻은 지식과 결합하는 데 어려움을 느낀다. 창의적인 아이디어를 찾아내 실행에 옮기려고 할 때면 새로운 환경에 맞게 자신의 아이디어를 적절히 재구성하지 못하기 때문에 대개는 목표를 달성하지 못한다.

에이드리언의 흑백논리 방식의 사고는 유연성이 부족한 리더십 스타일로 나타나기 때문에 동료들과 불화를 초래한다. 에이드리언은 '나를 따르거나 떠나라' 식의 리더십으로 유명하다. 하지만 이러한 리더십은 종종 전도유망하고 혁신적인 팀원이 에이드리언이 이끄는 사업부를 떠나게 한다. 반면 에이드리언은 시스템과 절차를 개발하는 일에서는 핵심 인재다. 다시 말해서 고도의 패턴 인식이 필요한 일을 처리할 때는 자신의 능력을 마음껏 뽐낸다. 이러한 일에서는 자신의 과거 경험과 더불어 패턴을 찾아서 처리하는 능력까지 활용할 수 있기 때문에 탁월한 성과를 낸다.

에이드리언은 인식하지 못하겠지만, 이와 같이 패턴을 인식하는 능력은 결정적으로 조직의 다양한 불문율을 알아보는 탁월한 능력을 뒷받침한다. 그리고 이는 에이드리언이 그 불문율을 위반하지 않도록 보호하는 강점으로 작용한다. 실제로 이러한 능력은 과거에 직장 동료들과 교류한 경험에서 나타난 패턴을 바탕으로 다른 직원의 행동을 예측하는 데 도움이 되는 경우가 많았다. 그러다 보니 에이드리언은 사람들이 자신도 모르는 사이에 어떻게 행동하겠다는 의향을 드러내는 방식에 어리둥절해하기도 한다. 다른 한편으로는 예민하게 패턴을 인식하는 능력 덕분에 새로운 기술이 도입될 때 그것을 빠르게 배워서 완전히 익힐 수 있다. 동료들보다 훨씬 적은 노력으로 새로운 시스템을 배울 수 있기 때문이다.

패턴을 잘 인식하는 에이드리언의 성향에는 몇 가지 뚜렷한 장점이 있지만, 일과 삶을 탐색하는 방식과 관련하여 몇 가지 단점도 있다. 우선 변화를 곤혹스러워하다 보니 그가 상대적으로 위험을 회피하는 성향을 보인다. 이는 에이드리언의 성과에 기여하는 패턴이 예측 가능성에 기반을 두고 있기 때문이다. 불행하게도 오늘날 끊임없이 변화하는 기업 환경에서 에이드리언은 앞으로 어떤 일이 일어날지 내다보기를 어려워하는 경우가 많다. 게다가 창의력은 일관성이 부족하기 때문에 불편하다고 생각한다. 직업적으로 볼 때 이러한 불편함은 자연스럽게 에이드리언을 지금보다 더 높은 곳으로 승진할 기회를 제한한다.

불가능할지도 모르는 꿈을 꾸다

이제 미셸을 만나보자. 혁신적 사고에 있어 미셸은 에이드리언과는 완전히 반대되는 성향의 인물이다. 누구나 미셸과 같은 사람을 알고 있을 것이다. 그리고 에이드리언 같은 사람보다 미셸 같은 사람을 더 좋아할 것이다. 둘 가운데 누가 상사인 게 좋은지 물어보면 대개 미셸을 고른다. 미셸은 에이드리언이 재직 중인 세계적인 식품 회사에서 크리에이티브 부문(광고, 디자인 등 창의력이 필요한 업무다―옮긴이)을 담당하고 있다. 미셸은 활력이 넘치고 매우 매력적이며 머릿속에 온갖 비전이 가득하다. 미셸과 함께 일하다 보면 달에 착륙한 다음 하늘에 있는 별들과 상상 게임을 하는 것 같은 브레인스토밍을 하고 있다는 느낌을 받을 수 있다.

미셸은 미래 지향적이고, 항상 적극적으로 상황을 개선하기 위해 노력하며, 상황이나 문제, 기회를 논의할 브레인스토밍 시간을 자주 갖는다. 사람들을 한데 모아 참신한 해결방안을 찾아서 문제를 해결하는 일에 매우 뛰어나다. 혁신적이고 창의적인 사상가인 미셸의 유연한 리더십 스타일은 동료들의 눈에 매력적으로 보인다. 미셸은 변화를 적극 수용하고 자신이 이끄는 팀에도 변화를 독려한다. 또한 팀 구성원들이 언제라도 자신을 찾아와 사업부와 더 나아가 조직 전체를 최적화하는 방법에 관해 이야기할 수 있는 개방적인 방침을 적용하고 있다. 이와 같은 개방적인 모습 덕분에 창의력과 혁신을 포용하는 관리자와 함께 일하기를 원하는 많은 직원들이 미셸의 사업부로 오고 싶어 한다.

미셸의 가장 큰 강점은 모든 문제를 백지 상태에서 바라보는 능력이다. 이는 미셸이 특별한 선입견 없이 모든 것에 열린 마음을 가지고 있기 때문에 새로운 것을 적극적으로 받아들인다는 의미다. 미셸에게 있어 논의할 필요조차 없는 아이디어는 없다. 그러나 이처럼 상상력이 풍부한 성향에는 대가가 따르기 마련이다. 더 정확히 말해서 과거 경험에서 패턴을 찾아 자신에게 도움이 되도록 활용하는 역량이 충분히 발달하지 못했다. 이는 미셸이 과거 경험에서 깨달은 교훈을 적용할 수 있는 경우에도 무의미한 일에 시간을 낭비하는 성향이 있다는 뜻이다. 그리고 이러한 성향으로 인해 하지 않아도 되는 일을 다시 하게 되는 경우가 자주 발생한다. 그러다 보니 새로운 시스템을 배우려면 정신적 에너지가 많이 필요하고 매뉴얼을 읽는 일은 혼란스럽기만 하다.

전염성 강한 매력과 활발한 성격 덕분에 호감도가 높은 미셸에게 동료들은 매우 친절하며 많은 호의를 베푼다. 하지만 그렇다고 해서 미셸이 사회와 기업에 존재하는 눈에 보이지 않는 경계를 자주 침범한다는 사실은 없어지지 않는다. 여기서 반드시 알아야 하는 것은 변화에 대한 기대감으로 흥분한 미셸의 이성이 전대미문의 엄청난 추진력으로 이미 달까지 날아가버렸기 때문에 경계를 침범하는 문제는 잠재의식 속에 그 원인이 있다는 점이다. 더 큰 문제는 많은 경우 이 엄청난 추진력이 미셸의 이성이 떠나간 자리에 남아 있는 에이드리언과 같은 동료들에게 강렬한 흔적을 남긴다는 사실이다.

두 고위 관리자가 충돌하다

●

미셸과 에이드리언의 사례는 흔히 들을 수 있는 이야기다. 오늘도 미셸의 이성은 창의력이라는 에너지로 달까지 날아가는 중이다. 그리고 그 북새통 속에서도 미셸은 에이드리언의 부서에 속한 수전과 대화를 나누며 업무 협조 차원에서 몇 가지 조사를 부탁한다. 간단한 조사이고 수전이 그 분야에 전문성이 있다는 것을 알기 때문이다. 오래전부터 미셸과 함께 일하고 싶었던 수전은 자신의 창의성을 보여주고 싶은 마음에 미셸이 제안한 기회를 마다하지 않는다. 그러나 여기에는 작은 문제가 있다. 열정에 사로잡힌 미셸이 특정 업무를 위해 수전과 협력해도 좋은지 에이드리언에게 확인하는 과정을 건너뛴 것이다.

불행하게도 이 상황은 훨씬 더 큰 문제로 변한다. 에이드리언이 수전에게 시급히 처리해야 할 중요 업무를 배정한 상태이기 때문이다. 안타깝지만 미셸이 에이드리언의 팀과 일하면서 회사의 업무 경계를 넘어선 경우가 이번이 처음은 아니다. 에이드리언은 짜증이 많이 난다. 그래서 미셸과 따로 만난 자리에서 솔직하지만 조심스럽게 대화를 시도한다. 에이드리언은 이 자리에서 미셸이 회사의 업무 경계를 벗어나 일하는 경우가 많다는 점을 강조하면서 매우 당황스럽다고 표현한다. 또한 자신을 건너뛰고 팀원에게 직접 업무 협조를 요청하는 모습을 볼 때 미셸에게는 누구에게나 당연히 기대할 수 있는 예의가 부족해 보여서 실망스럽다는 생각도 전한다. 게다가 이러한 일이 여러 번 있었기에 미셸의 동료들과 마찬가지로 자신도 더 이상은 참기 힘들다고 말한다. 에이드리언은 이와 같은 미셸의 행동이 다른 부서가 기한 내에 양질의 결과물을 만들어내는 데 방해가 되기 때문에 미셸이 자신을 돌아보고 변화에 열린 마음을 가져야 한다고 잘라 말한다.

　마음이 복잡해진 미셸은 그날 저녁 늦게 배우자에게 에이드리언의 냉정한 피드백을 들려준 다음 자신에게 경계를 넘어서는 성향이 있는지 물어본다. 배우자의 얼굴에는 천천히 미소가 번지고 미셸은 그 미소가 '그렇다'는 뜻임을 너무 잘 안다. 두 사람은 미셸의 행동을 함께 분석하고 미셸은 당황하며 충격을 받는다. 자신이 회사에서 눈에 보이지 않는 사회적 경계를 넘어설 때 동료들에게 의도치 않게 큰 상처를 주고 있다는 사실을 인식하기는커녕 그 낌새도 알아채지 못했기 때문이다. 결국 미셸은 자신의 장점인 민첩성과 적응력, 탁월한 혁신적 사고에는 특히 적절한 경계 설정과 관련하여 그간 인식하지 못했던 문제가 있음을 깨닫는다.

　이 상황을 종합적으로 돌아보고 생각을 정리하던 미셸은 도움이 되지 않는 행동 패턴을 스스로 인식하지 못한 경우가 이번이 처음이 아니라는 사실을 깨닫는다. 실제로 과거에도 미셸은 문제해결 과정에서 드러난 단점을 극복하기 위해 많은 노력을 기울인 결과 이제는 문제를 정의하기 전에 해결 모드로 뛰어들지 않는다. 번지수를 잘못 찾아 다른 문제를 해결한다는 오명에서 벗어나는 데는 강한 의지와 많은 노력이 필요했다. 미셸은 궁금했다. 자신이 구름 속에서 별과 함께 생각에 빠져 있는 사이에 자신도 모르게 다른 어떤 일이 생긴 것은 아닌지 말이다.

균형 잡히지 않은 혁신적 사고가 미치는 영향

그러면 문제를 제대로 정의하고 제약 조건을 정확하게 표현하지 않았을 경우, 복잡한 문제해결의 2단계에서는 무슨 일이 일어날까? 에이드리언과 미셸의 관점에서 이 문제를 살펴보자.

에이드리언은 뇌에 정보를 처리하고 최적으로 생각하기 위한 체계가 부족하기 때문에 바다 한가운데서 길을 잃은 것 같았을 것이다. 혁신적 사고 수준이 낮은 에이드리언에게 잠재적인 해결방안을 브레인스토밍하는 것은 어려운 일이었다. 에이드리언은 자연스럽게 소외감을 느꼈을 것이고, 팀은 에이드리언의 광범위한 운영 전문성뿐만 아니라 회사의 역사를 활용할 기회를 놓쳤을 것이다.

뛰어난 혁신적 사고 역량으로 무장한 미셸은 기준이 되는 정확한 체계가 없었기 때문에 비현실적이지만 색다른 해결방안을 찾았다는 생각에 꽤나 흥분했을 것이다. 여기서 주의할 점은 색다른 아이디어가 더 우수하면서 실용적이기까지 한 해결방안으로 반복해서 연결되는 경우가 많기 때문에 브레인스토밍 과정에서 이를 만들어내도록 장려해야 한다는 것이다. 하지만 적절한 체계가 없는 경우 안타깝게도 브레인스토밍에 참여하는 많은 사람들이 비생산적으로 시간을 낭비하고 있다고 느끼게 된다.

두 이야기에는 중요한 메시지가 있다. 브레인스토밍에서 최적의 결과가 도출되기를 원한다면 문제가 무엇인지 정확하게 정의하고 설명하는 것부터 시작해야 한다. 또한 사전에 제약 조건을 합의함으로써 모든 창의적 역량과 에너지가 가능한 한 최고의 해결방안을 도출하는 데 집중될 수 있도록 해야 한다.

한편 이 잠재의식의 사고 습관이 계속 균형 잡히지 않은 상태에 머물러 있는 경우, 무슨 일이 일어나는지 이해하는 데 있어 비교와 대조를 통해 문제를 해결하는 기존 방식이 가장 도움이 된다. 그러면 에이드리언부터 시작해서 충분히 발달하지 못한 혁신적 사고가 미치는 영향을 살펴보자. 첫 번째 표에 요약된 바와 같이 이러한 영향에는 문제해결에 도움이 되는 것도 있지만, 반대로 장애가 되는 것도 있다. 과도하게 발달한 미셸의 혁신적 사고가 미치는 영향도 문제해결에 도움이 되는 것과 장애가 되는 것으로 나누어 정리했다. 두 표에서 알 수 있듯이 에이드리언과 미셸이 문제에 접근하는 방식은 사실상 정반대다. 그러니 이 두 사람이 충돌하는 것도 놀랄 만한 일은 아니다.

이제는 뇌 코칭 프로그램에서 균형 잡힌 태도로 혁신적 사고에 접근하는 이유를 이해할 것이다. 그렇지 않으면 혼란스럽거나 뻔한 결과가 초래될 수 있기 때문이다. 에이드리언처럼 혁신적 사고

충분히 발달하지 못한 혁신적 사고와 행동 패턴

도움이 되는 행동	장애가 되는 행동
프로세스 및 시스템 개발 능력이 뛰어나다.	비전이 결여돼 있다.
실행 능력이 탁월하다.	흑백논리로 생각하며 창의력이 부족하다.
학습 속도가 빠르다.	유연성이 떨어지고 변화를 불편해한다.
사회 규범과 회사 지침을 잘 준수한다.	적응력과 사고 민첩성이 떨어진다.
과정 기술이 우수하다.	상대적으로 위험 회피 성향이 강하다.

과도하게 발달한 혁신적 사고와 행동 패턴

도움이 되는 행동	장애가 되는 행동
비전이 풍부하다.	실행 능력이 떨어진다.
고정관념이 없고 매우 창의적이다.	학습 속도가 느리다.
유연하고 변화에 익숙하다.	사회적 규범과 회사 지침을 잘 준수하지 않고 자신도 모르게 경계를 넘어선다.
적응력과 사고 민첩성이 뛰어나다.	과정 기술이 취약하다.
상대적으로 위험 감수 성향이 강하다.	선제적으로 위험을 식별하는 능력이 부족하다.

수준이 낮은 사람은 태양에 너무 가까이 다가가서 창의적인 아이디어가 빠르게 타버릴 위험이 있다. 반대로 미셸처럼 혁신적 사고가 과도하게 발달한 사람은 달과 함께 사색하는 데 너무 많은 시간을 쓰다가 결코 현실로 돌아오지 못할 위험이 있다. 이상적으로 보면 두 사람 사이에 위치하는 것이 가장 바람직하다.

혁신적 사고가 '딱 적당한' 순간

●

《골디락스와 곰 세 마리Goldilocks and the Three Bears》라는 동화를 기억하는가? 1837년 영국의 시인 로버트 사우디Robert Southey가 처음 쓴 이 고전 동화의 최초 버전에서 골디락스는 그다지 친절하지 않은 중년 여성이었다. 업데이트된 가장 유명한 버전에서는 이 중년 여성이 골디락스라는 이름을 가진 어린 소녀로 바뀌었다.

숲속을 헤매던 소녀는 곰 세 마리가 살고 있는 집으로 살그머니 들어간다. 아빠 곰과 엄마 곰이 아기 곰과 함께 지내는 집에서 소녀는 식탁 위에 차려진 죽을 조금씩 먹어본 다음 곰 세 마리가 사용하는 의자에 앉아보고 침대에도 누워본다. 전부 경험해 본 골디락스는 아기 곰의 죽과 의자, 침대가 딱 적당하다고 생각한다. 잠시 잠이 들었던 골디락스는 곰 가족이 집으로 돌아오자 숲으로 도망친다.

솔직히 이 동화가 내 취향은 아니지만 '딱 적당한'이라는 표현이 항상 머릿속을 맴돌았다. 이 말은 내게 있어 사람들과 함께하는 많은 과정을 안내하는 지침과 같다. 바로 '딱 적당한 것'이 뇌 균형의 목표이기 때문이다.

에이드리언과 미셸의 사례는 혁신적 사고가 어느 정도로 딱 적당한지, 즉 어느 정도로 균형 잡힌 모습이어야 하는지 보여준다.

아빠 곰의 충분히 발달하지 못한 혁신적 사고

에이드리언의 혁신적 사고가 충분히 발달하지 못한 것은 패턴 인식이 지나치게 강하기 때문이다. 곰 세 마리 이야기로 예를 들면 에이드리언은 아빠 곰이다. 아빠 곰의 죽은 너무 뜨겁고 침대는 너무 딱딱하다. 마치 에이드리언의 경영 방식이 경직된 것처럼 말이다. 과거 경험에 의존하는 에이드리언의 성향은 양날의 검이다. 이러한 특성은 익숙한 패턴을 활용할 수 있는 문제를 해결할 때는 자산이 되지만, 활용 가능한 기존 패턴이 없는 새로운 문제를 해결할 때는 어려움을 겪게 한다. 반면 패턴 인식은 에이드리언이 운영상 역할을 수행할 역량을 지원하기도 한다. 한편 에이드리언은 창의력에 관한 자신의 경험이 대개 부정적이었기 때문에 자신이 창의력을 회피한다는 것을 잘 알고 있다. 그리고 이러한 경험을 내면화하면서 혁신적 사고에 관해 문제를 키우는 방향으로 변모해왔다.

엄마 곰의 과도하게 발달한 혁신적 사고

혁신적 사고가 과도하게 발달했지만 패턴 인식 능력이 취약한 미셸은 에이드리언과 반대의 경우다. 미셸은 전혀 다른 종류의 어려움에 직면한다. 항상 창의력으로 활력을 얻는 미셸은 신선한 생각을 하고 복잡한 문제를 창의적으로 처리하는 일에 뛰어나다. 그러나 패턴 인식 능력이 부족하기 때문에 과거 경험을 이용하여 창의력의 기반을 다지는 일은 어려워한다. 결과적으로 혁신적인 아이디어를 많이 만들어내지만 그 아이디어를 실용적인 해결방안으로 바꾸는 데 상당한 어려움을 겪는다. 그러다 보니 팀에서 만들어낸 아이디어와 해결방안이 한 달 뒤면 새로운 또 다른 계획으로 대체되는 경우가 자주 발생하고, 미셸의 팀원들은 쓸데없는 일에 계속해서 시간을 낭비하고 있다는 생각이 들면서 짜증이 난다. 미셸의 뇌는 아이디어 구상을 사랑하지만 실행은 사랑하지 않는다. 그리고 이는 결과적으로 미셸의 업무 성과에 영향을 미친다.

미셸은 엄마 곰과 비슷할 것이다. 죽은 차갑게 식고 침대는 너무 푹신한 엄마 곰 말이다. 죽이 뜨거운 상태였을 때 무언가에 영감을 받은 엄마 곰은 그 죽이 차갑게 식도록 내버려두었을 가능성이 높다. 누구에게나 열려 있는 미셸의 경영 방식은 훌륭하지만, 실행하는 데 연약한 모습은 미셸이 아직 자신에게 '딱 적당한 것'을 찾지 못했음을 의미한다.

아기 곰의 '딱 적당한' 혁신적 사고

이제는 죽과 침대가 '딱 적당한' 아기 곰에게 돌아갈 순서다. 그곳이 바로 혁신적 사고가 있어야 할 자리다. 최적으로 균형을 이룬 혁신적 사고는 해결방안을 브레인스토밍하는 데 필요한 창의력은 물론이고 그 해결방안을 실제로 실행하는 데 필요한 실용성까지 가져온다.

앞서 언급한 바와 같이 균형 잡힌 혁신적 사고는 골디락스의 아기 곰과 같다. 진짜 아기 곰이 되고 싶은 사람은 없을 테니 두 가지를 분리해서 '딱 적당한'이라는 표현에 집중하자. 이제 잠시 동안 자신이 어디에 들어맞는지 생각해 보자. 에이드리언과 미셸 가운데 누구와 더 비슷하다고 생각하는가? 아니면 두 사람의 모습이 다 있는가? 어쩌면 이미 균형을 이루고 있을지도 모른다. 만약 그렇다면 받아들이면 된다.

균형 잡힌 혁신적 사고의 이점

전 세계 성공한 리더들이 혁신을 수용하는 데 필요한 뇌의 균형을 이루도록 도와온 사람으로서 균형 잡힌 혁신적 사고란 균형 잡힌 혁신적 사고는 다음과 같은 특징을 가진다.

- 풍부한 비전
- 높은 적응력과 민첩성
- 변화를 수용하는 자세
- 계산된 위험에 개방적인 태도
- 수많은 창의적인 아이디어
- 빠르고 효율적인 학습 능력

- 실용적이고 현실적인 성향

이와 더불어 균형 잡힌 혁신적 사고 역량을 갖춘 사람은 프로세스와 시스템을 받아들이고 패턴을 잘 인식하며, 학습 속도가 빠르고 매끄러운 실행을 지향하는 예리한 마음을 가지고 있다. 또한 다른 사람을 올바른 길로 이끄는 데 필요한 사회생활의 수완을 갖추고 있으며 어떤 상황에서도 리더가 되는 것을 불편해하지 않는다.

이 엄청난 정의에 기죽지 말기 바란다. 타협점을 찾는 것도 충분히 가능하다. 누군가에게는 자연스러운 모습이 다른 누군가에게는 발전이 필요한 영역일 수 있다. 어느 쪽이든 내가 되고 싶은 곰이 되자. 이번 경우에는 작지만 힘이 센, 그리고 가장 중요하게는 '딱 적당한' 곰이 바로 그 곰이다.

뇌 코칭 후 힘을 모아 협력하다

뇌 코칭 프로그램을 성공적으로 마친 에이드리언은 충분히 발달하지 못했던 혁신적 사고가 극적으로 개선되는 결과를 얻었다. 에이드리언이 직장에서 매일 겪는 일과 그의 직업적 전망이 어떻게 달라졌는지 살펴보자.

- 에이드리언에 관해 내가 아직 말하지 않은 것이 있다. 다소 다가가기 어려운 성격에도 불구하고 새로운 계획에 관한 설명을 충분히 듣고 그 장점을 믿는 순간 에이드리언은 그 계획을 전적으로 지원한다는 것이다. 그리고 뇌 코칭 후에 나타난 중요한 변화는 다수의 혁신적인 계획을 제시하고 추진한 사람이 에이드리언이었다는 점이다. 더구나 그 계획들은 매우 실용적이기까지 했다.

- 새로운 계획이 실행 단계로 넘어가면 에이드리언은 경험을 활용하는 그의 능력 덕분에 실행 과정을 단계별로 따라가며 사고함으로써 자신의 개선된 혁신적 사고가 균형을 이루도록 만드는 데 뛰어난 모습을 보여주었다.

- 이전에는 "흥, 사기치고 있네!"라는 말로 대변되는 회의적인 성격 때문에 다가가기 어려운 사람이었지만, 혁신적 사고의 발달과 함께 그는 새로운 아이디어를 따뜻하고 열정적으로 받아들이게 되었고 이제는 매우 쉽게 다가갈 수 있는 사람이 되었다.

- 에이드리언은 운영 부문에서 고위직에 있었지만 충분히 발달하지 못한 혁신적 사고로 인해 경력의 다음 단계를 밟지 못했다. 하지만 향상된 혁신적 사고 덕분에 에이드리언의 경영 능력은 완벽해졌고 에이드리언은 한 사업부를 총괄하는 훨씬 더 높은 직책으로 승진하게 되었다.

- 에이드리언은 자신에게서 새롭게 발견한 유연성과 적응력, 민첩성을 좋아하고 즐기게 된 동시에 이러한 특성이 오랜 경력 내내 어디에 감춰져 있었는지 궁금했다. 자신의 일에 더 만족했고, 새로운 아이디어

를 제안하려는 젊은 임원들에게 으르렁대던 기존 태도에서 벗어나 그들에게 조언하고 도움을 주는 역할을 정말 즐기게 되었다. 그리고 뜻밖에도 그 젊은 임원들은 에이드리언의 새롭고 개선된 리더십 스타일을 좋아했다.

미셸의 경우, 과도하게 발달한 혁신적 사고에 균형을 회복하기 위한 의도적 연습 훈련이 포함된 유동적 사고 프로그램을 마친 뒤에 사고, 리더십, 행동 등 여러 측면에서 상당한 변화가 생겼다는 것을 스스로 발견할 수 있었다.

- 전염성 강한 성격에도 불구하고 미셸은 기업과 사회에 존재하는 눈에 보이지 않는 경계로 인해 어려움을 겪었다. 동료들은 미셸의 그러한 모습을 대부분 용서했지만 기억에서 완전히 사라진 것은 아니었다. 하지만 새롭게 균형 잡힌 혁신적 사고와 함께 미셸은 이제 글로 적혀 있지 않는 사회적 경계를 충분히 의식적으로 인식하게 되었고, 직장 동료를 상대하면서 적절하고 존중하는 모습을 보여주게 되었다.
- 미셸은 위험을 더 잘 예측하고 발견하며 완화할 수 있었다. 실제로 위험 분석을 통해 뇌가 사물을 다른 관점에서 보면 훨씬 더 혁신적이면서 실용적인 해결방안으로 이어지는 경우가 일반적이라는 것을 알게 되었다.
- 새롭게 균형 잡힌 미셸의 혁신적 사고가 보여준 즐겁고 예상치 못한

장점은 그녀가 과정에 대해 훨씬 더 편안하게 생각한다는 것이다. 그리고 패턴 인식 능력의 향상과 함께 미셸은 새로운 시스템을 쉽고 효과적이며 효율적으로 배울 수 있었다.

- 미셸은 자신의 혁신적인 계획이 어떻게 실행될 것인지 충분히 생각하는 데 점점 더 익숙해졌다. 그리고 프로젝트를 반쯤 마친 채로 다음번 흥미로운 일에 뛰어드는 대신, 자신의 계획이 실행되는 모습을 보면서 느끼게 된 큰 만족감에 놀랐다.

- 이전에는 사회 규범을 위반하고 위험이나 과정을 경솔하게 대하는 모습으로 직업적 성장이 방해를 받았지만, 새롭게 균형 잡힌 혁신적 사고 덕분에 미셸은 이제 승진할 준비가 된 것으로 보인다. 비록 마케팅 업무를 좋아해서 한동안 지금 자리에 남아 있기로 했지만, 승진 준비가 된 것처럼 보인다는 평가는 미셸의 마음을 편안하게 했다.

뇌 코칭 프로그램을 마친 후 에이드리언과 미셸의 관계가 어떻게 바뀌었는지 궁금할 것이다. 상상할 수 있듯이 두 사람의 관계는 조화롭고 협력적이며 생산적으로 변했다. 그 이유는 이들의 혁신적 사고가 이제 최적화되어 균형을 이루었기 때문이다. 이는 에이드리언이 전보다 더 개방적이고 적응력이 좋으며 민첩하고 창의적이기 때문에, 두 사람이 함께 혁신적 사고라는 춤을 즐길 수 있게 되었다는 뜻이다. 게다가 미셸이 전보다 더 현실적이고 실용적이며 위험을 인식하기 때문에, 전보다 더 목표가 정확하고 실행하기 쉬운 창의적인 계획에서 두 사람이 신속하게 마음을 모을 수 있다는 의미도 된다. 또한 미셸은 에이드리언의 팀원들을 상대할 때 전보다 더 존중하는 모습을 보이고 있다.

9장

개념적 사고

🧠 "서로 다른 것들이 어떻게 연결되는지 파악하는 데 시간이 걸리는 것
은 인간 본성일 뿐임을 나는 안다. 그러나 내가 또 알고 있는 것은 좀
더 빨리 그 관계를 이해했다면 좋았을 것 같다고 생각할 날이 올 수 있다
는 것이다."

앨 고어Al Gore

〈잭, 빨리!Jack! Be Nimble〉라는 동요를 아는가? 누구나 잭처럼 민첩
하고 싶겠지만 민첩성이 선택의 문제가 아닐 때도 있다. 개념적 사
고라는 잠재의식의 사고 습관이 덜 효율적으로 작동하면, 나를 뺀
다른 모든 사람들은 서로 다른 것들이 어떻게 연결되는지를 빠르
고 통찰력 있게 파악할 수 있기 때문에 유리한 위치에서 출발하는
경주를 하고 있는 것처럼 느낄 수 있다. 모두가 이 문제로 어려움
을 겪는 것은 아니지만, 내가 발견한 사실은 많은 사람들이 동료
들과 쉽게 보조를 맞추기 위해 이 영역을 발달시켜야 한다는 사실
이다. 이와 더불어 개념적 사고가 극도로 높은 수준으로 발달하면

복잡한 문제해결

분석적 사고
혁신적 사고
개념적 사고

두 번째 기둥

팀을 이끄는 방식과 전반적인 사회적 리더십 능력에 의도치 않은 장애가 될 수 있다는 점도 유념해야 한다.

개념적 사고는 다양한 종류의 정보를 식별한 다음 서로 다른 정보의 조각들을 적절한 범주나 그룹으로 분류하는 능력이다. 이 장에서 설명할 내용이지만, 개념적 사고는 복잡한 문제해결 과정의 3단계와 4단계를 뒷받침한다. 1단계에서 문제를 정의하고, 2단계에서 브레인스토밍을 통해 다수의 잠재적인 해결방안을 찾으면, 3단계에서 일련의 잠재적인 해결방안을 평가해 우선순위를 정하고, 4단계에서 최종적으로 성공 가능성이 가장 높은 해결방안을 선택할 준비가 된 것이다.

개념적 사고의 기반을 탄탄하게 다지면 다양한 정보의 공통점을 바탕으로 어떠한 정보가 서로 어울리는지를 정확하게 결정하는 동시에 완전히 다른 특성을 가진 정보를 어디에 둘 것인지를 결정하는 데 도움이 된다. 개념적 사고는 새로운 내용을 파악하고 서로 동떨어진 정보를 연결하는 방법은 물론 궁극적으로는 민첩하게 사고하는 방법과 예상치 못한 낯선 상황과 질문에 신속하게 대응하는 방법의 근간이다.

개념화 수준이 높은 사람은 일반적으로 큰 그림을 생각하는 사람으로서 문제, 기회, 잠재적인 해결방안 등을 신속하게 알아보고 평가할 수 있다. 그리고 민첩하고 단편적인 정보를 신속하게 연결하기 때문에 의사 결정 과정에서 자신감을 가질 수 있다. 이러한 사람은 개념적 사고가 최적으로 발달한 상태다. 이는 작고 서로 다른 정보에서 형성된 개념을 창출할 수 있다는 뜻이다. 이에 반해 분석적 사고가 높은 수준으로 발달한 사람은 크고 복잡한 문제를 작은 부분들로 빠르게 분해할 수 있다. 개념적 사고와 분석적 사고는 여러 가지 측면에서 동전의 양면과 같다. 복잡한 문제를 정의하는 경우에는 정보를 잘게 쪼개기 위해 분석적 사고를 이용하는 반면, 정보를 한데 묶어 잘 형성된 개념과 해결방안을 도출하기 위해서는 개념적 사고를 이용하기 때문이다.

개념적 사고를 위한 잠재의식의 사고 습관 모델

최적의 해결방안을 선택하기 전 단계에서 다양한 해결방안을 빠르고 민첩하게 살펴보려면 매우 효율적인 개념적 사고가 필요하다. 그리고 개념적 사고 능력이 뛰어난 사람은 최적의 해결방안도 비교적 쉽게 선택할 수 있다. 최적의 해결방안은 나머지보다 눈에 띄는 경향이 있기 때문이다. 반면 개념적 사고 능력이 취약한 사람에게는 이러한 과정이 상당히 고통스러울 수 있다. 대부분의 해결방안이 이들에게 꽤나 성공 가능한 것처럼 보일 것이기 때문에 뇌가 어느 한 해결방안을 나머지에 비해 우선시하기가 매우 어려울 것이다.

이제 잠시 시간을 내서 개념적 사고라는 잠재의식의 사고 습관이 충분히 발달하지 못했을 때 어떤 일이 일어나는지 살펴보자.

- **신호:** 상사가 다양한 해결방안을 평가하고, 해결방안 선정 기준에 가장 부합하는 해결방안을 찾아달라고 요청한다.
- **루틴:** 잠재의식 속에서 충분히 발달하지 못한 개념적 사고 루틴을 실행한다.
- **결과:** 업무 과정이 매우 어렵다고 생각한다. 해결방안을 평가해서 우선순위를 정하는 데 오랜 시간이 걸린다. 또한 최적의 해결방안을 추천한 의견에 대해 확신이 부족하다.

하지만 이상적으로 발달하기만 하면 이 사고 습관은 동요 속 잭처럼 민첩하고 빨라질 수 있게 해준다. 또한 적용 가능한 일련의 해결방안을 평가하는 일을 할 때 최적의 해결방안이 사실상 스스로 선택된다는 것을 알게 된다.

개념적 사고 이면의 과학

●

1955년 《하버드 비즈니스 리뷰》에는 〈효과적인 관리자의 능력 Skills of an Effective Administrator〉이라는 제목으로 로버트 카츠Robert Katz가 쓴 글이 수록되었다. 이 글은 1974년에 업데이트되어 다시 게재되었다.[1] 리더십 분야에서 고전인 카츠의 글은 처음 세상에 소개되었을 때와 마찬가지로 오늘날에도 여전히 적용된다. 이 글은 개념적 사고라는 잠재의식의 사고 습관을 뒷받침하는 강력한 개념화 능력의 중요성을 확인한 최초의 글 가운데 하나다. 나는 이 글이 한때 음원 차트에서 크게 히트한 뒤 지금도 사람들이 즐겨 부르는 추억의 노래처럼 시대를 초월한 명작이라고 생각한다.

카츠는 이 글에서 관리자로서 성공하기 위해 필요한 세 가지 능력을 말하며 이 중요하면서도 전혀 다른 유형의 능력들을 포괄하는 모델을 제안했다. 한편 이 글에서 사용한 '관리자'라는 단어는 맥락상 오늘날의 '경영자' 또는 '리더'에 해당한다고 볼 수 있다. 세 가지 능력은 다음과 같다.

- **기술적 능력:** 기술적 능력에는 전문 분야에 필요한 방법, 과정, 절차,

기술 등에 대한 이해와 숙련도가 요구된다. 게다가 이러한 전문 지식은 특정 역할에 필요한 수단을 효과적으로 이용하는 분석적 능력과 결합되어야 한다. 기술적 능력에는 흔히 특정 역할을 잘 수행하는 데 필요한 주제 전문성 또는 특정 분야의 지식이라고 부르는 것들이 포함된다. 한편 이러한 전문성이나 지식을 가리킬 때 나는 '결정성 지식'이라는 용어를 사용한다.

- **대인관계 능력**: 카츠는 대인관계 능력이 팀 구성원으로 일할 때는 집단 역학 내에서 효과적으로 일하고, 리더의 자리에서 일할 때는 영향력이 있고 상호 협력적인 팀을 구축하는 능력임을 밝혔다(나는 이를 사회적 리더십 능력이라 부르는데, 여기에 관해서는 네 번째 기둥에서 자세히 다룰 것이다).

- **개념화 능력**: 카츠는 개념화 능력이란 조직을 전체적으로 보는 개인의 능력이라고 명시했다. 이는 조직의 여러 부분을 인식하고 그 부분들이 서로 어떻게 의존하는지를 이해하며 변화가 미치는 영향이 결코 어느 한 부분에만 국한되지 않는다는 것을 아는 능력이다. 그리고 기업과 산업의 연관성을 시각화하는 힘이다. 따라서 기업의 임원은 넓게 보는 능력을 가지고 있으며, 지역사회와 맺고 있는 관계 그리고 그것에 영향을 미치는 정치적, 사회적, 경제적 요인을 이해한다. 한편 모든 의사 결정의 성공이 거시적 사고와 상세한 실행의 질에 달려 있다는 것을 아는 능력이기도 하다.[2] 현대 사회의 용어로 표현하면 빠르고 효과적이면서 통찰력 있게 서로 다른 것들이 어떻게 연결되는지 파악

하는 능력이다.

카츠의 통찰력은 훌륭했다. 카츠는 성공한 임원이나 리더의 사고 패턴에 대해 언급한 바 있다. 또한 1974년 업데이트된 글에서는 개념화 능력을 후향적으로 관찰한 흥미로운 결과를 설명했다. 카츠는 개념화 능력이 특정 사고방식에 전적으로 달려 있다고 주장했다. 또한 이러한 사고방식이 어린 시절에 학습되어 청소년기 이후에는 바뀌기 어려운, 한마디로 선천적인 것이라고 생각했다. 카츠의 관찰 결과는 어린이에게 있어 개념적 사고나 분석적 사고처럼 기본적인 인지 수단이 어떻게 발달하는지에 관한 피아제의 이론과 유사하다(1장 참조).

카츠의 관찰이 뇌의 가소성과 의도적 연습의 개념이 제대로 이해되기 전에 이루어졌다는 측면에서 보면 이 추억 속의 히트곡 같은 글은 분명 고전이다. 뇌의 가소성을 활용해서 분석적 사고나 개념적 사고와 같은 잠재의식의 사고 습관을 다시 구성하고 고쳐 쓰려면 의식적이고 의도적인 노력이 필요하다.

이제 개념적 사고가 반드시 최적화해야 하는 중요한 잠재의식의 사고 습관인 이유가 정확해졌기를 바란다. 요컨대 복잡한 문제해결이라는 게임을 하는 경기장 안의 선수에서 경기장 바깥의 코치가 되기 위해서는 서로 다른 것들이 어떻게 연결되는지 파악하는 능력과 큰 그림을 보는 사고가 모두 필요하다.

3단계: 해결방안 평가

복잡한 문제해결의 마지막 두 단계인 3단계와 4단계에서는 개념적 사고가 사용된다. 브레인스토밍을 마친 다음 3단계에서 해결방안을 평가한다. 이 단계에서는 문제 정의 단계에서 설정한 해결방안 선정 기준을 바탕으로 제안된 아이디어를 비교한다.

개념적 사고 수준이 높은 사람은 범주를 정하고 해결방안을 분류하는 데 있어 별다른 어려움을 겪지 않는다. 민첩한 마음 덕분에 그러한 일을 해야 할 때 피곤해하지 않고 빠르게 일할 수 있다. 반면 개념적 사고 수준이 낮으면 이 과정이 특히 어려우며 많은 시간이 걸린다. 작게 조각난 정보를 한데 모아 하나의 개념을 만드는 일을 어려워하고, 그 결과 자신감 결여, 우유부단, 스트레스 상승

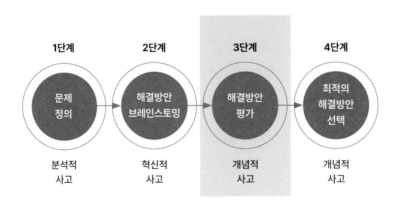

1단계	2단계	3단계	4단계
문제 정의	해결방안 브레인스토밍	해결방안 평가	최적의 해결방안 선택
분석적 사고	혁신적 사고	개념적 사고	개념적 사고

복잡한 문제해결 3단계: 해결방안 평가

등의 모습이 나타난다.

4단계: 최적의 해결방안 선택

．

이제 복잡한 문제해결의 네 번째이자 마지막 단계에 도달했다. 여기에서는 최종 후보군에 포함된 몇 가지 해결방안 중에서 최적의 해결방안을 선택한다.

개념적 사고 수준이 낮은 사람은 최종 선택 단계에서조차 머릿속에 너무 많은 선택지가 남아 있다. 몇 가지 훌륭한 대안이 있어서 자신의 관점에서는 그 가운데 어떤 것을 선택해도 최적의 해결방안이 될 수 있을 것 같은 상황에 직면한다. 후보군에 있는 해결방안들은 매우 다양할 수 있지만, 이러한 사람들의 눈에는 모두 똑같이 성공 가능한 것처럼 보일 것이다.

또한 개념적 사고가 취약한 사람은 성공 가능성이 가장 높은 해결방안을 알려주는 신호를 정확하게 받기 어려울 것이다. 이들은 서로 다른 것들이 어떻게 연결되는지를 이성적으로 이해하려고 노력할 수 있다. 또한 어떤 해결방안이 전략적 가치가 가장 큰지를 직감적으로 감지하려고 노력할 수 있다. 심지어 각 해결방안을 조직의 목표나 상황과 논리적으로 비교하려고 애쓸지도 모른다. 하지만 개념적 사고 수준이 낮기 때문에 각 해결방안의 건전성을 파

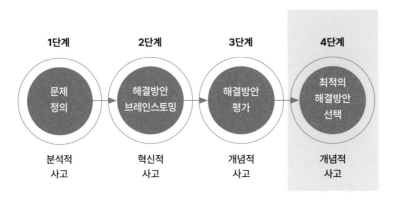

복잡한 문제해결 4단계: 최적의 해결방안 선택

악하는 데 어려움을 겪을 것이다. 더 나아가 마음속에서 큰 그림이 전혀 그려지지 않기 때문에 큰 그림의 관점을 고려하기도 어려울 것이다.

이 문제를 해결하기 위해 노력하는 사람들은 팀으로 일하는 환경에서 복잡한 문제를 해결하는 것을 선호한다. 하지만 이러한 모습으로 인해 가장 높은 자리로 승진할 가능성은 낮다.

취약한 개념적 사고의 롤러코스터

레이를 만나보자. 레이는 어느 제조 기업에서 IT 업무를 담당한다. 매우 부지런하며 항상 탁월한 성과를 지향하는 자세로 업무를 대한다. 장점도 많이 있지만 일부 영역에서 나타나는 문제가 전반적인 업무 성과를 저해한다. 특히 새로운 아이디어나 개념을 이해하는 데 오랜 시간이 걸리기 때문에 동료들에 비해 사고 속도가 느린 것처럼 보인다. 회의나 대화가 빠르게 진행되면 조금 불편하고 뒤처진다고 느낄 때가 많아서 항상 뒤늦게 따라잡아야 한다.

상사는 레이에게 많은 잠재력이 있는 것을 보고 레이가 개인적으로나 직업적으로 성장하는 모습을 보고 싶어 한다. 그래서 레이를 중요한 위원회에 참여시켰다. 그 위원회가 할 일은 시장 점유율을 잃어가고 있는 제품군을 분석하고 검토하는 것이다. 즉 현재 상황을 비판적으로 검토하고, 아이디어를 브레인스토밍한 다음, 해결방안을 평가해서, 궁극적으로는 최적의 해결방안을 보고서에 담아 대표이사 등 고위 경영진에게 보고하는 것이다. 레이의 상사는 이번 일이 레이가 다른 사업부의 동료들과 관계를 구축하고 종합적인 관점에서 상황을 보는 역량을 키울 기회라고 생각한다. 레이도 이번 기회를 잘 활용하겠다고 웃으며 말했지만, 속으로는 걱정스러운 마음이 커지고 있다.

롤러코스터를 타러 가서 높은 곳으로 천천히 올라갔다가 갑자기 저 멀리 아래로 빠르게 내려가면 가슴이 덜컹 내려앉는 것 같은 느낌을 받게 된다. 지금 레이가 느끼고 있는 감정이 바로 그렇다. 레이는 브레인스토밍을 좋아하기는 하지만 새로운 개념을 빠르게 파악하는 능력이 취약하기 때문에 해결방안 평가, 보고서 작성, 발표 등과 같은 일을 어려워한다. 그런데 이러한 일을 하도록 만들어진 위원회에 배정된 것은 레이에게는 당연히 달갑지 않은 일이다. 하지만 마치 예상이라도 한 것처럼 위원회 참여 제안을 받아들인 레이는 최선을 다하겠다고 결심한다. 회의 시간에 꼼꼼하게 메모한 다음 자리로 돌아와 다시 살펴보고 놓치는 부분이 없도록 노력한다. 그래서 위원회에서 분석 결과를 검토하는 동안 가만히 앉아서 미친 듯이 무언가를 적는다. 개념화 능력이 부족한 모습을 보이고 싶지 않기 때문에 질문은 거의 하지 않는다. 회의가 끝나면 살아남았다는 안도감에 한숨을 내쉰다.

그런데 문제가 생긴다. 레이가 부지런히 작성한 메모에 감명받은 동료들은 다음번 회의에서 레이가 보고서를 작성하는 일에 가장 적합하다고 의견을 모은 것이다. 레이의 가슴이 다시 한번 덜컹 내려앉는다. 보고서 작성이 레이에게 얼마나 힘들고, 많은 시간이 걸리는 일인지 아무도 모른다. 서로 다른 것들이 어떻게 연결되는지 이해하는 일이 레이에게는 까다로운 영역인 경우가 대부분이다. 더구나 고위 경영진을 위해 그 일을 한다는 것은 전혀 예상치 못했고 레이의 마음을 매우 주눅 들게 만든다. 다행히도 위원회에서 제품군이 시장 점유율을 잃고 있는 이유를 훌륭하게 분석했기 때문에 레이는 모든 정보를 꼼꼼하게 통합할 수 있다.

문제를 정확하게 정의하면 편안하게 느끼는 브레인스토밍 모드로 나아갈 수 있다. 이 단계에서 레이의 능력이 빛을 발한다. 혁신적 사고 역량이 발달한 레이는 위원회에서 새로운 아이디어와 혁신적인 해결방안을 수없이 제안한다. 레이가 이 일을 너무 잘한 나머지 위원회에서는 레이가 해결방안 평가와 최적의 해결방안 추천 과정을 주도하고 최종적으로 대표이사 등 고위 경영진에게 보고하는 것이 타당하다는 데 모두가 동의한다. 하지만 레이에게 있어 상황이 이렇게 바뀌는 것은 멈추지 않는 롤러코스터에 타고 있는 것 같은 느낌이다. 롤러코스터의 속도가 잠시 느려지더니 난데없이 또 한 번 크게 하강하는 구간이 나타난다. 레이의 마음속에 희비가 엇갈린다. 동료들로부터 크게 칭찬받고 인정받는 것은 기쁘지만, 자기 안에서 점점 커져가는 불안감을 무시하기는 어렵다. 일이 잘 못될 수 있다는 것을 너무도 잘 알기 때문이다.

레이는 잠재적인 해결방안 열 가지를 다음 위원회 회의에서 함께 검토할 세 가지로 압축하는 데 어려움을 겪는다. 해결방안들 사이에서 우선순위를 정하느라 고심하고, 성공 가능성을 기준으로 두고 가장 부합하는 해결방안을 파악하려고 안간힘을 쓰면서 밤늦은 시간까지 열심히 일한다. 그렇게 마침내 해결방안을 세 가지로 압축한다. 이제 안도감이 머리 위에 쏟아지지만, 이 모든 과정을 거치는 사이 평소 해 오던 일 몇 가지를 놓쳤다. 보통 때도 지저분하던 레이의 책상은 모든 것을 완벽하게 처리하려고 노력한 결과 마치 재난 지역처럼 되어버렸다.

이제 위원회가 다시 모여서 머리를 맞대고 잠재적인 해결방안을 평가한다. 또한 큰 그림과 장기적인 전략적 관점에 대한 논의를 통해 위원회가 선택한 해결방안이 조직의 가장 중요한 목표와 충돌하지 않는지 확인한다. 레이는 이와 같이 폭넓은 관점을 논의하는 것에 흥미를 느낀다. 회의에서 다룬 몇 가지 가상 시나리오는 레이가 생각지도 못한 것들이기 때문이다. 위원회는 다 함께 최종 해결방안을 선택한 다음 레이가 보고서를 작성하고 논의 결과를 발표할 적임자라는 데 다시 한번 의견을 모은다.

레이는 내면의 신음소리를 외면한 채 용감하게 앞으로 나아간다. 자신이 보고서 작성을 얼마나 어려워하는지 잘 안다. 보고서는 까다롭고, 글도 수없이 고쳐야 한다. 더 큰 문제는 아이디어와 개념을 간결하고 정확하게 전달할 방법을 찾는 일이 레이에게 어려운 과정이라는 점이다. 보고서와 함께 발표까지 준비해야 한다는 사실은 레이의 마음에 부담감을 더한다. 발표를 잘하려면 대체로 순간 대처 능력이 필요하기 때문에 레이는 발표가 자신의 장점은 아니라는 것을 알고 있다. 그래서 레이는 기술적 전문성이 결코 자신을 틀린 길로 이끌지 않는 자기만의 길에 머무는 것을 훨씬 더 선호한다.

여러 날 보고서 작성과 발표를 준비한 끝에 레이는 마침내 초안 작성을 완료한다. 위원회에서는 레이를 도와 보고서를 편집하고 발표를 가다듬는다. 동료들은 레이가 수정 및 보완 작업을 얼마나 많이 반복했는지 알지 못한다. 레이의 내면에 있는 완벽주의자는 모든 것이 딱 적당할 것을 요구한다.

위원회의 조사 결과를 대표이사 및 고위 경영진에게 보고하는 날을 며칠 앞두고 레이는 발표 연습에 엄청난 시간을 쓰고, 모든 것을 완벽하게 준비하는 데 개인 시간을 너무 많이 투자한다. 마침내 보고일이 다가오고 레이의 발표가 절반 정도 순조롭게 진행되던 그 순간, 대표이사가 질문을 한다. 레이는 기습적인 질문에 허를 찔린다. 생뚱맞은 것처럼 보이는 질문에 맞춰 답변을 연습한 적이 없어서 레이의 가슴은 또다시 덜컹 내려앉고 마치 자동차 헤드라이트 불빛에 놀란 사슴마냥 얼어붙는다. 정신이 없는 가운데 질문에 답하려 애쓰지만 말은 꼬여만 가고 모두를 혼란스럽게 하기 시작한다. 고맙게도 동료 팀원 하나가 나서서 대표이사의 질문에 답을 대신한다. 정신을 차린 레이는 발표를 계속 진행한다. 동료들의 도움으로 심지어 자신이 미리 생각하지 못한 질문까지 포함해서 모든 질문에 대답한다. 전반적으로 모든 것이 놀라울 정도로 순조롭게 진행된다. 마침내 롤러코스터에서 내리자 레이는 안도감이 넘쳐흐른다.

그날 저녁 휴식을 취하면서 레이는 자신이 다르게 행동하거나 말했다면 좋았을 것들에 대해 생각한다. 자신의 모습을 되돌아보면서, 수많은 회의와 보고가 끝나고 부담감이 사라진 지금 이 순간 자신이 떠올릴 수 있는 훌륭한 답변에 놀라게 된다. 그리고 발표 때 이렇게 답변하지 못한 자신에게 실망한다.

레이는 자신의 뇌에 흡사 통제할 수 없는 지연 스위치가 있는 것 같다는 사실을 뼈저리게 느꼈다. 그리고 그 문제가 동료들의 눈에도 비칠 수 있다는 점을 걱정했다. 어쨌든 동료들은 레이에게 '맡겨두고 가세요 선생'이라는 애정 어린 별명을 붙였다. 레이가 동료들의 질문이나 부탁에 답하기 전에 잠시 멈춰서 생각할 시간이 필요한 경우가 많았기 때문이다. 실제로 레이는 일을 파악할 때 동료들보다 더 많은 시간이 필요했기 때문에 뒤처지지 않기 위해 늘 노력하고 있었다. 레이는 자신이 동료들보다 덜 정돈되어 있고 책상도 눈에 띄게 지저분하다는 사실을 알고 있었다. 레이에게는 모든 것이 동료들에 비해 조금 더 어렵고 조금 더 오래 걸리는 것만 같았고, 그것은 레이가 진정으로 바꾸고 싶은 자신의 모습이었다.

취약한 개념적 사고가 미치는 영향

취약한 개념적 사고가 제 기능을 하지 못하면 지금까지 이야기한 것 외에도 몇몇 달갑지 않은 부작용이 발생한다. 이러한 부작용 때문에 경기장 안의 선수로 계속 머물다 보면 경기장 바깥의 코치가 되고 싶다는 꿈을 이루기가 어려워진다. 인상적인 리더가 되려면 복잡한 문제해결 능력이 뛰어나고 잠재의식의 사고 습관이 균형을 이루어야 한다.

레이는 취약한 개념적 사고와 관련된 많은 결함으로 어려움을 겪었다. 위원회에서 제안된 열 가지의 해결방안을 평가하는 과정은 레이에게는 롤러코스터를 타는 것 같았지만 재미는 전혀 없었다. 마치 거꾸로 날아가다 빙글빙글 돌더니 굉장히 높은 곳까지 천천히 올라간 다음 갑자기 최고 속도로 추락하면서 머리가 끊임없이 회전하는 느낌이었다.

레이는 해결방안의 장단점을 검토하면서 당황한 나머지 어디에서 어떻게 시작할지 정할 수 없었다. 정보가 단절되어 있어서 해결방안의 우선순위를 정하고 평가하는 데 많은 시간이 걸렸다. 실제로 레이가 팀 스포츠처럼 문제에 접근하는 위원회에 참여하지 않았다면 자신감을 가지고 최종 해결방안을 선택할 수 있었을지 의문이다. 아마도 레이는 기한 직전까지, 아니 어쩌면 기한이 한참 지난 뒤에도 계속 생각을 바꾸면서 의문을 가졌을 것이다.

이러한 상황에 처하면 압박감으로 부신 호르몬의 분비량이 급격히 증가하고 긴장감으로 인해 인지 수행 능력이 더 손상된다. 이는 집중력과 작업 기억working memory(경험한 바를 뇌에 잠시 저장하고 내보내는 정신적 기능이다—옮긴이)의 활용 능력, 문제해결 능력이 가장 필요한 바로 그 순간에 크게 저하된다는 것을 의미한다. 이러한 현상은 여키스—도슨 법칙에서 설명한 것처럼 과도한 스트레스가 인지 수행 능력에 부정적인 영향을 미치기 때문에 발생한다.[3]

이상적으로는 레이가 자연스럽게 자신의 개념적 사고에 의존하여 해결방안의 우선순위를 정했을 것이다. 하지만 개념적 사고가 충분히 발달하지 못한 레이에게는 모든 해결방안이 똑같이 중요하고 문제해결 가능성도 똑같아 보였다. 레이는 정보를 빠르게 모으고 분류하기 어려웠다. 따라서 해결방안의 성공 가능성을 상중하 세 가지로 분류하는 기준을 만든 다음 그것에 따라 데이터를 분류하는 데 오랜 시간이 걸렸다.

지금부터는 취약한 개념적 사고가 유발하는 문제를 살펴보고 이를 레이의 사례와 비교할 것이다. 다양한 문제를 살펴보면서 공감되는 것이 있는지 찾아보자. 어쩌면 이러한 특성을 보며 동료, 상사, 친구 또는 심지어 자기 자신이 생각날지도 모른다.

취약한 우선순위 설정

개념적 사고가 취약하면 단지 해결방안만이 아니라 여러 활동의 우선순위를 정하는 전반적인 능력이 영향을 받을 수 있다. 특히 기한이 촉박한 경우에는 어떤 활동이 가장 중요한 것인지 파악하기 어렵다. 일반적으로 개념적 사고가 취약한 사람들은 주위 소음에 비례해서 주의력을 배분하는 '삐걱거리는 바퀴 증후군squeaky wheel syndrome'에 시달린다. 다시 말해서 어떤 것 또는 누군가가 더 큰 소음을 낼수록 더 많은 관심을 받는다는 것이다. 심지어 그 어떤 것 또는 누군가의 우선순위가 가장 높지 않은 경우에도 마찬가지다. 이는 5장에서 다룬 집중적 사고가 마찬가지로 취약할 때 일 처리에 특히 더 방해가 되는 특성이다.

레이는 문제를 깊이 생각하는 데 오랜 시간이 걸렸기 때문에 위원회에서 제시된 열 가지 해결방안을 분류하고 우선순위를 정하는 일을 어려워한다.

느린 학습 속도와 많은 메모

개념적 사고 수준이 낮은 사람은 많은 양의 정보를 실시간으로 흡수하고 처리해야 하는 사내 교육 프로그램, 학술 프로그램, 회의 등을 어렵다고 생각하는 경우가 많다. 정보 처리 속도가 느리면 지금 일어나고 있는 일을 완전히 이해할 만큼 새로운 개념을 듣는 즉시 빠르게 파악할 수 없기 때문에 혼란스러울 수 있다. 개념적 사고가 취약한 이들은 이러한 문제를 보완하기 위해 엄청나게 많은 메모를 작성할 것이다. 그렇게 작성한 메모를 나중에 다시 보면 교육이나 회의에서 다룬 내용을 완전히 이해할 수 있다고 생각하기 때문이다. 하지만 이러한 메모 습관은 레이의 경우처럼 동료들이 그 습관을 성실한 태도로 여기면 업무 부담이 더 커질 수 있다는 점에서 문제가 될 수 있다.

다른 것들이 어떻게 연결되는지 이해하기 어려움

개념화 능력이 부족한 사람은 서로 다른 것들이 어떻게 연결되는지 이해하고 정보를 한데 모아 하나의 개념으로 구성하는 일을 어려워한다. 이번 사례에서 보았듯이 레이는 복잡하고 이질적인 정보를 잘 이해하기 어려웠다. 단편적인 정보는 이해했을지 모르지만 모든 정보를 하나로 모아 전략적 개념으로 만드는 것은 너무나 어려웠다. 레이는 서로 다른 것들이 어떻게 연결되는지 쉽게 이해할 수 없었기 때문이다.

우유부단함

망설이고 우유부단한 모습은 개념적 사고가 취약한 사람들의 전형적인 특징이다. 이러한 사람들은 보통 무언가를 결정할 때까지 많은 시간이 필요하다. 게다가 의사 결정을 하는 순간에도 자신의 결정에 대한 확신이 부족하기 때문에 마음속으로 수많은 의심과 혼란을 경험하는 경우가 많다. 다행스럽게도 레이는 팀으로 일하는 환경에서 개념적 사고 수준이 높은 다른 동료들의 능력을 활용할 수 있었다.

모든 일에 더 많은 시간이 필요함

개념적 사고가 충분히 발달하지 못하면 같은 일을 하는 데 더 긴 시간이 걸린다. 이러한 사람들은 자신이 질문이나 부탁을 받고 그것에 답할 때까지 걸리는 시간이 동료들보다 훨씬 더 길다고 생각한다. 복잡한 이메일에 회신하거나 복잡한 보고서를 작성하는 경우 더 많은 시간이 필요하다. 머릿속에 있는 정보를 정리하는 데 훨씬 더 오랜 시간이 걸리고, 그 결과 이메일이나 보고서 작성이 지연된다. 게다가 일단 작성한 다음에도 원하는 구조와 흐름을 구성하기 위해 많이 고치고 편집해야 한다.

레이가 자주 쓰는 표현을 기억하는가? "맡겨두고 가세요"라고 말함으로써 의사 결정을 하기 전에 상황을 충분히 이해할 수 있는 시간을 벌려고 뒤로 물러나 진지를 구축하는 것이다. 하지만 이러한 태도는 성공한 리더가 될 수 없다. 응답해야 하는 의사 결정이 늘어나면 리더가 생산성에 병목현상을 일으키고 걸림돌이 되기 때문이다.

업무 위임 등에 있어 불투명한 의사소통

취약한 개념적 사고를 활용하는 사람들은 상사나 동료, 팀과 의사소통하는 과정에서 혼란스럽거나 어렵다고 느낀다. 의사소통이 뒤죽박죽이고 체계적이지 못하며 정확하지 않고 장황하다 보니 다른 사람들을 혼란스럽게 한다. 불행히도 효율성이 떨어지는 개념적 사고는 업무를 위임하는 방식에도 영향을 미친다. 명확하지 않은 의사소통은 팀 구성원들이 자신에게 위임된 일을 하다 말고 계속해서 정확한 설명을 요구하는 결과로 자주 이어지기 때문이다.

7장에서 논의한 것처럼 분석적 사고가 취약하면 일이나 과제를 작은 구성 요소로 나누기 힘들고, 더 나아가 위임받은 일의 여러 구성 요소를 정확하게 설명하기 어려워진다. 그런데 개념적 사고가 취약한 경우에도 업무 위임과 관련한 문제가 발생한다. 개념적 사고 수준이 낮은 사람들은 두루뭉술한 용어를 사용해서 말하고 질문에 에둘러 대답하는 경향이 있기 때문이다. 이들은 업무를 위임할 때 사용하는 표현이 모호하고 부정확한 경우가 많다. 게다가 의사소통이 매우 복잡해서 분석하기 어려울 수 있다.

순간 대처 능력의 부족

개념화 수준이 낮은 사람들은 순간적으로 적절한 생각을 떠올리기 어렵기 때문에 발표나 회의 중에 느끼는 압박감 속에서 논리 정연하게 사고하는 일을 극도로 어려워한다. 예상치 못했던 어려운 질문을 받으면 그 즉시 현명한 답을 생각해 내기 힘들다고 느낀다. 질문에 곧장 대답하기보다는 엉뚱한 말을 늘어놓고, 그러면 동료들은 당황하고 혼란스러워하곤 한다. 레이도 최고경영자로부터 준비하지 못한 질문을 받았을 때 이러한 경험을 했다. 머릿속이 하얗게 되고, 얼어붙어서 적절한 답을 만들어낼 수 없었던 것이다.

취약한 개념적 사고는 과도한 생각으로 이어지기도 한다. 개념화 능력이 낮아서 어려움을 겪는 사람들은 회의가 끝나고 기회도 사라진 지 오래 지난 후에야 완벽한 대답을 생각해 내는 경험을 자주 한다.

완벽주의자 성향

개념적 사고가 충분히 발달하지 못하면 모든 일을 똑바로 해야 한다고 생각하는 함정에 빠지기 쉽다. 레이와 같은 사람들은 긴 시간을 들여서 모든 것을 한 곳에 모은다. 이들에게 있어 자신감이란 수많은 재작업과 예행연습을 통해 모든 것을 완벽하게 아는 경우에만 가질 수 있는 것이다. 하지만 이는 매우 위험한 함정이다. 비즈니스 세계에서는 일이 계획대로 정확하게 흘러가는 경우가 드물기 때문이다. 따라서 변화로 인해 당황하면 계획한 일이 큰 지장을 받을 수 있다.

어수선한 업무 공간과 취약한 정보 처리

어수선하고 질서가 부족한 모습도 결국 그 기저에는 개념적 사고 능력(개인이 정보를 구분하고 분류하는 방법)이 있다. 레이의 마음이 어수선한 만큼 그가 일하는 물리적 공간인 책상과 그가 정보를 구조화하는 방식도 어수선했다. 다른 사람들과 마찬가지로 레이는 정보를 체계적으로 분류하기 어려웠고, 그 결과 정보를 신속하게 찾고 업무 공간을 질서 있게 정리하기 힘들었다.

고도로 발달한 개념적 사고와 뜻밖의 문제

●

다시 〈잭, 빨리!〉라는 동요로 돌아가보자. 만약 당신이 잭인데, 다른 사람들이 따라잡기 어려울 정도로 너무 민첩하고 빠르다면 어떨까? 개념적 사고 수준이 극도로 높아지면 사회적 리더십에 심각한 영향을 미칠 수 있다. 뇌의 균형이라는 원칙을 세우고 팀을 성공적으로 지도하려면 경기장 밖으로 나가는 것이 얼마나 중요한가 하는 문제로 다시 한번 돌아간다. 코치의 우수성은 승리를 위해 팀의 사고와 행동을 이끄는 능력에 정비례한다.

안타까운 건 개념적 사고 수준이 높은 코치와 임원은 개념적 사고가 취약한 팀원들이 따라오지 못하고 뒤처지는 모습을 보일 때 곤혹스러워한다는 것이다. 이러한 현상의 주된 이유는 개념적 사고 수준이 매우 높은 사람은 다른 이들보다 훨씬 더 빨리 정보를 처리하기 때문이다. 따라서 개념화 속도가 매우 빠른 사람은 자신이 이끄는 팀을 뒤에 남겨두고 혼자 앞서가는 경우가 흔하다. 이러한 사람들은 모두가 같은 수준으로 이해하고 있다고 가정해 버린다. 불행히도 그렇지 않은 경우가 많은데도 말이다. 이와 같은 모습은 팀을 관리할 때 긴장감을 유발한다. 그리고 긴장감으로 인해 당황한 마음은 리더나 임원이 원하는 만큼 이해하지 못하는 이들을 향해 자신도 모르게 빈정거리거나 경멸하는 태도로 나타난다. 이러한 사람들은 자신이 다른 사람들에게 조롱하듯이 말하고 있다는 사실조차 인식하지 못한다.

극도로 높은 수준의 개념적 사고가 빠른 학습 속도, 큰 그림을 그리는 비전, 자신감 있는 의사 결정, 손쉬운 우선순위 설정, 뛰어난 순간 대처 능력 등 몇 가지 장점이 있다는 데는 의심의 여지가 없다. 그러나 이처럼 바람직한 특성에도 대가가 따를 수 있다. 개념적 사고 수준이 높으면 자신도 모르게 사회적 리더십에 문제가 생길 수 있다. 그 결과는 보통 팀원들에게 설명한 내용과 리더가 받아든 결과가 일치하지 않는 것이다.

게다가 개념적 사고 수준이 매우 높은 사람들은 개념적 사고 역량이 부족한 사람을 견디지 못한다. 엎친 데 덮친 격으로 종종 다른 사람이 하는 말을 끊다 보니 오만하고 무례하다는 인상을 주기도 한다. 그리고 대화나 회의가 너무 느리게 진행되면 답답해하거나 짜증을 낸다. 답답한 상황을 만회하기 위해 진행 속도를 높이려고 하다 보면 동료들을 더욱 소외시키고 관계를 망치기도 한다.

개념화하는 능력이 매우 뛰어난 사람들은 어디에서든 가장 똑똑한 것처럼 보이는 경우가 많다. 하지만 이들을 당황하게 하는 것은 지적 능력의 차이가 아니라 다른 사람들의 정보 처리 속도와의 상대적인 차이다. 이들이 리더십에서 균형을 찾으려면 개념화하는 능력이 약한 사람들과 천천히 상호 작용함으로써 그들을 뒤에 내버려두는 대신 그들과 함께 나아갈 수 있어야 한다. 만약 이와 같은 리더십 문제가 해결되지 않으면, 개념화하는 능력은 탁월하지만 다른 사람들과 효과적으로 의사소통하고 친밀한 관계를 형성함으로써 그들이 기꺼이 자신을 따라오도록 만드는 방법은 찾지 못하는 리더로서의 한계에 부딪히게 될 것이다.

균형에 도달하지 못하면 동료나 팀원들과 단절될 수 있다. 팀원들은 저 아래 계곡에 갇혀 있는 동안 리더만 홀로 산 정상에 올라 훌륭한 기회를 보고 있으면 동료애 대신 혼란스러운 감정만 생길 것이다.

산 정상에 있는 리더와 계곡에 있는 팀원 사이 어느 지점에서 당신의 모습이 보이는가? 혹시 산 정상의 리더를 보고 웃으면서 "이런, 그게 나야!"라고 말했는가? 아니면 남몰래 서로 다른 것들이 어떻게 연결되는지 이해해 왔고 동료나 팀원들에게서도 같은 모습을 본 적이 있는가? 어느 쪽이든 잘못된 답은 없다. 잠재의식의 사고 습관을 이해하는 것이 그 습관을 바꾸는 첫 단계이다.

고도로 발달한 개념적 사고의 이점

개념적 사고 수준이 높으면, 분석적 사고도 마찬가지로 잘 발달했고 뇌의 균형을 이루는 핵심 요소라는 전제하에 개념적 사고가 분석적 사고를 크게 보완한다는 것을 알 수 있다. 이처럼 개념적 사고와 분석적 사고가 균형을 이루면 뇌는 일의 목적과 이점, 일의 맥락에서 파악된 위험 등을 감안해서 해결방안을 쉽게 평가하는 안전지대가 된다. 이를 통해 조직의 전략 및 목표와 관련된 단기적 문제와 장기적 문제를 효과적으로 파악하는 동시에, 통제할 수 있는 문제와 그럴 수 없는 문제를 구분할 수 있을 만큼 폭넓은 관점을 가질 수 있다.

분석적 사고와 혁신적 사고, 개념적 사고 사이에서 적절한 균형에 도달하게 되면, 그토록 원하던 깨달음의 순간이 저절로 찾아온다는 것을 알게 된다. 복잡한 문제 앞에서 더 이상 주눅 들지 않고 문제를 훨씬 더 쉽게 해결할 수 있다.

뇌 코칭 후 체계적이고 결단력 있는 모습을 갖추다

개념적 사고를 향상시키기 위한 의도적 연습 훈련을 포함한 유동적 사고 프로그램을 마친 레이에게서 긍정적 사고와 리더십, 행동 변화를 관찰할 수 있었다.

- 복잡한 문제에 대한 잠재적인 해결방안을 신속하게 평가하는 능력이 개선되었다.
- 다양한 해결방안 사이에서 우선순위를 정하고 복잡한 문제를 해결할 확률이 높은 후보군을 정한 다음 최적의 해결방안을 손쉽게 선택하는

능력이 향상되었다.

- 회의에서 논의에 집중할 수 있는 순간에 정보를 처리하는 속도가 빨라졌다. 또한 더 이상 맹렬하게 메모를 작성하지 않기 때문에 회의 중에 신선한 아이디어를 많이 만들고 공유할 수 있게 되었다.

- 좋은 아이디어를 공유할 기회가 지나가버리고 많은 시간이 지난 뒤에야 문제를 깊이 생각하여 훌륭한 아이디어를 떠올리는 대신, 서로 다른 것들이 어떻게 연결되는지를 실시간으로 이해하는 데 능숙하고 빨라졌다.

- 심성 모형을 신속하게 만들고 의사소통하려는 내용을 미리 계획하는 능력을 새롭게 발굴한 덕분에 의사소통과 업무 위임이 훨씬 더 정확해지고 간결해졌다. 또한 이러한 능력 덕분에 스트레스를 훨씬 덜 받고 빠르게 보고서를 작성하며 발표 자료를 준비할 수 있게 되었다.

- 완벽주의 성향이 큰 폭으로 감소했다. 그 결과 투입 시간 대비 효용이 체감하는 지점에 언제 도달하는지를 잘 파악할 수 있어서 상당히 많은 시간이 절약되었다. 게다가 더 빨리 의사 결정을 하고 의사 결정에 대한 자신감도 커졌다.

- 수정 및 보완과 이로 인해 초래되는 혼란이 크게 감소했다. 효율적으로 생각하고, 정확하게 의사소통하며, 효과적으로 업무를 위임할 수 있기 때문에 이제는 시행착오를 반복하며 복잡한 문제를 해결하는 방식을 따르지 않는다.

4부

세 번째 기둥:

전략×계획×실행

10장

전략, 계획, 실행을 향해

> 🧠 "실행 없는 전략은 백일몽이다. 전략 없는 실행은 악몽이다.
>
> 재능 없이는 둘 다 존재하지 않는다."
>
> 일본 속담

3부에서는 효과적으로 문제를 정의하고 다양한 해결방안을 브레인스토밍한 다음 최적의 해결방안을 선택하는 과정을 살펴보았다. 두 번째 기둥인 '복잡한 문제해결'의 핵심은 문제를 해결하기 위해 해야 할 일을 결정하는 것이다. 해야 할 일을 알았으니 이제는 선택한 해결방안을 어떻게 최적으로 실행할 것인지로 이동한다. 이는 전략적 사고 과정이다. 세 번째 기둥에서는 원하는 결과를 달성하기 위해 뇌가 해결방안을 실행할 전략을 수립하고, 계획을 세우며, 궁극적으로는 실행하는 방법을 다룬다.

세 번째 기둥은 그림에 표시된 바와 같이 세 가지의 잠재의식의

사고 습관으로 구성된다. 다음에서 각 잠재의식의 사고 습관을 간략하게 설명한다.

- **전략적 사고**: 원하는 결과를 이루고 앞으로 나아갈 경로를 찾는 방법에 대해 전략을 수립할 때 활용된다.
- **추상적 사고**: 앞서 선택한 전략을 실행하는 방법에 대해 단계별 계획을 수립할 때 필요하다. 그 계획에는 수행해야 할 작업을 결정하는 것뿐만 아니라 작업의 순서와 관련 일정까지 포함된다. 그리고 어떤 작업을 어떤 팀원에게 위임할지를 결정하는 것도 포함된다.
- **운영적 사고**: 이를 통해 개별 팀원은 전체 전략에 맞춰 동료들과 협력하면서 작업을 수행해야 한다는 점을 염두에 둔 가운데 자신에게 위임된 작업을 실용적으로 수행할 방법을 결정할 수 있다.

물 위에 다리를 건설하다

●

이 모두가 너무 이론적으로 들릴 수도 있다고 생각한다. 그러니 세 가지 잠재의식의 사고 습관이 실제로 어떻게 작동하는지 보여주는 구체적인 사례를 살펴보자.

물 위에 다리를 건설한다면 세 가지 사고 습관은 어떻게 작동할지 상상해 보자. 먼저 전략적 사고를 통해 다리를 설계하기 위한 전략적 접근 방법을 생성할 것이다. 다음으로 추상적 사고에 의존해서 상위 수준의 계획과 일정을 세울 것이다. 그리고 마지막에는 운영적 사고를 이용하여 전략과 계획을 실행함으로써 사람들이 바다를 건널 때 이용할 수 있는 튼튼한 다리를 건설할 것이다.

실제 사례에 빗대어 설명하면 비교적 단순하게 보인다. 하지만 세 가지 잠재의식의 사고 습관 사이의 상호 작용은 복잡할 수 있다. 매우 다른 세 가지 사고 스타일을 통합해야 하기 때문이다. 게다가 이와 같은 사고 역량의 통합을 어렵게 하는 것은 세 가지 영역 모두에서 사고 역량이 높은 수준에서 효과적이어야 한다는 점이다.

당연하겠지만 다리와 같은 물리적 구조물을 건설할 때는 정확하게 정의된 작업과 일정을 위임받은 팀이 있다. 그러나 기업에서는 작업과 팀원 사이를 구분하는 경계가 늘 정확하지는 않다. 이러한 문제는 전략, 계획, 실행과 관련된 잠재의식의 사고 습관이 균형을 이루지 못하는 경우에는 더욱 복잡해진다.

나는 많은 사람들에게 과도하게 발달한 운영적 사고가 있다는 사실을 발견했다. 극도로 높은 수준의 운영적 사고가 낮은 수준의 전략적 사고 및 추상적 사고와 결합하면 직접 해야 직성이 풀리는 사람이 된다. 그러한 리더는 뒤로 물러나서 전략을 수립하고 계획을 세우는 과정에 착수하는 것을 편하게 생각하지 않는다. 대신 곧바로 행동에 돌입한다.

상상해 보자. 선박의 선장은 목적지까지 제시간에 안전하게 도착할 수 있도록 승무원을 이끌고 배를 항해해야 한다. 그런데 그가 선교(배에서 선장이 항해, 통신 등을 지휘하는 곳이다—옮긴이)가 아니라 기관실에서 대부분의 시간을 보낸다면 얼마나 비효율적인가? 문제해결을 위해 선원을 갑판 아래로 보내는 대신 선장이 직접 기관실로 달려가 문제를 해결한다면 아무도 키를 잡고 선박을 조종하지 않을 것이다. 물리적인 교량의 건설을 감독하든, 선박을 항해하든 상관없이 중요한 일에는 정확한 방향과 전략이 필요하다. 그리고 여기에는 관련 계획과 일정은 물론이고 효과적인 의사소통과 업무 위임까지 수반되어야 한다.

이러한 모습을 보여주는 가장 좋은 예는 오케스트라의 지휘자이다. 지휘자는 연주하는 음악의 소리와 질을 책임지지만 단 한 소절도 직접 연주하지 않는다. 지휘자가 원하는 결과는 오케스트라의 모든 단원을 통해 악보에 생명을 불어넣는 것이다. 이를 위해

지휘자는 청중이 훌륭한 음악을 경험할 수 있도록 자신의 능력을 활용해서 단원들을 이끌고 안내하며 지휘해야 한다. 가능한 한 최고의 연주와 공연을 제공하기 위해 얼마나 많은 전략과 계획을 수립해야 하는지 생각해 보자.

4S 전략 방법론

전략은 성공을 창조하는 핵심 요소다. 전략에서 계획을 거쳐 실행까지 이어지는 과정이 어려울 수 있기 때문에 나의 뇌 코칭 프로그램에서는 그 과정을 설명하기 위해 '4S 전략 방법론'을 개발했다.

다음은 4S 전략 방법론의 네 단계를 개괄적으로 설명한 내용이다. 각 단계는 11~13장에서 더욱 자세히 다룰 예정이다.

1 **상세한 목표 설정**: 달성하고 싶은 결과를 구체적으로 분명하게 정의해야 한다. 이 단계는 전략적 사고에 의존한다.

2 **전략 수립**: 원하는 결과를 만들어내는 방법에 대한 정확한 전략적 경로를 구성한다. 이 단계도 전략적 사고에 의존한다.

3 **전략적 계획 수립**: 전략의 핵심 모듈을 실행하기 위한 상위 수준의 계획을 개발한다. 여기에는 전략의 여러 모듈을 완료하는 순서와 각 모듈을 적절한 사람에게 위임하기 위한 계획이 포함된다. 추상적 사고

4S 전략 방법론

습관이 이를 뒷받침한다.

4 **전략적 실행:** 각 팀원이 자신에게 위임된 모듈이나 소규모 작업을 실
   제로 실행하기 위한 세부 계획을 세운다. 이 단계는 운영적 사고에 달
   려 있다.

세 번째 기둥에 해당하는 세 가지 잠재의식의 사고 습관에서 사
람마다 역량이 다르기 때문에 전략적 과정을 이행하는 방식도 천
차만별이다. 이것이 바로 성공적으로 전략을 수립하고 계획을 세
우고 그것을 실행하기 어려운 이유다.

그림에 표시된 것처럼 4S 전략 방법론의 각 단계마다 연관된 고
유의 역할이 있다. 이들은 각각 건축주와 건축가, 건축업자, 하청
업자다. 이제부터는 집짓기에 비유해서 4S 전략 방법론을 살펴볼
것이다. 집을 짓기로 결정한 뒤 입주할 때까지 여러 단계를 거치는
것처럼, 원하는 결과를 얻기 위해서는 다차원적인 전략적 접근 방

법을 따라야 한다. 여기에서는 먼저 집짓기에 빗대어 설명한 맥락에서 네 가지의 전략적 역할을 설명할 것이다. 그다음 네 가지 역할이 기업에서 볼 수 있는 계획에는 어떻게 적용되는지 설명할 것이다.

11장

전략적 사고

🧠 **"전략이란 생각하는 방식이자 의식적이고 의도적인 과정이며, 집중적인 실행 체계로서 미래의 성공을 보장하는 과학이다."**

피트 존슨Pete Johnson

전략과 성공은 뜨거운 커피와 갓 구워낸 머핀처럼 서로 떨어질 수 없는 관계다. 하지만 성공에 도달하기 위해서는 전략적 사고란 무엇이고 어떻게 적용해야 하는지 알아야 한다.

기업의 전략과 개인의 전략적 사고를 혼동하지 않는 것이 중요하다. 많은 교육기관에서 기업 전략 이론을 가르친다. 그렇게 배운 이론은 주제 전문성, 즉 결정성 지식의 일부가 된다. 하지만 그렇다고 해서 학습한 지식을 바탕으로 혁신적 전략을 개발해서 이전에 한 번도 맞닥뜨린 적 없는 문제를 반드시 해결할 수 있다는 의미는 아니다. 이러한 문제는 유동적 사고의 영역이기 때문이다.

지식만으로는 필요한 전략적 행동을 만들어내기 어렵다. 바로 이 지점이 전략적 사고라는 잠재의식의 사고 습관이 개입하는 곳이다.

기업의 많은 리더들은 기업 전략을 확실하게 이해하고 있다. 그러나 진정으로 성공하기 위해서는 전략적 사고라는 잠재의식의 사고 습관도 발달시켜야 한다. 무엇을 해야 할지 아는 것과 어떻게 해야 할지 아는 것은 다르기 때문이다. 전략적 사고란 과거에 마주 했던 것과는 전혀 달라서 완전히 새로운 환경에 기존 지식을 적용하는 능력이다.

전략적으로 사고하는 능력은 기업 세계에서 언제나 매우 탐내는 능력이다. 고용주들은 면접 과정에서 이 능력을 자주 확인하며, 고위 임원과 최고경영진에게는 협상의 여지 없이 반드시 필요한 능력이다. 《하버드 비즈니스 리뷰》에 게재된 〈고용: 전략적 사고 역량을 갖춘 지원자를 선별하는 여섯 가지 방법 Hiring: 6 Ways to Screen

Job Candidates for Strategic Thinking〉에서 존 설리번John Sullivan은 이렇게 말했다. "2013년 매니지먼트 리서치 그룹이 실시한 설문조사에서 조직의 미래 성공에 가장 크게 영향을 미치는 리더의 행동을 선택하라는 질문을 받은 임원의 97퍼센트는 '전략적'이라는 답을 선택했다."[1] 이 통계는 전략적으로 사고하는 인재의 필요성을 포착할 뿐 아니라 기업의 고위 리더들이 성공에 반드시 필요한 역량으로 전략적 사고를 꼽고 있음을 보여준다는 점에서 매우 중요한 의미를 갖는다.

4S 전략 방법론에서 전략적 사고의 역할

앞 장에서 전략적 사고 과정을 별개의 네 단계로 나눈 4S 전략 방법론을 소개하였다. 이 방법론의 처음 두 단계가 전략적 사고라는 잠재의식의 사고 습관에 의해 뒷받침되기 때문에 이 장에서는 1단계와 2단계를 깊이 있게 다룰 것이다.

전략적 사고 습관이 어떻게 작동하는지 이해하는 데 도움이 되기 위해서 다시 집짓기에 비유하며 각 단계별 역할에 대해 생각해보자. 준비가 되었다면 건축주로서 일을 시작하자.

4S 전략 방법론의 1단계와 2단계

	역할	목표
1단계: 상세한 목표 설정	건축주	원하는 결과를 정의한다.
2단계: 전략 수립	건축가	원하는 결과를 만들어내는 데 필요한 접근 방법 또는 계획을 결정한다.

1단계: 상세한 목표 설정(건축주의 역할)

"축하합니다. 꿈에 그리던 집을 지을 평탄하고 아름다운 땅을 구입하셨군요." 이제 새 집의 사양에 대해 생각할 순서다. 이 시나리오에서는 건축주의 비전을 실현할 수 있는 신뢰할 만한 건축가와 건축업자, 하청업자가 이미 있다고 가정한다.

토지 개발을 시작하기 전에 잠시 멈춰서 꿈의 집을 정확하게 그려야 한다. 침실 및 욕실의 수, 거실 및 주방의 위치와 설계, 수납 공간 및 창고의 위치와 크기, 차고의 크기 등 세부적인 요소를 충분히 생각해야 한다. 여가 생활에 필요한 외부 공간을 원하는가? 거주 공간을 개방형으로 구성하거나 가능하면 여러 공간으로 구분해야 하는가? 이처럼 모든 측면을 고민해야 자신이 무엇을 원하는지 충분히 파악할 수 있다.

마음속 꿈의 집을 정확하게 그리고 나면 건축가를 만나서 세부 사항을 하나씩 점검한다. 그런 다음 건축가는 새 집을 설계하고 다

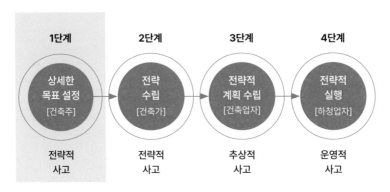

1단계	2단계	3단계	4단계
상세한 목표 설정 [건축주]	전략 수립 [건축가]	전략적 계획 수립 [건축업자]	전략적 실행 [하청업자]
전략적 사고	전략적 사고	추상적 사고	운영적 사고

4S 전략 방법론 1단계: 상세한 목표 설정(건축주의 역할)

시 만난 자리에서 설계한 내용을 설명한다. 하지만 이야기를 듣자마자 문제점을 발견한다. 1층 거주 공간은 정확히 마음속 그리던 대로 개방적이면서도 여러 공간으로 구성되어 있지만, 요청한 네 개의 침실이 모두 2층에 위치한 것이다. 휠체어를 사용하는 나이 든 친척이 가끔 방문해서 묵기 때문에 1층에 침실이 하나 필요하다고 건축가에게 말한다. 건축가는 이러한 세부 사항을 미리 듣지 못해서 시간을 낭비했고 피할 수 있었던 추가 작업이 발생했다는 생각에 마음속으로는 당황하면서도 새로 알게 된 정보를 어떻게 반영할지 생각한다. 이제 새롭게 알게 된 정보를 바탕으로 집을 다시 설계해야 하므로 계획 단계로 되돌아가서 일해야 한다.

그렇다면 여기서 누가 잘못한 것일까? 필요한 것을 충분히 정확하게 밝히지 않은 집주인(건축주)인가? 아니면 질문을 충분히 하지 않은 건축가인가? 사실 어느 쪽이든 상관없다. 누구를 비난하든 가장 중요한 문제는 구체적이고 정확하며 상호 합의된 세부 사양이 충분치 않아서 불필요한 재작업이 생겼다는 점이다. 결과적으로는 양쪽 모두에게 시간과 비용이 추가로 발생하고 당혹스러운 감정이 찾아올 것이다.

기업에서 목표를 상세하게 설정한 문서가 중요한 이유

이제 건축주의 역할을 내려놓고 집주인으로서 깨달은 교훈이 일상적인 회사 생활에 어떤 영향을 미치는지 살펴보자. 임원이나 팀은 잠시 멈춰서 전략을 통해 달성하고 싶은 결과에 대해 아주 깊이 생각하지 않는 경우가 많다. 문제나 기회에 대한 최적의 해결방안을 결정한 뒤에는 곧바로 실행 모드로 진입해 버린다. 이와 같이 '사격—조준—준비' 순서로 접근하면 목표 달성에 실패하기 마련이다. 원하는 결과, 즉 목표를 상세하게 문서화한 내용을 대충 훑어보거나 무시하고 넘어가면 나중에 상당한 양의 재작업이 따라온다. 서두르는 것은 흔히 저지르는 실수다.

그렇기 때문에 원하는 결과의 세부 사양을 문서화하는 일은 아주 중요하다. 이를 통해 뇌에서는 프로젝트에 대해 정확한 비전을 만들 수 있고, 팀 구성원은 일관된 비전을 들을 수 있다. 이에 반해 프로젝트에 대한 비전이 흐릿한데 성급하게 움직이면 아마도 비전이 매번 조금씩 다르게 설명할 것이기 때문에 일관성 없는 말로 전달될 수 있다. 목표를 상세하게 기술한 문서로 동료나 팀원은 프로젝트를 점검하고, 의문을 해소하기 위해 질문을 하며, 다 함께 주인의식을 가지는 최종 목표를 상세하게 발전시킬 수 있다.

2단계: 전략 수립(건축가의 역할)

이제 다시 집짓기로 돌아가자. 이번에는 건축가의 역할을 한다고 상상해 보자. 집주인의 바람을 알게 되었으니 다음 순서는 건축가가 어떻게 접근할 것인지 결정할 차례다.

건축가의 역할은 4S 전략 방법론에서 전략 수립 단계에 해당한다. 건축가로서 해야 할 일은 전략적 사고를 이용하여 집을 실제로 짓기 전에 그 집에 대한 심성 모형을 만듦으로써 집에 생명을 불어넣는 것이다. 다시 말해서 건축가는 평면도에서 모든 것이 어떻게 연결될 것인지에 대해 신중하게 생각해야 한다. 그리고 집 구조가 매끄러운 흐름을 가질 수 있게 해야 한다. 더 나아가 건축 과정에서 발생할 수 있는 모든 위험을 예측하고 사전에 대책을 마련해야 한다.

접근 방법을 결정한 다음에는 집주인 건축주에게 설계 결과를 이해하기 쉽게 설명하고 건축업자에게도 정확성을 제공하는 데 도움이 되는 전략적 체계를 만들어야 한다. 전략적 체계는 설계 결과와 함께 집을 짓기 위한 로드맵으로 사용될 것이다.

건축가가 들뜬 마음으로 설계 결과와 전략적 체계를 건축주에

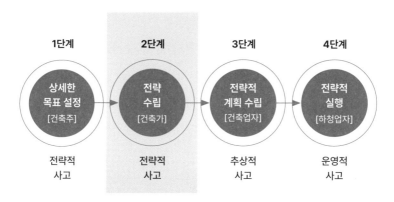

1단계	2단계	3단계	4단계
상세한 목표 설정 [건축주]	전략 수립 [건축가]	전략적 계획 수립 [건축업자]	전략적 실행 [하청업자]
전략적 사고	전략적 사고	추상적 사고	운영적 사고

4S 전략 방법론 2단계: 전략 수립(건축가의 역할)

게 처음 설명하는 과정에서 고작 나이 든 친척이 가끔 머무를 것이라는 이야기만 들었을 때 느꼈을 당황스러운 감정에 우리 모두 공감할 수 있다고 생각한다. 건축가가 '지금보다는 처음 만나서 어떤 집을 짓고 싶은지 설명하는 시간에 이야기했다면 좋았을 것 같군요. 많은 시간이 낭비된 데다 상당한 재작업이 필요해서 일이 지연될 것이기 때문이죠'라고 생각하는 모습을 상상할 수 있다. 이것이 바로 건축주가 건축가를 만나 일을 시작하기 전에 반드시 자신의 목표를 분명하게 파악하고 원하는 결과, 즉 목표를 상세하게 쓴 문서를 작성해야 하는 이유다.

기업에서 전략 수립의 가치

기업에서 건축가의 역할은 매우 높은 수준의 전략적 사고 역량을 요구하기 때문에 대부분 사람들에게 어려운 일이다. 많은 리더가 한 걸음 물러나서 전략적 접근 방법을 신중하게 생각하는 것을 곧장 행동으로 옮기는 것보다 불편하게 생각한다. 심지어 그 행동이 결과를 성공적으로 만드는 데 역효과를 내는 경우에도 마찬가지다.

열 가지 잠재의식의 사고 습관이 보여주는 유효성과 효율성을 평가하기 위해 과학적으로 설계된 검사를 통해 발견한 사실은 전략적 사고 역량이 낮거나 평범한 수준인 리더는 보통 운영적 사고가 과도하게 발달했다는 것이다(13장에서 다룰 내용이지만, 과도하게 발달한 운영적 사고는 지나치게 실무적인 방식으로 접근하는 결과를 낳는다). 이처럼 사고 습관이 불균형적인 리더는 즉흥적이고, 일하면서 계획하는 것을 더 편안하게 여긴다. 리더의 뇌가 그러한 방식으로 작동하기 때문이다. 그러나 전략적 체계를 먼저 만들지 않으면 팀원들에게 앞으로 나아갈 길을 분명하고 간결하게 전달하기가 힘들다. 일상적인 기업 환경에서 이 단점이 가지는 의미는 리더가 사소한 문제로 인해 주의가 산만해지고 온갖 실행 요소를 세밀하게 관리하려고 한다는 것이다. 이러한 리더는 로드맵을 만들면 위험 요소를 파악하고 재작업을 최소화할 수 있다는 것을 이해하지만, 로드맵을 만드는 일이 어렵고 시간이 많이 걸린다고 생각한다.

전략 수립에 어려움을 겪는 리더는 우선 행동에 돌입해서 대충 그때그때 봐가며 문제를 해결한다. 리더가 보기에는 로드맵을 만들고 주요 단계를 설명하는 과정은 일을 끝내는 데 사용할 수 있는 소중한 시간을 낭비하는 것이다. 이들은 자신이 이끄는 팀이 아이디어를 받아들이고 '그냥 실행'할 수 있기를 기대한다. 그 결과 팀원들은 어디로 가야 할지 모르겠는 느낌을 종종 받는다. 방향성이 명확하지 않기 때문에 팀원들은 자신이 담당하는 작업을 수행할 수 있도록 계속해서 더 분명하게 설명해 달라고 요구한다. 이러한 질문 공세는 전략적 사고가 발달하지 않은 리더를 당황하게 한다. 이러한 리더는 자신을 제외한 모두가 왜 그렇게 혼란스러워하는지 이해하지 못하기 때문에 팀원들이 지나치게 생각이 많으며 의지가 부족하다고 단정한다.

이러한 태도나 사고방식으로 인해 전략적 사고가 취약한 사람들은 직장 생활에서 한계에 부딪힌다. 그들이 맞닥뜨리는 장애물은 바로 스스로 원하는 결과를 구체적으로 밝히고 자신과 팀이 전략적으로 나아갈 경로를 구성하지 못하는 자기 자신이다. 경력이 많아질수록 성공은 자신의 전략을 실행하는 팀의 역량에 점점 더 의존하게 된다. 그러니 잠시 멈춰서 4S 전략 방법론의 처음 두 단계에 참여함으로써 팀을 활용해야 한다. 이러한 과정이 없으면 적절한 계획을 실행하기는커녕 수립할 수도 없다. 집짓기 비유로 쉽게 설명하면, 전략적 사고 역량이 향상될 때까지는 토지에 구조가 튼튼한 집을 지을 가능성은 전혀 없다.

전략적 사고를 위한 잠재의식의 사고 습관 모델

전략적 사고가 최적으로 발달하면 원하는 결과에 대해 충분히 생각하고 나서 프로젝트의 목표를 상세하게 설정한 문서의 초안을 만드는 일이 훨씬 수월해진다. 그리고 보다 빠르고 간단하게 전략 수립 단계를 마칠 수 있기 때문에 정확한 로드맵을 만들어서 팀이 그 전략에 자원을 투입하는 데 도움을 줄 수 있다. 또한 일관성 있게 전략적 로드맵을 팀원들에게 전달함으로써 전략을 성공적으로 실행하는 데 필수적인 팀원들의 공감과 동의를 확보할 수 있다.

다음은 충분히 발달하지 못한 전략적 사고 습관이 기업에서 어떻게 작동하는지 보여주는 사례다.

- **신호:** 조직의 새로운 기회에 대응하여 전략을 개발해야 한다.
- **루틴:** 잠재의식 속에서 충분히 발달하지 못한 전략적 사고 루틴을 실행한다.
- **결과:** 기회를 구체적으로 정의하기 어렵고, 그 기회를 최적으로 활용할 전략을 수립하기 힘들다. 모호한 전략이 있을지 모르지만, 그 세부사항을 팀 내에서 의사소통하는 데 어려움이 있다.

전략적 사고 이면의 과학

●

마이클 D. 왓킨스Michael D. Watkins는 《하버드 비즈니스 리뷰》에 게재된 〈전략적 사고 방법How to Think Strategically〉에서 다음과 같이 말했다.

"위대한 전략적 사상가는 태어나는가, 아니면 만들어지는가? 정답은 '둘 다 맞다'이다. 그렇다. 인간은 타고난 재능의 스펙트럼 어딘가에 자리한다. 그리고 그 재능을 발달시킬 수 있다."[2]

왓킨스는 인지적 재형성cognitive reshaping을 언급하면서 이를 새로운 정신적 습관을 기르고 만들어내는 반복적인 정신적 훈련 과정이라고 설명한다. 인지과학의 관점에서 더할 말은 전략적 사고라는 잠재의식의 사고 습관을 향상시키기 위해서는 의도적 연습을 통해 뇌에 내재된 가소성을 활용해야 한다는 것이다.

전략 수립과 전략적 계획 수립의 차이점

많은 사람들이 전략 수립과 전략적 계획 수립을 혼동해서 하나처럼 생각하지만 두 개념은 같은 것이 아니다. 두 능력은 상호 보완적인 관계에 있지만 매우 다른 사고방식을 필요로 하기 때문에 그 차이를 정확하게 파악하는 것이 수수께끼를 푸는 중요한 열쇠다. 나의 뇌 코칭 프로그램에서 개발한 4S 전략 방법론의 맥락에서 볼 때 전략 수립은 이번 장의 주제인 전략적 사고에 의해 뒷받침된다. 반면 전략적 계획 수립은 다음 장에서 살펴볼 추상적 사고에 의해 뒷받침된다.

헨리 민츠버그 교수는 전략 수립과 전략적 계획 수립을 주제로 폭넓은 영역에서 글을 썼다. 〈전략적 계획 수립의 추락과 부상The Fall and Rise of Strategic Planning〉이라는 글에서 민츠버그는 이렇게 말했다. "계획 수립은 전략을 만들어낼 수 없다. 그러나 실행 가능한 전략이 주어지면 계획 수립을 통해 전략을 계획으로 변환하고 실행 가능하도록 만들 수 있다."[3] 중요한 사실은 민츠버그가 전략적 사고와 전략적 계획 수립을 다음과 같이 비교하고 둘 사이의 차이점을 밝혔다는 것이다.

> "계획 수립에서는 항상 분석이 중요하다. 여기서 분석이란 목표나 의도를 단계로 나누고, 그 단계를 거의 반사적으로 실행할 수 있도록 구성하며, 각 단계의 예상되는 결론이나 결과를 명시하는 것이다. 이에 비해 전략적 사고에서는 통합이 중요하다. 여기에는 직감과 창의력이 수반된다."

이러한 생각은 전략적 사고라는 잠재의식의 사고 습관이 큰 그림을 지향하는 동시에 계획 수립보다 훨씬 더 종합적이고 복잡하며 통합적이라는 생각에 힘을 더하기 때문에 내 관점과 시너지 효과를 낸다.

만약 리더가 자신의 전략에 힘을 불어넣기 힘들면 성공을 창출하는 데 있어 가장 중요한 추진력을 상실하게 된다. 통찰력 있게도 민츠버그는 인간은 때때로 그냥 생각을 멈춘다고 주장한다. 단순하지만 조금은 대립하는 견해도 있다. 나는 누구나 소란스러운 상황에 휘말리면 정신적으로 전원을 끄는, 즉 신경을 끄는 모습을 보이는 것에 모든 사람이 공감할 수 있다고 확신한다. 하지만 자동비행 모드로 운항하는 비행기처럼 자신의 사고를 내버려두면 직업적 성장에 큰 대가가 따르는 결과를 초래할 수 있다.

기업 내 전략적 사고의 중요성

전략적으로 사고하는 능력에 대한 수요는 많지만 이 능력이 일상생활 속에서 어떠한 모습으로 드러나는지를 포착하는 것은 어려울 수 있다. 샌프란시스코 주립대학교 경영학과 교수이자 세계적으로 유명한 인사 분야의 석학인 존 설리번 박사에 따르면 전략적으로 사고하는 사람은 다음과 같은 방식으로 가치를 창출한다.[4]

- 미래 지향적이다.
- 큰 그림을 본다.

- 외부 상황에 집중한다.

- 전체적인 시각을 가진다.

전략적으로 사고하는 사람은 본질적으로 조직이 기회를 발견하고 위험을 완화하는 능력을 통해 미래를 준비하고, 동시에 전 세계에서 일어나는 일을 인식함으로써 최신 경향을 포착할 수 있도록 돕는다. 흥미롭게도 설리번이 정의한 전략적 사고는 전략적 사고라는 잠재의식의 사고 습관을 활용할 뿐 아니라 집중적 사고, 개념적 사고, 추상적 사고, 직관적 사고 등 다른 습관까지 고려한다. 모든 사고 습관이 어떻게 연결되는지를 이해하면 전략적 사고가 성공에 필수적인 이유를 알 수 있다.

넓은 관점에서 보기

발달한 전략적 사고의 이점은 헨리 민츠버그가 가장 잘 요약했다. 자신의 블로그에 쓴 〈'보기'로서의 전략적 사고 Strategic Thinking as 'Seeing'〉는 전략적 사고의 복잡한 성격과 전략적 사고가 다양한 형태의 '보기'로 구성된 방식에 초점을 맞추고 있다. 민츠버그는 "대부분 사람들은 전략적 사고가 미래를 내다보는 것을 의미한다는 데 동의할 것이다"[5]라고 말하면서도 전략적 사고를 훨씬 더 넓은 관점에서 보고 있다. 여기서 민츠버그는 보기의 다양한 측면을 명쾌하게 묘사하고, 최적화된 전략적 사고에서 각 보기의 역할을 강조한다.

- **앞으로 보기:** 단순히 추세에 따라 추정하는 대신 다음에 일어날 일을 파악하고 예측하는 것으로, 이때 보기의 틀은 미래 지향적이다.
- **뒤로 보기:** 미래를 완전히 포착하려면 과거의 교훈을 활용해야 하고 불필요하게 시간을 낭비하는 일을 피해야 한다는 의미다.
- **위에서 보기:** 넓은 숲 위를 날아다니는 헬리콥터에 있는 것처럼 큰 그림을 보는 것이다.
- **아래에서 보기:** 세부 사항의 가치를 보는 것이다. 마치 헬리콥터에서 내린 다음 숲속을 걸어서 현장에서 무슨 일이 일어나고 있는지 경험하는 것과 같다.
- **옆에서 보기:** 조직의 성공을 추구하기 위해 통념에 만족하지 않고 다른 관점을 모색하며 수평적 사고를 활용하는 것이다.
- **너머로 보기:** 창의가 실용을 만나는 지점으로 혁신적 사고를 통해 새롭고 신선한 동시에 맥락에도 부합하는 아이디어를 생성하는 것이다.
- **꿰뚫어 보기:** 훌륭한 전략도 실행되지 않으면 쓸모없다는 것을 인식한다는 의미로, 이것이 바로 전략적으로 생각하는 사람이 사물을 꿰뚫어 보는 이유다.

유동적 사고의 맥락에서 전략적 사고가 잘 발달한 리더는 이처럼 다양한 유형의 보기를 자연스럽게 실행한다. 그리고 이 능력을 바탕으로 4S 전략 방법론의 1단계인 상세한 목표 설정과 2단계인 전략 수립을 능숙하게 수행한다.

제 말이 잘 들립니까?

뇌 코칭 프로그램을 통해 발견한 흥미로운 사실은 전략적 사고 수준이 낮은 사람들은 정확하고 간결하게 의사소통하는 데 있어서도 어려움을 겪는다는 것이다. 보통 머릿속에서 끊임없이 떠오르는 생각을 말로 표현하면서 많은 정보를 전달하지만 그 방식이 체계적이지 않기 때문이다. 이러한 전달 방식은 뇌가 사고하고 정보를 처리하는 방식과 연관된다. 예를 들어, 전략적 사고가 취약한 리더는 어떤 개념을 구성하는 여러 모듈을 개별적으로는 이해할 수 있을지 몰라도 이해한 바를 팀원들에게 순서대로 정확히 전달하지 못하는 경우가 많다. 모든 모듈을 다루기는 하지만 순서를 아무렇게나 바꿔서 이야기하기 때문에 A—B—C—D가 C—A—D—B로 전달될 수 있는 것이다. 중요한 내용을 다 전달했다고 주장할 수 있겠지만, 전달하는 순서가 팀을 혼란에 빠트려서 팀원들이 리더가 설명하려는 바를 이해하기 어렵게 한다. 동시에 리더는 아무도 자신의 말에 귀를 기울이지 않는다고 느낄 수 있다.

좋은 의사소통이란 세 단계로 구성된 과정이다.

1 **정확성을 확보하기**: 아이디어를 전달하기 전에 머릿속으로 아이디어를 정확하게 정리한다.

2 **이야기의 흐름을 찾기**: 말하거나 글로 쓰기 전에 전달하고 싶은 내용의 순서와 그 내용을 효과적으로 전달하는 방법을 머릿속으로 생각해본다.

3 **정확하게 의사소통하기**: 전달하려는 내용을 정확하고 간결하게 의사소통한다.

좋은 의사소통은 높은 수준의 전략적 사고 역량에 달려 있다. 이 역량이 없으면 최적의 의사소통 순서를 계획하는 일이 걸림돌이 될 수 있다. 안타깝게도 이 문제 때문에 어려움을 겪는 사람들은 중요한 주제를 별다른 준비 없이 즉석에서 전달하는 경우가 많다. 그리고 이는 오해를 불러일으키고 팀이 리더의 전략을 효과적으로 실행하지 못하게 할 수 있다.

엇나간 전략적 사고

오펠리아는 대형 의료기관의 서비스 부문 책임자로서 준법 경영, 지배 구조, 의료진 관리 등 모든 운영상 문제를 담당한다. 원칙에 충실하고 근면 성실하며 매우 체계적인 사람으로 자신이 담당하는 조직을 스위스 시계처럼 한 치의 오차 없이 운영한다는 평을 듣는다. 또한 해결하지 못할 문제가 없어 보인다며 해결사라고 불리기도 한다. 이러한 이유 때문인지는 몰라도 오펠리아는 고위 경영진의 요청에 따라 꼭 필요하지만 인기가 없는 변화를 주도하기도 한다. 실제로 조직에 합류한 후 상당한 변화를 실행에 옮겼고, 그 결과 비용을 절감하고 자원을 효율적으로 배분할 수 있었다.

오펠리아의 직접적이고 다소 투박한 업무 방식은 때때로 동료들을 당황하게 한다. 또한 무뚝뚝한 의사소통 스타일은 준법 경영의 일환으로 규정 준수를 강하게 유도하는 과정에서 마찰을 일으키고 종종 다른 사람들과 멀어지게 한다.

이러한 단점에도 불구하고 오펠리아는 예산 내에서 결과를 만들어낸다는 훌륭한 평가를 받고 있다. 오펠리아는 의사로서 모든 자격을 갖췄을 뿐 아니라 아이비리그 대학에서 MBA 과정까지 마쳤다. 또한 자신의 핵심 성과 지표를 항상 달성해 왔고 자신이 가진 많은 강점이 승진에 충분한 도움이 될 것이라고 믿고 있다.

그러던 중에 회사에서 한 직급 위의 임원 자리가 공석이 되자 오펠리아는 최고경영자인 마크와 약속을 잡으면서 그 자리에 대한 마크의 의견과 지지를 구할 수 있기를 희망한다. 그러나 마크와 나눈 대화는 기대와 다른 방향으로 진행된다. 마크는 오펠리아를 높이 평가하고 회사도 그를 필요한 재원이라고 여기지만, 오펠리아의 전략적 사고 역량에 관해 우려하고 있다. 마크는 공석이 된 고위 임원의 역할을 수행하는 데 전략적 사고가 중요한 능력이기 때문에 그 자리에 지원하려는 사람은 이 영역에서 능력을 갖췄다는 점이 입증되어야 한다고 강조한다.

오펠리아는 마크의 말에 크게 놀란다. 그러면서 자신의 우수한 문제해결 능력과 실무적인 접근 방식이 지금 자리에서는 자산이지만 그것만으로 승진하기는 어렵다고 설명하는 마크의 이야기를 계속 듣는다. 공석인 고위 임원 자리에는 향후 3~5년 간 조직의 전략을 이끌어갈 비전을 가지고 사고할 수 있는 사람이 필요하다. 더 나아가 오펠리아가 그 고위 임원으로서 효과적으로 결과를 만들어내려면 내부 및 외부 이해관계자들과 의사소통하면서 협력하고 협의하는 방식의 리더십을 발휘해야 한다.

대화를 마치고 불안해진 오펠리아는 조금 전에 들은 피드백을 찬찬히 곱씹어보았다. 현재 역할보다 고위직을 수행하는 데 필요한 전략적 사고 능력이 부족하다는 마크의 지적은 충격적이었다. MBA 과정에서 수강한 기업 전략 과목에서 최고 성적을 받은 자신이 어떻게 전략적 사고가 취약할 수 있을까? 긍정적인 피드백을 그토록 많이 받았는데, 무엇이 문제일까? 조직에서 운영상 변화가 필요할 때마다 찾는 사람이지 않았나? 오펠리아가 냉철하게 일과 사람을 대하는 경우도 있었지만, 그렇지 않으면 어떻게 조직이 기대하는 결과를 내고 목표를 달성할 수 있을까? 경험이 많거나 높은 자리에 있는 사람일수록 변화에 대한 거부감이 컸기 때문에 오펠리아는 단호해야만 했다.

오펠리아의 마음에는 분노와 허탈함이 가득하고 혼란이 밀려들었다. 마크가 한 어떤 말도 이해되지 않았다. 딱 한 가지 분명한 것은 오펠리아가 간절히 원해 온 승진이 어느 때보다 멀게 느껴진다는 점이다. 해결사라는 별명을 가진 사람에게도 빠른 해결책이 보이지 않는 것만 같다.

취약한 전략적 사고가 미치는 영향

전략적 사고가 취약한 사람들은 전략적인 자리에 필요한 리더십 역량이 부족하다는 이유로 조직의 운영과 관련된 역할에 국한되는 경우가 많다. 이들은 해야 할 일을 정확히 아는 경우에도 그 일을 할 방법을 정하는 데 어려움을 겪는다. 그리고 전략 수립을 어려워하기 때문에 일단 행동하기 시작하는 경향이 있으며, 그런 뒤에는 자신의 전략을 팀에 전달하는 것도 힘들어 한다. 결과적으로는 보통 자신이 직접 많은 일을 하게 된다.

지금부터 오펠리아의 이야기를 바탕으로 충분히 발달하지 못한 전략적 사고가 전략적 성과에 어떤 영향을 미치고 경력 발전을 어떻게 제한하는지 살펴보자.

운영적 사고방식에 사로잡힌 취약한 리더십

오펠리아는 불도저처럼 밀어붙이는 성향이 있고, 일하면서 즉석에서 계획을 수립했다. 문제가 발생할 때마다 해결하는 것을 선호했다. 그러나 그 모든 행동 속에서 뒤로 물러나 생각하지 못했다. 그러다 보니 전략적 계획의 성공을 담보하기 위해 원하는 결과를 구체적으로 문서화하지 않았고, 팀에 정확한 방향을 제시하지도 않았다. 오펠리아가 생각할 때는 충분히 정확했으니 소중한 시간을 낭비할 이유가 있었을까? 하지만 이와 같이 정확성이 부족한 결과, 팀은 결과물을 만들어내는 과정에서 자주 어려움을 겪었다. 이처럼 운영적인 성향이 지배적인 사고방식은 오펠리아의 전략적 사고 역량과 리더로서 의사소통하는 방식에 장애가 되어 결국 경력 발전에 한계를 만들었다.

부족한 비전

안타깝게도 오펠리아의 비전은 훨씬 더 직선적이었다. 이는 오펠리아가 바로 앞에 놓인 일에 집중해서 목표에 도달할 때까지 한 번에 한 걸음씩 나아갔다는 뜻이다. 이러한 접근 방식이 현재 자리에서는 많은 도움이 되었지만, 제한적인 관점으로 인해 더 높은 자리에서 전략적인 역할을 담당하기 어려울 것이다.

기업 전략과 전략적 사고의 혼동

MBA 과정 중 기업 전략 과목에서 최고 점수를 받았음에도 불구하고 오펠리아의 학문적 이해가 직장의 맥락으로 전환되지는 않았다. 이처럼 좌절감을 주는 현상은 흔히 발생한다. 기업 전략에 대해 말하고 최고의 경영 사례를 폭넓게 아는 사람은 많다. 하지만 이들은 전략적 사고 역량이 부족하기 때문에 자신이 가지고 있는 기업 전략에 대한 결정성 지식을 적용하는 데 어려움을 겪는다. 특히 과거에 마주한 적 없는 상황이나 급격하게 변화하는 시대에는 더욱 그렇다.

불분명한 의사소통

오펠리아가 취약한 의사소통이라는 문제와 싸우는 모습도 볼 수 있었다. 그래서 평소에는 그냥 본인이 직접 일했던 것이다. 그런데 오펠리아의 팀이나 동료들은 이러한 방식으로 일하는 오펠리아로 인해 자주 당혹스러운 감정을 느꼈고, 오펠리아의 리더십 스타일과 의사소통에 대한 평가가 점점 더 나빠지는 악순환에 빠지면서 오펠리아가 경력 발전 과정에서 선택할 수 있는 자리가 불가피하게 제한되는 결과를 초래했다.

고도로 발달한 전략적 사고의 이점

전략적 사고는 미래 비전과 원하는 결과를 구체적으로 정확하게 표현하는 능력과 원하는 결과를 달성하기 위한 전략을 수립하는 능력을 뒷받침한다. 또한 즉석에서 계획을 세우고 곧바로 실행에 옮기는 대신, 한 걸음 물러나서 프로젝트에 접근하는 방법을 생각해 볼 수 있는 역량을 제공한다.

마지막으로 전략적 사고는 머릿속에서 미래에 대한 생각이 떠오를 때마다 그저 공유하는 것이 아니라 비전과 전략을 간결하면서 효과적으로 전달하는 데 도움이 된다. 이는 전략적 사고 과정에서 시간을 들여 마음속으로 정확한 그림을 그렸기 때문이다.

뇌 코칭 후 승진하다

오펠리아의 이야기는 부족한 전략적 사고 때문에 무방비 상태에서 공격을 받거나 직업적 성장이 정체될 수 있다는 측면에서 전략적 사고가 얼마나 중요한지 보여준다. 만약 원하던 더 높은 자리에 정말 올랐다면 오펠리아는 취약한 전략적 사고로 인해 조직 전체의 성장을 저해하는 결과를 초래했을지 모른다. 아주 슬픈 이야기가 될 뻔했다.

다행히도 오펠리아의 경력은 정체되지 않았다. 전략적 사고 역량을 한층 끌어올림으로써 오펠리아에게 새로운 결말이 만들어졌다. 오펠리아는 여전히 조직에서 역동적으로 일하고 있다. 뇌 코칭 덕분에 자리를 옮겼기 때문이다. 더 놀라운 이야기는 크게 향상된 전략적 사고 덕분에 이후 오펠리아는 최고경영자보다 더 높은 자리까지 승진했다. 다만 오펠리아가 이전에 자신의 취약한 전략적 사고가 가진 한계를 지적했던 최고경영자 마크에게 정말로 고마움을 표현했는지는 확실치 않다.

12장

추상적 사고

"계획 수립에 실패하면 실패할 계획을 수립한다."

벤저민 프랭클린Benjamin Franklin

효과적으로 전략적 계획을 수립하는 데 있어 가장 중요한 요소는 추상적 사고다. 전략적 계획 수립에는 복잡한 전략을 작고 실행 가능한 구성 요소로 분해하는 분석적 역량이 필요하다. 전략적 계획은 효과적으로 계획을 실행하려면 누가 어떤 작업을 언제 수행하며 다른 사람들과 어떻게 교류하고 협력해야 하는지를 규정한다.

추상적 사고는 프로젝트를 실행할 상세한 계획을 수립하기 위해 정보를 처리하는 능력과 더불어 다른 사람에게 능숙하게 업무를 위임하는 능력을 발휘할 수 있도록 돕는다. 리더의 성과와 팀의 생산성에 직접적으로 영향을 미친다는 면에서 반드시 갖춰야 하는

전략×계획×실행

전략적 사고
추상적 사고
운영적 사고

세 번째 기둥

잠재의식의 사고 습관이다. 전략적 계획이 완벽할수록 팀에서는 계획을 보다 효율적으로 실행할 수 있다.

전략적 계획 수립의 역할을 과소평가하기 쉽지만, 이는 성공의 근간이 되는 요소다. 노래를 작곡하는 과정을 예로 들어보자. 작곡가는 먼저 선율을 떠올린다. 그런 다음 선율을 음표와 화음으로 나눈다. 그리고 마지막으로 그것을 악보에 옮겨 적는다. 이 모든 일이 끝난 뒤에야 다른 음악가와 함께 작곡한 노래를 쉽게 연주할 수 있다.

전략적 계획 수립은 나누는 대상이 어떤 '과정'이라는 점을 빼면 음악과 매우 유사하다. 음악가가 악보에 따라 노래를 연주할 수 있도록 음악을 음표와 화음으로 분해하는 것처럼, 전략적 계획 수립에서는 다른 누군가가 그 과정을 이해한 다음 실행할 수 있도록 과정을 작은 부분들로 구분하기 때문이다. 악보가 없다면 음악가는 음악을 정확하게 듣는 능력에 의존해서 마음속에 자신만의 악보를 만든 다음 원곡을 완벽하게 재현해야 할 것이다. 이는 음악가들 사이에 음악적인 이해가 동일하지 않을 위험이 매우 클 수 있다는 뜻이다. 똑같은 일이 기업에서도 벌어질 수 있다. 전략적 계획이 제대로 만들어지지 않으면 계획을 정확히 전달하지 못하게 되고, 결과적으로 팀원들이 이해하는 바가 서로 다를 것이다.

이제 작곡에 비유한 내용을 기업 환경에 적용해 보자. 노래는 전략으로, 악보는 전략적 계획으로, 그리고 음악가는 전략과 전략적 계획을 실행하는 팀으로 생각하면 된다. 리더가 악보도 없는 상황에서 왜 팀이 작곡가가 의도한 대로 노래를 연주하지 못하는지 궁금해하는 경우가 너무 많다. 따라할 악보도 없는데 노래를 연주하기를 기대하는 리더가 있으면 팀원들도 당황스럽기는 마찬가지다. 핵심은 이렇다. 음악, 기업, 인생 그 어디에서든 원하는 목표를 달성하고 싶다면 세 부분이 모두 있어야만 성공적인 결과에 도달할 수 있다는 것이다.

4S 전략 방법론에서 추상적 사고의 역할

추상적 사고라는 잠재의식의 사고 습관은 4S 전략 방법론의 세 번째 단계를 뒷받침한다. 10장에서 배운 것처럼 3단계에서는 전략을 실행하고 그 과정에서 위험을 완화하는 방법을 계획한다. 전략

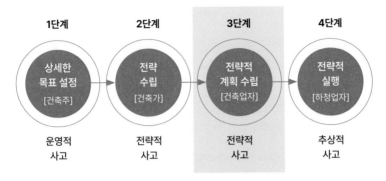

1단계	2단계	3단계	4단계
상세한 목표 설정 [건축주]	전략 수립 [건축가]	전략적 계획 수립 [건축업자]	전략적 실행 [하청업자]
운영적 사고	전략적 사고	전략적 사고	추상적 사고

4S 전략 방법론 3단계: 전략적 계획 수립(건축업자의 역할)

적 계획 수립 단계를 실질적인 방식으로 파악하기 위해 집짓기 비유로 돌아가서 다시 역할놀이를 해 보자.

4S 전략 방법론 3단계: 전략적 계획 수립(건축업자의 역할)

11장에서는 건축주와 건축가의 역할을 살펴보았다. 이제 4S 전략 방법론 3단계인 전략적 계획 수립을 파악하기 위해 건축업자의 역할을 알아볼 시간이다.

건축업자는 건축가가 전략적 사고를 통해 완성한 전략적 구성과 설계를 활용할 것이다. 그런 다음 설계 결과를 실행하기 위한 상위 수준의 전략적 계획을 수립할 것이다. 여기에는 건축가가 도면 위에 설계한 집을 물리적으로 실체가 있는 집으로 바꾸기 위해 건축업자의 팀과 하청업자가 수행해야 하는 일련의 단계가 포함된다.

이와 같은 전략적 계획 수립 과정에는 집을 짓는 데 필요한 모든 요소를 파악하고, 이를 관련 작업으로 구성된 모듈로 분류한 다음, 각 모듈을 건축업자의 팀을 이끄는 리더와 관련 기술자 및 하청업자에게 위임하는 일이 포함된다(예: 전기공사 모듈에는 자격을 갖춘 전기 기술자가 수행할 모든 작업이 포함된다). 이 일의 목적은 집짓기 과정을 최적화함으로써 제시간에 효율적으로 주택을 건축하는 일정을 만드는 것이다. 이러한 목적을 달성하기 위해 일부 작업은 병렬로 진행됨으로써 소요 시간을 최소화하는 반면, 다른 작업은 시차를 두고 순차적으로 진행되어야 한다. 예를 들어, 집의 기초를 먼저 다진 뒤에 뼈대를 올려야 한다. 이 두 단계는 별도로 실행되어야 한다. 반면에 지붕과 외벽은 동시에 만들 수 있다. 그다음 내벽을 만들고 배관을 연결하며 전기 시스템을 설치하는 등의 작업을 하게 된다.

집의 품질이나 일정은 모두 건축업자의 역할인 전략적 계획에 달려 있다. 작업을 효율화하고 위임하기 위해 선택하는 방식은 최종 결과인 집의 품질은 물론이고 건축 속도와 공사가 시작되고 끝날 때까지 소요되는 총 시간에도 영향을 미친다.

이상의 이야기에서 알 수 있듯이 전략적 계획에는 건축 과정을 작은 부분들로 분해하는 정신 작용을 이끄는 막중한 책임이 따른다. 그리고 이 책임을 다하려면 높은 수준의 추상적 사고가 필요하다. 건축업자의 추상적 사고가 충분히 발달하지 못하면 그가 수립한 전략적 계획은 정확하거나 완벽하지 못할 것이다. 결과적으로 건축 과정에도 부정적인 영향이 미치면서 예상치 못한 재작업과 시간 지연, 비용 초과처럼 상당히 큰 문제를 유발할 수 있다.

기업에서 전략적 계획 수립의 의미

우리 대부분이 건축업자는 아니지만 동일한 원칙이 기업에도 적용된다. 주택 건축업자와 마찬가지로 기업의 리더들에게도 전략을 작은 부분들로 나누고 전략적 계획을 수립하는 데 도움이 되는 추상적 사고 역량이 필요하다. 효과적인 업무 위임을 위해 프로젝트 전반에 걸쳐 깊이 생각하고 정확하게 파악하는 일의 중요성을 과소평가하지 말아야 한다. 포괄적인 전략적 계획이 없으면 업무 위임은 엉망이 되어 쓸모가 없어지며, 리더는 원하는 결과를 내놓기 위해 필요한 사항들을 정확하게 이해할 수 없게 된다.

잘 발달한 추상적 사고는 프로젝트의 진행 과정을 추적 관찰할 때 큰 자신감을 갖게 한다. 주요 모듈과 작업의 개요를 간략히 설명하고 잠재적인 위험 요소와 그 완화 방법을 파악한 전략적 계획을 가지고 있으면 프로젝트 점검 회의를 효과적으로 이끌 수 있기 때문이다. 또한 필요한 경우 조기에 개입하여 프로젝트의 품질과 비용, 시간을 선제적으로 관리할 수 있다.

추상적 사고를 위한 잠재의식의 사고 습관 모델

추상적 사고 수준이 높은 리더는 팀이 효율적으로 실행할 수 있는 전략적 계획을 큰 힘을 들이지 않고 만들 수 있다. 머릿속에서 정보를 추상적으로 처리하는 일에 능숙하면, 충분히 세심하게 수립된 전략적 계획을 어려움 없이 수립할 수 있기 때문이다. 그래서 안타깝게도 추상적 사고 수준이 낮은 사람들은 전략적 계획 수립이 혼란스러운 과정인 경우가 많다.

다음은 충분히 발달하지 못한 추상적 사고 능력이 기업에서 어떻게 작용하는지 보여주는 사례다.

- **신호:** 상사가 새로운 조직 전략의 실행 과정을 간략하게 서술한 전략적 계획을 준비하라고 요청한다.
- **루틴:** 잠재의식 속에서 충분히 발달하지 못한 추상적 사고 루틴을 실행한다.
- **결과:** 불완전하며 제대로 문서화되지도 않은 전략적 계획을 생성한다. 충분한 시간을 투입하여 생각하지 않았기 때문에 프로젝트 작업이 부실하게 정의되었고, 계획에는 중요한 일정이 누락되었다. 더군다나 위험 요소를 평가하지 않았기 때문에 계획에는 작업에 영향을 미칠 수 있는 외부 요인과 만일의 사태가 고려되지 않았다.

추상적 사고 이면의 과학

●

나의 뇌 코칭을 받은 이들은 추상적 사고 수준이 향상된 뒤에 전략적 계획을 수립하고 효과적으로 업무를 위임하며 순조롭게 프로젝트를 진행하는 데 있어 훨씬 더 나은 모습을 보이고 있다. 또한 실행 과정과 관련된 위험 요소를 예측하고 완화하는 일도 효과적으로 수행할 수 있게 되었다.

이 모든 긍정적인 변화를 마음에 담아두고 민츠버그가 전략적 계획 수립에 관해 작성한 유명한 글로 돌아가보자.[1] 민츠버그는 "기획 담당자의 직무를 재정의함으로써 기업은 계획 수립과 전략적 사고의 차이를 인식하게 된다"라고 말하면서 두 개념 사이에 중요한 차이가 있다고 말한다. 그리고 민츠버그는 분석이 전략적 계획 수립의 과정을 주도한다는 점을 강조한다.

많은 전략적 계획이 제대로 실행되지 않는 이유는 쉽게 이해할 수 있다. 계획은 제대로 분석되지 않았고, 실행 과정도 적절하게 문서화되지 않았기 때문이다. 전략적 계획이 없으면 예상치 못한 위험이 미치는 영향 때문에 실행이 힘들어지고, 효과적인 업무 위임도 사실상 불가능할 것이다.

민츠버그는 로열 더치 셸Royal Dutch Shell(1907년 영국과 네덜란드의 두 기업 간 합병으로 탄생한 세계 2위의 석유화학 기업이다—옮긴이)의 전사 경영 계획 담당 임원으로 사업 계획 및 시나리오 기획 업무를 총괄했던 아리 드 게우스^{Arie de Geus}의 말을 인용하여 전략적 계획 수립의 목적은 단순히 계획을 세우는 것이 아니라는 점을 상세히 설명한다. 진정한 목적은 바로 리더의 마음속에 있는 심성 모형을 바꾸는 것이다. 이 미묘한 차이는 리더가 다른 사람의 생각을 이끌기 위해서는 매우 인상적인 생각을 제시해야 한다는 점을 강조한다는 측면에서 도움이 된다. 리더는 사업에 대한 새로운 심성 모형을 만든 다음, 이를 업무 위임 과정의 일부로 자신의 팀에 정확히 전달함으로써 팀원들의 생각을 이끄는 경지에 도달할 수 있다.

리더는 프로젝트 관리자다

유동적 사고의 관점에서 보면 추상적 사고를 이용해서 전략적 계획 수립 과정을 최적화하는 것은 성공적인 프로젝트 관리와 유사하다. 흥미롭게도 대부분의 리더는 가끔 불가피하게 비공식적인 프로젝트 관리자처럼 활동한다. 《포브스》에 게재된 〈프로젝트 관리는 프로젝트 관리자만을 위한 것이 아니다^{Project Management Isn't Just for Project Managers}〉에서 다나 브라운리^{Dana Brownlee}는 프로젝트 관리 교육에 대한 요청은 대부분 프로젝트 관리자가 아닌 사람들에게서 나온다는 점을 강조한다.[2] 또한 조직에서는 단지 프로젝트 관리자만이 아니라 모든 리더에게 이와 같은 기술이 필요하다는 사실을 알고 있으며 그 가치를 높이 평가한다고 주장한다.

프로젝트 관리의 기본 원칙을 확실히 이해하면 경영진에게도 분명한 이점이 있다. 원칙은 결정성 지식의 일부가 된다. 마치 추상적 사고 능력이 유동적 사고의 영역에 있는 것처럼 말이다. 수준 높은 추상적 사고는 계획 수립에 관한 지식을 효과적으로 적용할 뿐 아니라 최적으로 업무를 위임하는 데 많은 도움이 된다.

리더는 결정성 지식과 유동적 사고의 상호 보완적 성격을 이해함으로써 자기 자신과 팀의 역량을 모두 최적으로 활용하는 방식으로 리더십을 잘 발휘할 수 있다. 다른 사람의 생각을 효과적으로 이끌기 위해서는 먼저 자기 마음속에 정확한 전략적 계획을 수립해야 한다.

전략적 계획 수립은 위험이 가득한 일이다

11장에서 이야기한 것처럼 위험 분석은 전략 수립의 핵심 요소다. 이는 전략적 계획 수립에서도 마찬가지다. 실제로 4S 전략 방법론의 모든 지점에서 위험 분석을 수행하는 일은 중요하다. 위험 분석 과정에서 뇌가 사물을 다른 관점에서 보도록 강제되기 때문이다. 광범위한 관점에서 위험 분석을 수행하는 일은 본질적으로 전략적이며, 사전에 파악하지 못한 문제로 인해 나중에 무방비 상태에서 허를 찔리는 상황을 예방한다. 위험을 인식하지 못하면 이를 완화할 수 없기 때문에 위험 분석이 그토록 중요한 것이다.

전략 수립 단계에서 위험을 분석하는 능력은 전략적 사고에 의존한다. 반면 전략적 계획 수립 단계에서는 추상적 사고를 통해 다차원적 관점에서 잠재적인 위험을 파악한다. 추상적 사고는 사고 실험thought experiment(머릿속에서 생각으로 진행하는 실험을 말한다—옮긴이)을 하고 미래를 상상할 수 있도록 돕는다. 미래에 발생할 수 있는 문제를 예측하는 능력은 대규모의 재작업을 예방하는 데 도움이 될 수 있다는 점에서 매우 효과적인 능력이다. 그리고 어떤 위험이든 인식하면 작업을 성공적으로 실행하고 프로젝트를 순조롭게 진행하는 데 도움이 된다.

위험 분석은 에두와르 드 보노가 이야기한 모자 개념 가운데 특히 위험 중심의 사고에 해당하는 검정색 모자와 같은 맥락이다. 검정색 모자를 부정적으로 생각하는 사람도 있지만, 강제로 안전지대를 벗어나서 사고하도록 하기 때문에 악마의 변호인devil's advocate(일부러 반대 입장을 취하는 선의의 비판자를 말한다—옮긴이)이 쓰는 모자라고 보는 편이 더욱 적절하다. 드 보노는 비판적이고 전략적으로 사고할 때 각종 위험 요소와 더불어 장애 요인, 잠재적인 문제, 불리한 면 등을 고려해야 한다는 점을 강조한다.[3]

업무 위임을 주도하다

성공적인 업무 위임은 정확한 전략적 계획, 사전 업무 위임 준비, 효과적인 의사소통 등 세 가지에 달려 있다. 프로젝트에 대한 전략적 계획을 문서화한 다음 다른 사람의 생각을 이끌기 위해서는 반드시 모듈이나 작업을 최적으로 위임할 방법을 충분히 생각해야 한다. 나의 뇌 코칭 프로그램에서는 다음과 같은 접근 방법을 제안한다.

1 **업무 위임 계획**: 어떤 모듈과 작업을 누구에게 위임할 것인지 고려한다. 프로젝트의 주요 단계, 잠재적 위험 및 기타 관련 배경 정보를 포함하여 전반적인 전략적 계획에 대한 적절한 맥락을 제공할 필요가 있다.

2 **업무 위임 준비**: 위임받는 사람의 경험 수준, 다루고 싶은 세부 사항의 분량, 위임받는 사람에게 가장 효과적인 표현 방식 등을 감안하면서 각각의 작업을 전달하려는 방법을 사전에 생각한다.

3 **위임받는 사람에게 업무 전달**: 이번 단계의 핵심은 정확하고 간결한 의사소통이다. 따라서 반드시 앞의 두 단계를 마친 뒤에 위임받는 사람과 이야기한다. 그렇지 않고 급하게 다가가면 위임받는 사람을 혼란스럽게 할 것이고 작업 결과도 실망하게 될 것이다.

이와 같은 세 단계를 거치면서 성공적인 실행의 발판을 마련하는 데 필요한 지원 구조가 위에서부터 아래까지 만들어진다. 모든 인생사가 그렇듯이 완벽한 결과를 보장하는 건 없다. 하지만 이 3단계 접근 방법은 잠재적인 문제를 완화하는 동시에 탁월한 결과를 만들어내도록 유도하는 좋은 방법이다. 안타깝게도 많은 리더가 취약한 추상적 사고 때문에 효과적으로 업무를 위임하는 데 어려움을 겪는다. 그리고 결과적으로 수준 이하의 결과물 사이를 헤쳐 나가면서 눈앞에 닥친 상황을 해결하려고 엄청나게 많은 일을 다시 한다.

엘리 브로드Eli Broad는 《포춘》 500대 기업 중 두 곳(케이비 홈KB Home과 선 아메리카Su America)이나 키워낸 성공적인 사업가다. 《언리즈너블The Art of Being Unreasonable》에서 브로드는 "좋은 리더란 자신에게 가장 중요한 과제를 파악하고 나머지를 전부 위임하는 사람"이라고 말한다. 업무를 위임하는 능력의 부재는 프로젝트 관리자에게 엄청난 장애를 유발한다.[4] 나는 엘리 브로드의 견해에 진심으로 동의한다.

업무 위임을 잘하려면 의사소통을 잘해야 한다

좋은 소식이든 나쁜 소식이든 아니면 별다른 의미가 없는 소식이든 탁월한 결과를 담보하기 위해서는 정확하고 솔직담백한 설명이 필요하다. 하지만 불행히도 수많은 리더가 자신이 이끄는 팀에 효과적으로 업무를 위임하거나 그들과 의사소통하기를 힘들어한다. 기업 교육 전문가인 다나 브라운리는 리더와 팀 사이의 부조화를 가리켜 "왼손이 하는 일을 오른손이 모르는 질병"[5]이라고 말한다. 이는 수많은 조직의 흔한 문제로 조직에서는 이 문제를 헤쳐 나가고 극복하기 위해 지속적으로 노력하고 있다.

내 경험에 따르면 의사소통의 불일치는 의도적인 것이 아니며,

리더가 계획적으로 정보를 불투명하게 전달하려는 것도 아니다. 문제는 리더들에게 시간이 부족하다는 점이다. 그러다 보니 이들은 잠시 멈춰서 전략을 심사숙고하고 계획을 세우며 진행 과정의 개요를 설명하는 일을 하지 않는다.

이처럼 정신적 정확성이 부족해지면 무엇을 어떻게 해야 하는지 혼란스러워하는 모습이 위에서부터 아래로 전해져 내려온다. 그러나 리더가 시간을 들여 심사숙고한 끝에 전략적 계획을 수립하면 그 계획을 문서화한 자료는 전략의 실행을 유도하는 수단이 될 수 있다. 이번에는 정확성이 먹이사슬을 타고 내려오기에 모두가 한 마음이 되어 같은 방향으로 나아갈 수 있다. 전략적 계획의 맥락화contextualization(어떤 일의 전후 사정이나 상황을 이해하고 설명하는 일이다—옮긴이)가 효과적인 업무 위임과 의사소통에서 잃어버린 고리인 경우가 많다.

슈퍼히어로에게는 조수가 있다

심지어 슈퍼히어로에게도 조수가 있는데, 기업의 임원이나 리더에게 지원할 팀이 있는 것은 당연하다. 존 C. 맥스웰John C. Maxwell은 《인재경영의 법칙Developing the Leaders around You》에서 이와 같은 지원 조직의 존재 이유를 아주 멋지게 요약한다. "몇 가지 작은 일을 제대로 하고 싶다면 자신이 직접 하면 된다. 그러나 만약 위대한 일을 하고 큰 영향력을 미치고 싶다면 위임하는 법을 배워야 한다."**6**

리더로서 실무에서 손을 떼는 게 어려울 수 있지만, 실무에서 멀어짐으로써 조직의 성장을 이끌어내는 전략적 혁신을 주도할 수 있다. 데보라 그레이슨 리겔Deborah Grayson Riegel은 《하버드 비즈니스 리뷰》에 게재된 〈리더가 업무를 멋지게 위임하는 여덟 가지 방법8 Ways Leaders Delegate Successfully〉에서 《Inc.》500대 기업의 최고경영자 중 143명을 대상으로 연구한 결과를 인용했다. 여기에 따르면 권한을 효과적으로 위임한 최고경영자들이 더 빠르게 성장하고 더 많은 수익을 창출하고 더 많은 일자리를 만들어내는 기업을 이끌었다.**7** 그저 명령하거나 지시하는 대신 추상적 사고를 발달시키고, 더 나아가 업무를 위임하는 능력을 향상시키면 엄청난 이점을 얻을 수 있는 것이다.

또한 제시 소스트린Jesse Sostrin이 쓴 〈위대한 리더가 되려면 잘 위임하는 법을 배워야 한다To Be a Great Leader, You Have to Learn How to Delegate Well〉에서도 전략적 업무 위임의 가치를 입증하는 보다 많은 증거를 찾을 수 있다. 소스트린에 따르면 "리더십 잠재력의 한계를 더 높은 곳으로 끌어올리려면 타인의 행동을 통해 자신의 존재감을 드러내야 한다".**8** 이 말은 효과적인 업무 위임과 리더십 잠재력의 상승 사이에 상관관계가 있다는 것을 시사한다.

전략적 계획 없이 고군분투하는 슈퍼히어로

조슈아는 다국적 금융 기업의 관리 부문에서 열 명으로 구성된 팀을 관리하는 전도유망한 젊은 리더이다. 밝은 성격으로 조직에 힘을 불어넣고 지원을 아끼지 않으며 자신의 팀에도 쉽게 동기를 부여할 수 있는 관리자다. 조슈아의 관리 방식은 매우 협력적이고 포용적이다. 이러한 성향은 조슈아 자신에게 유리하게 작용하는 경우가 많지만 가끔은 팀과 너무 가까워 보이기도 한다. 친분과 관리 사이의 모호한 경계에는 장점도 있지만, 이로 인해 조슈아가 상사가 되어야 하는 상황을 헤쳐 나가기 어렵게 만들기도 한다.

조슈아는 팀에서 하는 일을 세세하게 파악하는 데 상당한 시간을 쓰는 실무형 관리자다. 팀원이 도움이 필요한 경우에는 언제라도 그렇게 할 준비가 되어 있다. 이처럼 기꺼이 돕는 성향 덕분에 제때 우수한 결과를 내놓는다는 평판을 얻었다. 또한 동료 관리자들로부터 많은 존경을 받고 있다. 그러나 고위 경영진에서 이 뛰어난 업무 결과가 전적으로 팀으로서 함께 노력한 결과는 아니라는 사실을 알게 된다면 상당히 놀랄 것이다. 팀이 결과를 만들어 내기 위해 조슈아의 장시간 격무에 의존하고 있는 것도 사실이기 때문이다.

어느 월요일 아침, 관리 부문의 수장이자 조슈아의 직속 상사인 다이앤이 조슈아에게 잠시 만나자고 했다. 다이앤은 따뜻한 미소로 조슈아를 맞이하며 조슈아의 업무 성과와 신뢰도가 경영진의 관심을 끌었다고 말했다. 이를 인정받은 조슈아는 승진하게 되었다. 그렇게 되면 팀원 열 명만을 관리하는 것이 아니라 여덟 명의 팀장으로부터 직접 보고를 받고 각 팀장은 대략 열 명으로 구성된 팀을 관리하는 것이다. 이 소식을 들은 조슈아는 머리가 어지러워지기 시작했다. 승진은 분명 기분 좋은 일이지만 직원 팔십여 명을 관리해야 한다는 생각에 두려움이 엄습한다.

다음 날 아침 조슈아는 어떻게 하면 실무에 적극적으로 개입하는 방법을 계속 유지할 수 있을지 고민했다. 지금껏 거둔 성공이 팀원들과 협력하면서 함께 일하는 방식 덕분임을 잘 알기 때문이다. 이러한 업무 방식을 통해 세부 사항에 깊이 관여하고 문제를 실시간으로 통제하여 남들보다 한발 앞서 나갈 수 있었다. 하지만만약 걷어붙였던 소매를 내린 채로 팀장들로부터 보고받는 내용에 따라 자신이 고위 경영진에 전달해야 하는 결과물이 달라진다면무슨 일이 일어날까?

조슈아는 자신의 리더십 스타일을 완전히 바꿔야 한다는 것을 깨달았다. 이제는 좁디좁은 참호 안에서 이끄는 것이 아니라 보다 광범위하고 전략적인 방법으로 접근할 필요가 있었다. 그런데 이 점이 조슈아에게는 걱정거리다. 전략적 계획 수립이 필요하다는 것을 인식하고는 있지만 자신의 장점이었던 적은 없었기 때문이다. 조슈아의 눈에 전략적 계획 수립이란 생산적인 결과는 없으면서 정신적으로 품만 많이 드는 일처럼 보였다. 그래서 조슈아는 일을 진행하면서 상황을 파악하고 필요에 따라 즉석에서 대응하는 방식을 선호한다. 그리고 이와 같은 접근 방법은 지금껏 단 한 차례도 조슈아를 실망시키지 않았다.

조슈아는 사무실에 도착해서 다이앤이 미리 잡은 후속 회의에 참석했다. 다이앤은 얼굴에 미소를 머금은 채 관리 부문의 새로운 전략을 수립했다고 말했다. 그리고 조슈아에게 새로 이끌게 될 팀과 함께 그 전략을 실행에 옮겨볼 것을 요청했다. '당황하지 말자!' 조슈아는 속으로 생각하면서 겉으로는 미소를 짓고 고개를 끄덕였다.

다이앤은 계속해서 자신이 구현하려는 새로운 접근 방법에 대한 전략적 계획을 조슈아가 수립해 주기를 원한다고 설명했다. 이 말은 전보다 규모가 확장되어 새롭게 담당하게 된 조직에서 다이앤의 전략을 효과적으로 운용할 수 있도록 조슈아가 상세한 프로젝트 계획을 수립해야 한다는 것을 뜻한다. 다이앤은 주요 작업, 필요한 인력과 지원 등 계획에 담겨야 하는 내용을 설명했다. 여기에 조슈아는 현실적인 예산과 일정까지 제공해야 한다. 또한 프로젝트와 관련된 위험을 통찰력 있게 평가한 다음 개별 위험을 완화할 전략도 수립해야 한다. 조슈아가 이 일에 적임자임을 알고 있다는 다이앤의 칭찬 섞인 말과 함께 회의가 끝난다.

필요한 이야기를 모두 듣고 난 조슈아는 걱정에 휩싸인다. 조슈아의 마음은 목표 달성에 필요한 단계를 계획하는 일이 편했던 적이 없었다. 전략적으로 진행할 순서를 정하는 일은 더더욱 어려웠다. 그래서 항상 자기 바로 앞에 놓인 일에 집중하기 때문에 잠재적인 위험을 미리 생각하는 경우도 거의 없었다.

조슈아는 새로운 자리에서 책임을 다하려면 많은 업무를 위임해야 하지만 자신에게는 그러한 능력이 없음을 알고 있다. 사실 다른 사람에 대한 명령이 가식적이라고 느껴지기 때문에 그 일을 한다는 생각조차 싫어한다. 게다가 과거에 일을 위임할 때마다 기대한 대로 결과물이 완성되어 자신에게 돌아온 적이 없었다. 조슈아에게는 위임하려는 일의 세부 사항과 작업 방향을 얼마나 많이 알려줘야 하는지가 확실치 않았기 때문에 그가 팀에 전달하는 지시 사항은 대체로 모호했다. 팀이 자신처럼 양질의 결과물을 만들어낼 수 없기 때문에 조슈아는 대체로 업무 위임 과정을 생략하고 직접 일을 했다.

취약한 추상적 사고가 미치는 영향

추상적 사고가 취약한 리더는 시간을 들여서 복잡한 일을 작은 부분들로 분해하고 원하는 결과를 달성하는 걸 어려워한다. 또 위험을 최소화하는 최상의 방법을 고민하지 않고 복잡한 프로젝트에 무작정 덤벼드는 경우가 많다. 공식적으로 수립된 전략적 계획이 없으면 실행 과정은 아무렇게나 진행되어 예상치 못한 문제, 결과 지연, 비용 초과, 과도한 재작업 등의 문제뿐만 아니라 누가 언제 어떤 일을 해야 하는지가 혼란스러운 상황으로 이어진다.

이제부터 조슈아의 이야기를 통해 충분히 발달하지 못한 추상적 사고가 전략적 성과에 어떤 영향을 미치고 직업적 성공을 어떻게 방해하는지 살펴보자.

계획의 부족

조슈아는 지금까지 세세한 일까지 직접 관리하는 방식으로 자신에게 부족한 전략적 계획 수립 능력을 보완했다. 그러나 이러한 접근 방법 때문에 자신이 이끄는 팀을 활용할 수 있도록 한 걸음 물러나서 일을 처리할 최적의 방법을 생각할 여지가 없었다. 프로젝트의 모든 측면을 선제적으로 고민하고 위험을 평가하는 데 시간을 쓰지 않았기 때문에 일을 하는 과정에서 자주 계획을 조정해야 했다. 이처럼 즉흥적인 접근 방법은 팀의 생산성에 부정적인 영향을 미쳤고, 팀원들은 작업이나 일정이 끊임없이 바뀌는 상황에 짜증 섞인 반응을 보였다.

조슈아의 취약한 추상적 사고 역량은 다이앤의 새로운 전략을 실행할 목적으로 포괄적인 전략적 계획을 수립하는 일에도 해로운 영향을 끼쳤을 것이다. 이는 마치 두 발을 묶은 채 경주를 하라고 요청받은 것과 같았다.

효과적이지 못한 업무 위임

조슈아는 업무 위임의 중요성을 잘 알고 있었지만, 여전히 실무에 적극 개입하는 성향을 바꾸지 못했다. 비유적으로 표현하자면 다이앤은 조슈아에게 배트맨이나 감당할 수 있는 크기의 임무를 맡겼다. 그 임무에 성공하려면 팀 전체와 협력해서 함께 일해야 했다. 최소한 로빈(배트맨의 조수다—옮긴이)과 배트모빌(배트맨이 운전하는 자동차다—옮긴이)에 배트맨의 믿음직한 집사인 알프레드 페니워스가 함께하는 공동의 노력이 필요했을 것이다. 또한 이들 모두에게는 실행에 들어가기 전에 정확한 설명이 필요했을 것이다.

조슈아도 이러한 점들이 필요하다는 것을 알고 있었고, 그래서 자신이 그 임무를 수행할 적임자가 아닐지 모른다는 생각이 서서히 스며들기 시작했다. 그렇지만 다이앤이 최근 계획한 전략적 과제를 추진할 프로젝트 관리자가 자신이라고 깨닫는 순간이 찾아왔고, 이제 조슈아의 새로운 역할에 던져진 도전장은 보다 분명해졌다. 팔십여 명의 직원들로 구성된 조직이 있으면 작은 일 하나까지 세세하게 관리할 수 없다는 사실을 지금은 이해하고 있다.

효과적이지 못한 의사소통

조슈아에게 업무 위임은 생각하기 싫을 정도로 괴로운 일이라

그는 가능한 한 업무를 위임해야 하는 상황을 피했다. 문제의 일부는 스스로를 팀의 리더가 아니라 동료로 여겨 지시하는 것을 불편해한 조슈아 자신에게 있었다. 조슈아는 또한 세부 사항을 얼마나 많이 알려줘야 하는지를 판단하는 데도 어려움이 있어서 모호하게 지시를 내리는 경우가 많았다. 게다가 일을 설명하는 시간도 너무 오래 걸렸다. 이 모든 문제를 해결하는 대신 조슈아는 직접 일하는 쪽을 선택했다. 팀 구성원들은 그의 비효율적인 의사소통에 당혹스러워했다. 해야 할 일에 대한 피상적인 설명은 오해를 불러왔고, 기대에 미치지 못하는 결과로 이어졌다.

외로운 늑대와 같은 관리 방식

조슈아는 무리의 일부처럼 보이지만 사실 닫힌 문 뒤에서 혼자서 발품을 팔고 있는 외로운 늑대와 비슷하다. 이와 같은 관리 방식은 극도의 피로감과 경력 발전의 한계로 이어져서 위험하다. 조슈아가 일부러 자기 자신을 고립시킨 것은 아니지만 지나치게 실무에 개입하는 선택을 함으로써 그러한 결과가 나타났다. 외로운 늑대였던 조슈아가 무리의 리더로 역할을 전환하는 것은 극도로 어려웠을 것이다.

그렇다면 조슈아와 같은 사람들이 자신도 모르게 외로운 늑대처럼 조직을 이끄는 이유는 무엇일까? 여기에는 몇 가지 공통적인 이유가 있다.

- **불안감**: 많은 사람들이 업무 위임을 불안해한다. 명령을 내리고 가혹하게 이끄는 것처럼 느끼고 싶지 않기 때문이다.

- **시간 부족**: 적절한 업무 위임을 계획하려면 시간이 걸리지만 사람들은 대부분 그 시간을 자신이 직접 일하는 데 쓰고 싶어 한다. 하지만 높은 자리로 올라가고 일이 더 복잡해질수록 자신이 직접 하는 방법은 지속 가능하지 않다.

- **완벽주의**: 업무 위임에 어려움을 겪는 많은 사람들이 완벽주의자다. 이들은 다른 사람들이 필요한 만큼 양질의 결과를 내지 못한다고 생각한다. 그러니 애당초 업무를 위임할 이유가 있을까?

- **불확실성**: 조슈아와 같은 이들에게는 비교 대상이나 기준이 확실하지 않다. 전달하고 싶은 세부 사항이 많으면 얼마나 많은 것일까? 반대로 그 세부 사항이 적으면 얼마나 적은 것일까? 정확성이 부족하기 때문에 업무 위임을 회피하는 것이다.

- **의사소통 오류**: 많은 관리자들이 직원들에게 업무를 적절하게 위임했다고 생각하지만 자신에게 되돌아온 업무 결과에 실망할 뿐이다. 이 실망감은 두 당사자 사이의 의사소통 오류로 인해 일어난다. 그리고 의사소통 오류는 관리자의 지시에 적절한 체계와 맥락, 세부 사항에 대한 설명이 부족할 때 발생한다.

고도로 발달한 추상적 사고의 이점

앞서 언급한 바와 같이 추상적 사고는 뇌의 잠재의식에서 목표를 달성하기 위해 필요한 행동을 예측하는 능력을 이용하여 전략적 계획 수립을 뒷받침한다. 미래 지향적인 성격이 강한 추상적 사고는 매우 미묘한 사고 습관으로 기업 임원에게는 반드시 필요한 역량이다.

추상적 사고 능력은 물리적 환경에 기반을 두지 않는다. 대신 어떤 전략이나 개념, 작업을 물리적 세계에서 실행하기 전 단계로서, 이를 머릿속에서 실용적으로 처리하는 높은 수준의 정신적 민첩성을 필요로 한다. 리더가 행동에 나서고 싶은 충동을 억누를 수 있으면 의사소통 및 업무 위임 과정에서 다른 사람들이 쉽게 이해할 수 있는 심성 모형을 만들 수 있다. 전략적 계획 수립은 사후 대응이 아니라 선제적이고 생산적인 활동을 담보한다. 이것이 바로 전략적으로 성공하기 위해 전략적 계획 수립이 중요한 이유다.

뇌 코칭 후 전략적 계획 수립의
슈퍼히어로가 되다

추상적 사고 역량이 부족한 사람은 조슈아뿐만이 아니다. 실제로 기업 임원들 중 추상적 사고 수준이 낮거나 보통인 경우가 흔하다. 따라서 많은 리더가 전략적 계획 수립은 물론이고 자기 자신과 팀의 성과 및 생산성을 극대화하는 방식으로 업무를 위임하는 일에서 어려움을 겪을 수 있다. 그러나 추상적 사고 역량의 강화를 위한 뇌 훈련과 적절한 지도를 통해 이와 같은 어려움을 극복할 수 있다.

한층 강화된 추상적 사고 역량을 갖게 된 조슈아는 적절한 전략적 계획을 쉽고 빨리 수립할 수 있다는 것을 알게 되었다. 또한 뇌 코칭을 마친 뒤 업무 위임을 계획하고 준비하며 위임할 작업을 팀원들에게 의사소통하는 능력도 크게 발전했다. 다이앤은 자신이 조슈아에게 부여한 임무를 수행하면서 조슈아의 리더십 역량과 자신감이 크게 높아졌다는 점에 주목했다. 그래서 아주 편안한 마음으로 조슈아가 이미 정식으로 제안을 받고 기꺼이 받아들인 바와 같이, 승진하면서 다른 부문으로 이동하도록 추천했다.

13장

운영적 사고

🧠 "전략적 사고는 조직의 바퀴가 올바른 방향으로 가고 있는지 확인하는 일과 관련이 있지만, 운영적 사고는 그 바퀴가 계속 굴러가게 하는 일과 관련이 있다고 볼 수 있다." [1]

닐 톰슨Neil Thompson

유동적 사고의 관점에서 볼 때 어떤 영역에서든 역량이 충분히 발달하지 못하면 승진을 포함한 경력 발전이나 일반적인 의미에서 인생에 성공을 가져오는 능력을 저해하는 행동으로 이어지는 경우가 많다.

잠재의식의 사고 습관이 충분히 발달하지 못한 경우에 문제가 일어나지만, 과도하게 발달한 경우에도 문제가 생길 수 있다. 이전의 몇몇 장에서 이야기한 것처럼 과도한 발달은 그 양상은 완전히 다르지만 똑같이 문제를 일으키는 일련의 결함과 관련이 있다. 혁신적 사고와 마찬가지로 운영적 사고 습관도 과도하게 발달하거

전략×계획×실행

전략적 사고
추상적 사고
운영적 사고

세 번째 기둥

나 덜 발달할 수 있으며, 두 가지 불균형 모두 각각의 문제를 유발한다. 여기서도 다시 한번 아기 곰의 '딱 적당한' 수준을 간절히 원하게 된다.

운영적 사고가 이상적으로 균형을 이루면 어떤 과정이나 작업, 문제를 현실적이고 실용적으로 처리하는 동시에 다른 사람을 활용함으로써 해결방안을 제시할 수 있다. 최적의 운영적 사고를 갖춘 사람은 정확하게 업무를 위임할 수 있기 때문이다. 예를 들어, 이러한 사람들은 어떤 일을 배정할 때 "최대한 빨리 해 주세요"라고 말하는 대신 "금요일 오후 3시까지 완료해 주세요"처럼 기한을 정확하게 전달한다.

운영적 사고가 과도하게 발달한 주된 원인은 사람들이 직접 일하는 모습이나 개인적인 노력을 통해 일을 완수하는 능력 때문에 인정받는 현상에 있다고 가정한다. 이러한 사람들은 항상 일을 해내는 해결사로 인식되어 경력 초반에 승진을 거듭한다. 그러나 불행히도 중간 관리자로 올라가는 동안에는 자산이었던 모습이 더 높은 자리에서는 부채가 된다.

운영적 사고는 4S 전략 방법론의 마지막 단계인 전략적 실행과 관련이 있다. 기업에서 전략적 실행은 매우 중요하다. 그러나 훨씬 더 중요한 것은 어떤 역할을 해야 하는지 아는 것이다.

4S 전략 방법론에서 운영적 사고의 역할

●

운영적 사고라는 잠재의식의 사고 습관은 4S 전략 방법론의 마지막 단계를 뒷받침한다. 10장에서 배운 것처럼 이 4단계는 전략적 계획의 각 부분을 구축하고, 그 과정에서 발생하는 모든 위험을 완화하는 실행 과정에 해당한다. 이 과정을 실질적인 방식으로 설명하기 위해 다시 한번 집짓기에 비유해 보자.

4S 전략 방법론 4단계: 전략적 실행(하청업자의 역할)

11장에서 건축주와 건축가의 역할을, 12장에서 건축업자의 역할을 살펴보았다. 이번에는 하청업자의 역할에 비추어 4S 전략 방법론 4단계인 전략적 실행을 파악할 차례다. 하청업자의 역할은 건축업자의 역할에 비해 범위가 좁고 독립적이다.

하청업자는 자신에게 위임된 특정 모듈이나 작업을 실행하는 데

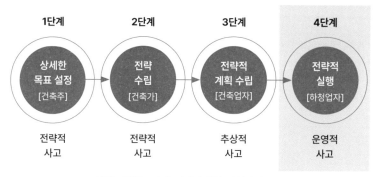

4S 전략 방법론 4단계: 전략적 실행(하청업자의 역할)

중점을 둔다. 이에 반해서 건축업자는 다양한 모듈을 통합하는 전략적 계획을 수립하고 개별 모듈이나 작업을 할당할 방법을 결정하는 등 보다 큰 그림에 역량을 집중한다.

여기 전기 공사를 담당하는 하청업자가 있다고 생각해 보자. 이 하청업자는 건축업자가 자신에게 위임한 모듈인 필수 전기 시스템의 설치를 계획하고 실행할 책임이 있다. 이전에도 여러 번 전기 설비를 설치했기 때문에 하청업자는 과거 경험을 활용하여 담당 모듈을 실행할 최적의 방법을 찾을 수 있다. 하지만 건축업자에게 있어 가장 중요한 계획이 종합적으로 실행되기 위해서는 다른 하청업자들과 협력해야 한다. 예를 들어, 배관이나 미장 작업이 어떻게 진행되는지 알고 있어야 한다. 그래야 배관이나 미장 작업의 요구 사항을 반영하면서도 건축업자가 정한 기한을 준수하고 적절한 시간에 전기 장치를 설치할 수 있기 때문이다.

목표는 각 하청업자가 자신에게 배정된 모듈을 다른 하청업자들과 협력하면서 실행하는 동시에 잠재적인 위험 요소를 평가하고 완화하는 방법을 전략적으로 고민하는 것이다. 건축업자의 계획과 지침에 맞춰 이 모든 목표가 달성되면 전략적 실행이 최적화된다.

기업에서 전략적 실행의 의미

구체적이고 실용적인 관점에서 전략적 실행을 이해했으니 역할 사이의 경계가 다소 불분명한 기업 환경의 맥락에서 하청업자의 역할이 어떤 의미인지 살펴보자.

집을 지을 때 건축업자는 특정 모듈이나 작업을 실행할 책임이 있는 하청업자에게 일을 배정한다. 마찬가지로 기업의 리더 역시 특정 분야나 작업을 실제로 수행할 다른 사람에게 일을 위임한다. 기업의 리더라면 자신이 이끄는 팀을 하청업자처럼 생각해야 한다. 조직의 전체적인 전략을 구성하는 각 분야를 단계별로 구축하는 것이 팀의 일이다. 이것이 바로 리더가 정확하게 업무를 위임하고 위임받은 작업을 수행할 권한을 팀에 부여하면서도 작업의 진행 과정을 적극적으로 추적 관찰해야 하는 이유다.

리더란 전략을 수립하고(건축가), 상위 수준의 계획을 수립하는(건축업자) 존재다. 그러나 운영적 사고가 과도하게 발달한 리더는 실행 과정(하청업자)에 지나치게 집중한다. 건축가나 건축업자의 역할을 하는 대신 하청업자로서 팀원들의 일을 직접 하려고 한다.

이러한 습관은 성공과 경력 발전을 가로막는 잠재의식 속 장애물이 된다.

현실에서는 선의를 가지고 열심히 일하지만 운영적 사고가 과도하게 발달한 리더에 의해 전략적 실행이 자주 경로에서 이탈한다. 이들은 외로운 늑대와 같은 방식으로 일과 사람을 대한다. 혼자 일하는 것을 선호하기 때문에 다른 사람들이 이들을 혼자 두고 떠나는 경향이 있으며 그 반대의 경우도 마찬가지다. 안타깝게도 단독 작업에는 상당한 대가가 따르며 타 부서나 동료들과의 관계만 악화될 뿐이다.

운영적 사고를 위한 잠재의식의 사고 습관 모델

운영적 사고는 일반적으로 과도하게 발달하기 때문에 많은 이들이 자신의 팀 구성원들의 역량을 활용하기보다는 자신이 직접 하는 방식으로 전략적 과제의 실행에 접근한다.

다음은 과도하게 발달한 운영적 사고가 직장에서 어떻게 작동하는지를 보여주는 사례다.

- **신호:** 리더가 조직의 전략적 계획 중 한 부분을 실행에 옮겨달라고 요청한다.

- **루틴**: 잠재의식 속에서 과도하게 발달한 운영적 사고 루틴을 실행한다.
- **결과**: 곧장 운영 모드에 돌입해서 스스로 과중한 업무 부담을 지고, 팀 구성원들에게는 사소한 작업만을 배분해서 실행하게 한다.

운영적 사고 이면의 과학

핵심은 운영적 사고가 '구체적 논리'라는 인지 기능과 밀접한 관련이 있다는 것이다. 여기서 구체적 논리는 물리적 감각, 즉 본질적으로 우리가 보고 듣고 만질 수 있는 것에 기반하며 현시점에서 작동하는 인지 기능이다. 그러므로 운영적 사고는 최상의 결과를 얻기 위해 물리적 대상이나 즉각적인 경험, 정보의 정확하고 엄밀한 해석에 중점을 둔다.

1장에서 다룬 피아제의 인지 발달 이론에서 배운 바와 같이 발달 과정에서 구체적 조작기는 7~11세에 발생한다. 내 관점에서는 운영적 사고가 구체적 조작기를 뒷받침한다. 한편 어린이의 인지 발달은 결정성 지식을 습득하는 것 이상으로 구성된다는 점도 기억할 가치가 있다. 내 이론 체계의 맥락에서 보면 바로 구체적 조작기에서 어린이는 운영적 사고라는 잠재의식의 사고 습관을 발달시키기 시작하여 자신의 유동적 사고를 계속 강화한다.

현재 가지고 있는 잠재의식의 사고 습관 가운데 상당수가 아주 어렸을 때 형성되었다는 사실을 깨닫는 것은 놀라운 일이다. 대부분의 성인은 운영적 사고가 과도하게 발달했다. 그 결과 지나칠 정도로 직접 해야만 직성이 풀린다. 그런데 과도하게 운영 중심적이면 전략적 사고와 추상적 사고를 최적화하기 힘들 수 있다. 그리고 이는 결국 전략 수립과 전략적 계획 수립, 업무 위임에 부정적인 영향을 미친다.

운영적 사고가 과도하게 발달한 리더에게서 관찰할 수 있는 대표적인 특징은 "누군가에게 설명할 시간이면 내가 직접 할 수 있다"라는 말을 자주 한다는 것이다. 이제 리디아를 만나면 이러한 불균형이 리더십 역량을 어떻게 저해하는지 알게 될 것이다.

갈 곳을 잃은 야심가

●

리디아는 한 국영 제조사에서 생산 부문 책임자의 오른팔로 명성을 쌓은 젊은 야심가다. 어디에서든 문제가 발생할 때마다 찾는 사람으로 해결사라는 별명을 가지고 있다. 더불어 광범위한 분야에서 전문성을 갖추고 있으며, 문제를 순식간에 정리하는 능력까지 있다.

상사인 자신타는 리디아가 실용적이고 현실적이며 신뢰할 수 있는 사람이라고 생각한다. 또한 항상 자청해서 도움을 주려는 모습을 높이 평가한다. 그러다 보니 많은 일을 기꺼이 리디아에게 위임한다. 자신타의 좌우명은 "어떤 일을 끝내고 싶다면 바쁜 사람에게 맡겨라"이다. 항상 정신없이 바쁜 리디아지만 모든 일을 손쉽게 해내며 도전을 결코 마다하지 않는다.

리디아는 일을 즐긴다. 어떤 일이든 파고들다 보면 결국은 끝낼 수 있기 때문이다. 리디아는 실무에 깊숙이 개입해 일하는 방식에서 보람을 느낀다. 또한 그간 쌓아온 많은 경험을 활용해서 발생하는 모든 문제를 해결할 방법을 찾을 수 있는 자신이 신뢰할 만한 사람이라는 것도 잘 알고 있다. 방대한 지식과 적극적인 태도 덕분에 이곳저곳으로 파견되어 문제를 해결하기도 한다. 이 부분이 특히 리디아가 자신의 역할에서 가장 즐겁고 가치 있다고 여기는 점이다.

리디아는 항상 새로운 것을 배우는 데 익숙하지만 낯선 작업을 시작하기 전에 매뉴얼부터 읽는 스타일은 아니다. 대신 일단 시작부터 한 뒤에 시행착오를 겪는 방식을 선호한다. 일처리가 빠르고 부지런하기 때문에 순식간에 실행한다. 드문 경우지만 새로운 작업 때문에 난처한 상황에 처하면 상황을 해결할 때까지 한 번에 하나씩 처리한다. 이와 같은 방법으로 인해 예상치 못한 문제를 나중에 해결해야 하는 경우도 있지만, 리디아는 장시간 근무나 재작업 앞에서 물러서거나 일을 지연시키는 법이 없다.

리디아는 문제가 발생했을 때 분석부터 하려는 사람들, 특히 해결방안을 실행하는 속도가 느린 사람들을 향한 인내심이 자신에게는 별로 없다는 것을 인정한다. 그리고 자신이 거의 모든 일에 적임자라는 자신감이 있어서 업무 위임의 필요성을 거의 느끼지 않는다. 게다가 과거에 누군가에게 일을 맡길 때마다 시간은 두 배나 걸렸지만 결과의 수준은 기대치의 절반밖에 안 된 경험이 있었다. 그러니 귀찮게 업무를 위임할 이유가 있을까?

리디아는 현재 자리에서 받는 급여와 각종 부수적인 혜택에 만족하고, 자주 다녀야 하는 출장도 즐기는 편이다. 그런데 이와 동시에 다소 당혹스러운 감정을 느끼기도 한다. 최근 성과 평가 시간에 자신타가 자신을 가리켜 '전문 공로자'라고 부른 적이 있기 때문이다. 리디아는 그 말이 무슨 뜻인지 몰랐다. 표면적으로는 칭찬하는 말처럼 들렸지만, 다소 모호한 데다 심지어 잘난 체한다고 비꼬는 표현일지 모른다고 생각했다. 게다가 이처럼 모호한 별명을 붙인 것 말고도 자신타는 자신의 승진 이야기를 피하는 듯했다. 지금 당장은 만족하고 있지만 리디아는 전문 공로자라는 역할에 영원히 갇혀 있고 싶지 않았고, 회사 내 다른 기회에 자신이 고려되는 것을 방해하는 요인이 무엇인지 궁금해졌다.

조직에서 리디아의 전문 기술을 높이 평가해서 잘 대우하고는 있지만 전략적으로 일하지 못하고 효과적으로 업무를 위임하지 못하는 모습이 리디아의 경력에 한계를 만든다. 리디아는 미리 계획을 세우지 않기 때문에 업무 위임이 제대로 이루어지지 않으며 동료나 팀원들도 원활하게 작업을 실행하지 못한다.

안타까운 점은 리디아가 과도하게 발달한 운영적 사고와 취약한 추상적 사고로 인해 좁은 틈새에 갇혀서 벗어나기가 만만치 않다는 것이다. 리디아는 과학적으로 설계된 의도적 연습 훈련을 통해 뇌를 재구성함으로써 전략적 사고와 추상적 사고의 역량을 강화하고, 이를 통해 과도하게 발달한 운영적 사고에서 균형을 되찾아야 한다.

균형 잡히지 않은 운영적 사고가 미치는 영향

운영적 사고가 과도하게 발달한 사람에게 나타나는 행동은 다음과 같다.

- 지나치게 행동 지향적으로 어떤 일을 신중하게 생각하기보다는 일단 시작하는 것을 선호한다.
- 일을 진행하면서 즉석에서 계획하는 것을 선호한다.
- 원하는 결과를 만들어내기 위해 팀 구성원들을 활용하는 대신 스스로 무거운 짐을 너무 많이 짊어진다.
- 효과적으로 업무를 위임하는 방법을 미리 계획하지 않기 때문에 업무

위임을 꺼리고, 그 결과 위임받은 이들로부터 작업 결과를 전달받았을 때 실망하는 경우가 많다.

- 똑같은 결과를 만들어내는 데 다른 사람들이 자신보다 더 많은 시간이 걸리는 모습에 당황한다.

운영적 사고가 충분히 발달하지 못한 사람에게 나타나는 행동은 다음과 같다.

- 사고가 지나치게 이론적이다.
- 생각이 실용적이지 않은 경우가 많아서 다른 사람들에게 비현실적인 사람으로 인식된다.
- 결과를 만들어내기 위해 팀 구성원을 잘 활용하지만 종종 너무 관여하지 않다 보니 지침이나 방향을 충분히 제공하지 못한다.
- 실용성이 부족하기 때문에 작업을 위임할 때 정확하지 않은 경우가 많다.

균형 잡힌 운영적 사고의 이점

운영적 사고가 최적으로 균형을 이루면 일단 일에 뛰어들어서 스스로 무거운 짐을 짊어지는 대신 편안한 마음으로 한 걸음 물러나 팀 구성원을 관리하여 원하는 결과를 얻을 수 있다. 그리고 광범위하고 복잡한 프로젝트를 수행하는 경우에는 다른 팀의 리더와 효과적으로 협력할 수 있다. 또한 자세한 지침과 작업 완료 기한을 제공하는 등 업무를 정확하게 위임한다. 프로젝트의 세세한 일에 뛰어드는 대신 넓은 관점을 제공하는 좋은 위치에서 팀을 이끌면서 필요에 따라 적절하게 지시할 수 있다.

뇌 코칭 후 실행을 최적화하다

●

뇌 코칭 프로그램을 마친 후 리디아의 운영적 사고는 예상대로 과도하게 발달하지도 않고 그렇다고 덜 발달하지도 않은 '딱 적당한' 범주에 잘 들어맞게 발달했다. 그리고 이제는 강화된 전략적 사고 및 추상적 사고에 의해 훌륭하게 보완되고 있다. 이처럼 아기 곰의 딱 적당한 수준에 이른 운영적 사고 덕분에 리디아는 뒤로 물러날 수 있고, 그 결과 더는 지나치게 실무에 개입하거나 행동 지향적으로 움직이지 않는다. 강력한 실용주의 위에 형성된 운영적 사고는 리디아에게 큰 힘이 되어 편안한 마음으로 업무를 위임하고 팀을 활용하여 필요한 결과를 만들어낼 수 있게 돕는다. 결과적으로 관련된 모두에게 긍정적인 상황이 만들어진 것이다.

다음번 성과 평가 시간에 자신타는 크게 좋아진 리더십 스타일과 실무에 덜 개입하는 접근 방법을 보여준 리디아를 칭찬했다. 두 사람은 리디아가 팀원들이 성과를 내도록 이끌고 전반적인 기술 수준을 향상시키도록 조언하는 능력을 이제는 입증했으므로 담당하는 팀의 규모를 크게 늘려도 좋다는 데 동의했다. 이처럼 새로운 도전을 맞이하는 리디아는 마음이 들뜬 반면, 자신타는 더 이상 걱정하지 않았다. 아프거나 회사를 떠났을 때 큰 위험을 초래할 수 있는 단일 장애점single point of failure(시스템 구성 요소 가운데 작동되지 않으면 전체 시스템이 중단되는 요소를 말한다—옮긴이)이었던 과거의 리디아는 이제 없기 때문이다. 리디아는 그리 달갑지 않았던 '전문 공로자'라는 별명에 작별을 고했다.

5부

네 번째 기둥:
사회적 리더십

14장

사회적 리더십이라는
예술

"오늘날 성공적인 리더십의 핵심은 권위가 아니라 영향력이다."

켄 블랜차드Ken Blanchard

사회적 리더십은 예술이다. 나는 사회적 리더십을 자신의 사회적 기술과 대인관계 기술, 감성 기술을 활용하여 사람들에게 리더십을 발휘하고 동기를 부여함으로써 원하는 결과를 만들어내는 개인의 역량으로 정의한다.

네 번째 기둥인 사회적 리더십은 그림에 표시된 것처럼 세 가지의 잠재의식의 사고 습관으로 구성된다. 세 가지 사고 습관이 균형을 이루면 원하는 소속감을 얻을 수 있고, 자기 자신은 물론이고 자신이 이끄는 팀과 리더십을 발휘하는 방법에 다시 활력을 불어넣을 수 있다.

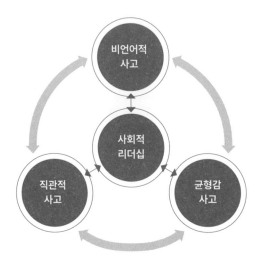

네 번째 기둥: 사회적 리더십

- **비언어적 사고:** 다른 사람에게 무언가 '조금 이상한' 모습이 있음을 잠
  재의식 속에서 감지하게 해준다. 비언어적 사고는 대체로 신체 언어
  의 미묘한 변화에 대한 관찰에 의존한다. 그리고 주로 개인들 사이의
  일대일 상호 작용과 관련이 있다.*

- **균형감 사고:** 동의하는 마음이 없더라도 다른 사람의 관점을 잠재의
  식 속에서 감지하고 이해하는 능력이다. 타인의 감정과 생각을 마음
  으로부터 공감하는 데 있어 중요한 역할을 한다.

- **직관적 사고:** 사람들로 가득한 공간의 분위기를 파악하는 소질과 같

---

* 여기서 '주로'라고 말한 이유는 비언어적 사고가 보통 일대일 상호 작용과 관련이 있기 때문
이다. 무리의 사람들과 상호 작용할 때도 이 사고 습관에 의존하지만 그러한 경우에도 한 번에
한 사람에게만 집중할 수 있다.

이 넓은 업무 환경에서 일어나는 미묘한 변화를 잠재의식 속에서 관찰하는 능력이다. 또한 직감과 세상 물정에 밝은 능력도 뒷받침한다. 주로 집단 상호 작용(즉 일대다 또는 다대다)과 관련이 있다.

기업에서 최적으로 발달한 사회적 리더십은 타협할 수 없는 가치를 가지며 장기적인 경력 발전 과정에서 점점 더 중요한 요소가 된다. 이것이 바로 사회적 리더십이 잠재의식의 사고 습관 체계에서 별도의 기둥을 차지할 자격이 있는 이유다.

이번 사회적 리더십 기둥에 속한 사고 습관은 논리적이라기보다는 감각적이다. 분석적 사고나 추상적 사고처럼 합리적 사고 능력에 기반한 사고 습관들과 달리 사회적 리더십은 다른 사람과 상호 작용하면서 지각 능력을 사용한다.

사회적 유대감

리더는 모두가 한데 뭉쳐 힘을 합쳐서 결과를 만들어내는 분위기를 조성해야 한다. 이를 위해 사회적 유대감을 형성함으로써 사람들이 최선을 다하도록 동기를 부여해야 한다. 특정 분야에 대한 전문성이 훌륭한 리더의 필수 요건이기는 하지만, 승진이나 출세에서는 더 이상 차별화 요소가 아니다. 그 대신 경력 발전은 팀이나 동료들과 진정성 있게 가까워지는 동시에 협력과 성과 향상까지 최적화하는 능력에 따라 점점 더 결정되고 있다.

흥미롭게도 자신의 주의력을 통제하고 복잡한 문제를 해결하며 전략과 계획을 수립하는 일에 고도로 숙련된 사람들이 사회적 리더십을 발휘하기 힘들어하는 경우가 많다. 사회적 리더십 능력이 이상적인 수준에 미치지 못하는 리더는 사람들을 여정에 동반하기 어렵다. 이와 같이 사회적 유대감이 없으면 사람들은 의욕을 상실하기 때문에 자신이 가지고 있는 모든 능력을 이용해 서로 협력하면서 리더의 전략을 능숙하게 실행할 의지가 약해진다. 이렇게 동의와 열정이 부족하면 작업 결과의 질이 낮아지고 프로젝트나 부서의 전체적인 성공이 위태로워진다.

사회적 리더십과 감성 지능

●

감성 지능은 사람들 간의 관계와 행동을 뒷받침하는 인지 능력이다. 다니엘 골먼Daniel Goleman은 《감성 지능Emotional Intelligence》을 통해 '감성 지능'이라는 용어를 대중화했다.[1] 또한 《감성 지능으로 일하기Working with Emotional Intelligence》에서는 감성 지능을 "우리 자신과 타인의 감정을 이해하여 스스로에게 동기를 부여하고, 우리 자신과 우리가 맺고 있는 관계에서 감정을 잘 관리하는 능력"

이라고 정의한다.[2] 이는 리더로 성공하는 데 있어 감성 지능이 다른 무엇보다 중요하다는 것을 보여준다. 골먼이 말한 바와 같이 "최고경영자는 지적 능력과 경영 이력 덕분에 채용되며 감성 지능이 부족하다는 이유로 해고된다".[3]

골먼에 따르면 "공감과 사회적 기술은 사회적 지능, 즉 감성 지능의 대인관계 부분이다. 이것이 바로 두 가지가 비슷해 보이는 이유다".[4] 내 관점에서는 비언어적 사고, 균형감 사고, 직관적 사고가 골먼이 말한 감성 지능과 사회적 기술의 주된 동력이다. 그래서 나는 이 세 가지 잠재의식의 사고 습관을 종합적으로 가리켜 '사회적 리더십'이라고 부른다.

지금까지 이 주제를 다루지는 않았지만 이 책의 앞부분에서 논의한 모든 잠재의식의 사고 습관이 감성 지능과 사회적 기술에도 영향을 미친다는 점에 주목할 필요가 있다. 이 모든 사고 습관이 최적화되지 않으면 전반적인 리더십 스타일과 성과에 결함을 초래할 수 있다. 다음에서는 처음 세 개의 기둥에서 다룬 일곱 가지의 잠재의식의 사고 습관이 어떻게 감성 지능에도 영향을 미칠 수 있는지 설명한다.

- **집중적 사고**: 집중적 사고가 취약한 사람은 마음이 자연스럽게 다른 데로 가기 때문에 대화를 나누다가 쉽게 산만해진다. 이러한 일이 발생하면 상대방은 그 사람이 대화에 참여하지 않는 것으로 인식한다.

이는 상대방에게 집중적 사고가 취약한 사람이 지금 나누고 있는 대화를 중요하지 않다고 생각한다는 인상을 주게 되어 결국 라포를 손상시킨다.

- **분석적 사고**: 갈등이 일어나면 분석적 사고가 취약한 사람은 갈등이 일어난 원인을 분석하기보다 느낌이나 감정의 수준에서 반응하는 경우가 많다. 또한 분노와 좌절감을 빠르게 표출할 수도 있다. 사회적 리더십의 관점에서 보면 이러한 모습은 비효율적으로 갈등에 대처하는 방식이다. 아니면 갈등을 해소하기 위한 조치를 취하기 전에 잠시 멈춘 다음 갈등이 일어난 상황을 생각하다가 감정을 증폭시킬 수도 있다. 이러한 두 가지 반응 모두 성과와 생산성에 부정적인 영향을 미친다.

- **혁신적 사고**: 혁신적 사고가 과도하게 발달하면 사회와 기업에 존재하지만 눈에 보이지 않는 경계를 쉽게 알아보기 힘들다. 결과적으로 다양한 방식으로 업무 관계를 손상시킬 수 있다. 일례로 나를 찾아온 한 남성은 동료나 외부 전문가에게 습관적으로 부탁을 했지만 자신이 보답하겠다고 한 적은 한 번도 없었다. 시간이 흐르면서 다른 사람들도 그의 패턴을 알아차렸고, 결국에는 그 남성에게 더 이상 호의를 베풀려 하지 않았다.

- **개념적 사고**: 개념적 사고가 발달한 사람은 사고 속도가 매우 빠르다는 이유로 오만하게 비춰질 수 있다. 그리고 사고 속도가 느린 사람에게 쉽게 짜증을 낸다. 또한 자기 의견을 정제하는 데 필요한 사회적 품위가 부족할 수도 있다. 이처럼 날을 세우며 상호 작용하면 동료나 팀

이 부정적인 감정 상태에 빠지게 되어 결국 그들이 만들어내는 결과물의 질이 저하된다.[5] 이러한 유형의 행동이 타인에게 미칠 수 있는 바람직하지 않은 영향을 생각해 보면, 개념적 사고 수준이 극도로 높은 리더가 왜 팀 내에서 팀원들이 돌아가며 마음 깊이 분노를 느끼는 상황을 유발하는지 쉽게 이해할 수 있다. 결과적으로 이는 리더의 사회적 리더십 역량을 손상시킨다.

- **전략적 사고:** 전략적 사고가 취약한 사람은 지나치게 장황한 경향이 있으며 체계가 없는 방식으로 의사소통을 하고 동료들을 혼란스럽게 한다. 이처럼 낮은 수준의 전략적 사고는 정확성의 부족으로 인해 다른 사람들을 점점 더 당혹스럽게 하기 때문에 장기적으로 직업적 관계를 손상시킬 수 있다.

- **추상적 사고:** 추상적 사고가 취약한 사람은 효과적으로 계획을 세우고 업무를 위임하는 데 어려움을 겪는다. 이는 리더의 사고에 정확성이 부족하면 작업을 위임하고 전달하는 능력이 저하되기 때문이다. 결과적으로 팀원들은 정확하게 설명해 달라고 반복해서 요청하다 보니 진행하던 작업을 자주 중단하게 될 것이다. 시간이 지남에 따라 사람들은 이러한 리더와 함께 일하는 것을 피한다.

- **운영적 사고:** 운영적 사고가 과도하게 발달하면 즉석에서 계획을 수립하고 '사격—조준—준비'와 같이 반대 방향으로 문제에 접근하는 경향이 있다. 이처럼 지나치게 행동 중심적인 리더십은 항상 많은 양의 재작업을 초래할 뿐 아니라 골대가 끊임없이 움직이기 때문에 팀

원들을 당황하게 한다. 결과적으로 사람들은 이와 같은 유형의 리더와 함께 일하는 것에 매력을 느끼지 않는다.

지금까지 설명한 내용에서 알 수 있듯이 열 가지 잠재의식의 사고 습관이 모두 정교하게 균형을 이루어야만 감성 지능과 사회적 리더십의 역량을 최적화함으로써 시너지 효과를 통해 조화와 성과를 만들어낼 수 있다.

15장

비언어적 사고

> 🧠 "의사소통에서 가장 중요한 점은 상대가 말하지 않는 것을 듣는 것이다."
>
> 피터 드러커 Peter Drucker

나는 비언어적 사고를 어떤 사람의 신체 언어에 일어나는 미묘한 변화를 알아차림으로써 대인관계에서 주고받는 반응을 읽고 조정할 수 있는 잠재의식 속 감지 능력이라 정의한다. 비언어적 사고는 신체 언어, 얼굴 표정, 목소리 톤 등 다른 사람과 라포를 구축할 때 중요한 요소의 작고 미묘한 변화를 포착하는 데 도움이 된다. 대부분 일대일 상호 작용 과정에서 작동하지만 집단 상호 작용 과정에서 이용되기도 한다. 그런데 후자의 경우에는 비언어적 사고의 초점을 한 사람에서 다른 사람으로 계속 이동해야 한다.

비언어적 사고가 충분히 발달하지 못하면 동료의 미묘한 비언

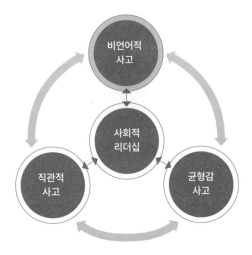

네 번째 기둥: 사회적 리더십

어적 신호를 인식하지 못한다. 이와 같은 모습은 직업적 관계에 불만을 초래할 수 있다. 수많은 사람을 만나며 발견한 사실은 성공한 고위 임원이 이 영역에서 낮게 나오는 경우는 드물다는 것이다. 즉 사회적 리더십 능력이 손상된 사람은 높은 리더의 자리로 승진하는 것이 쉽지 않다는 뜻이기도 하다.

다른 사람들은 비언어적 사고 역량이 부족한 리더가 회의에서 자신의 주장을 의도적으로 밀어붙인다고 인식하는 경우가 많다. 하지만 이 행동은 의도하지 않은 것일 가능성이 높다. 리더는 단순히 비언어적 신호를 알아차리지 못할 뿐이고, 그 결과 자신도 모르게 자기주장을 밀어붙이는 것이다. 불행히도 이와 같은 접근 방법은 다른 사람들이 기꺼이 리더를 따를 수 있는 상황을 조성하지 못한다.

교육 및 코칭에 관한 전통적인 결정성 지식의 접근 방법을 취하면 일시적으로나마 의사소통 단절을 해소하는 데 도움이 될 수 있다. 하지만 취약한 비언어적 사고는 잠재의식의 결함이기 때문에 리더는 스트레스를 받으면 변함없이 본래의 행동으로 돌아갈 것이다. 전통적인 결정성 지식의 접근 방법을 이용하는 리더는 일시적인 조정 기간을 경험할 수 있지만, 사회적 리더십은 지속적으로 손상되어 관계를 훼손하고 궁극적으로 경력 발전에 한계를 드리울 것이다. 이러한 문제를 해결하려면 리더가 잠재의식의 사고 습관을 재구성하는 의도적 연습을 통해 자신의 비언어적 사고를 강화해야 한다.

두 번째 기둥인 '복잡한 문제해결'에서 로버트 카츠는 효과적인 리더가 되기 위해서는 기술적 능력과 개념화 능력*에 대인관계 능력까지 갖춰야 한다고 했다. 그는 대인관계 능력이 다른 사람들에게 자신감을 불러일으키는 다재다능한 리더를 양성하는 데 어떻게 도움이 되는지 알고 있었던 것이다.

리더십에서 대인관계 능력이 차지하는 역할에 대한 카츠의 견해는 내가 주장하는 사회적 리더십의 개념과 유사하다. 내 관점에서 보면 비언어적 사고가 카츠가 말한 '대인관계 능력'의 핵심적인 구성 요소다. 이 사고 습관은 집단의 구성원으로서 일하는 경우는 물

---

* 9장에서 논의한 개념적 사고와 밀접한 연관이 있다.

론이고 리더로서 팀을 이끄는 경우에도 도움이 된다. 특히 리더의 자리에서는 비언어적 사고를 이용하여 협력 체계를 구축하고 작업에 대한 추진력을 확보할 수 있다. 그러므로 카츠의 연구는 비언어적 사고라는 잠재의식의 사고 습관을 파악하는 데 활용 가능한 탄탄한 틀을 제공한다.

미국의 인류학자이자 언어학자인 에드워드 사피어Edward Sapir 가 날카롭게 지적한 바와 같이 "비언어적 의사소통이란 그 어디에도 적혀 있지 않고 그 누구도 알지 못하지만, 우리 모두가 이해하는 정교한 암호다".[1] 사피어의 말은 비언어적 사고의 핵심을 한 문장으로 적절하게 설명한 가운데 마지막에서 '정교한 암호'라는 절묘한 표현으로 요약하고 있다.

사피어의 말이 비언어적 사고의 특성을 적절하게 담아내고 있는 이유를 살펴보자. 첫째, 비언어적 사고는 암호다. 따라서 누군가는 그 존재를 이해할 수도 있지만 암호 자체는 수수께끼로 남아 있다. 대부분의 사람들은 비언어적 사고를 의식적으로 인식하지 못하기 때문에 잠재의식 속에서 이 암호를 활용한다.

둘째, 이 암호는 어디에도 적혀 있지 않고 누구도 알지 못하므로 정확히 표현하고 문서화하기가 불가능하다. 그러므로 이를 결정성 지식으로 분류할 수 없다. 오히려 유동적 사고의 범주에 속한다.

셋째, 이 암호는 모두가 이해한다. 여기서 나는 이 암호를 모든 사람은 아니고 대부분이 이해한다고 말하고 싶다. 일반적으로 비언어적 사고가 취약한 사람들에게 이 암호는 완벽한 수수께끼로 남아 있다. 이는 성장 과정에서 이들의 뇌가 비언어적 사고 습관을 효과적으로 코드화하지 않았기 때문이다.

비언어적 사고를 위한 잠재의식의 사고 습관 모델

사고 습관 모델을 기억하는가? 지금쯤이면 잊어버리기도 어려울 것이다. 하지만 그림은 틀에 맞춰야 하고, 그러려면 맥락이 아주 중요하다. 비언어적 사고에 어려움을 겪는 사람은 좀처럼 신호를 알아보지 못한다. 충분히 발달하지 못한 비언어적 사고는 다음과 같이 작동한다.

- **신호:** 대화를 나누는 동안 동료의 얼굴 표정이나 신체 언어가 미묘하게 변화한다.
- **루틴:** 잠재의식 속에서 충분히 발달하지 못한 비언어적 사고를 실행한다.
- **결과:** 불행히도 동료의 비언어적 신호 변화를 감지하지 못한다. 그래서 대화 상대에게 확인할 필요성을 인식하지 못한 채 동일한 태도로 대화를 이어간다.

비언어적 사고가 취약한 사람은 신체 언어, 목소리 톤, 얼굴 표정 등의 변화에서 나타나는 미묘한 신호를 알아보기가 매우 어렵다. 그러다 보면 결과적으로 다른 사람들과 비언어적 라포 댄스를 함께 추는 데 어려움을 겪는다.

비언어적 사고 이면의 과학

《하버드 비즈니스 리뷰》에 게재된 다니엘 골먼과 리처드 E. 보야치스Richard E. Boyatzis의 〈사회적 지능과 리더십의 생물학Social Intelligence and the Biology of Leadership〉에서 저자들은 행동신경과학에서 진화하고 있는 연구 분야인, 다른 사람과 상호 작용할 때 뇌가 반응하는 방법에 관한 연구를 다룬다.[2] 그리고 이를 통해 좋은 리더를 만드는 요인에 관한 흥미롭고 통찰력 있는 견해를 밝힌다. 또한 이 글에서 그들은 클라우디오 페르난데스—아라오스Claudio Fernandez-Araoz가 수행한 연구도 언급했다. 이 연구에 따르면 "자기 관리와 추진력, 지적 능력 덕분에 최고경영진의 자리까지 오른 많은 사람들이 때때로 나중에 기본적인 사회적 기술이 부족하다는 이유로 해고되기도 했다".[3] 이러한 관찰 결과는 뛰어난 기술적 능력과 지적 능력을 갖춘 임원들이 부족한 사회적 리더십으로 인해 직업적으로 한계에 봉착할 수 있는 이유를 밝혀준다.

더 나아가 골먼과 보야치스는 거울 뉴런mirror neuron의 존재를 밝혀낸 행동신경과학 분야의 연구도 살펴보았다. 뇌 전체에 널리 분포되어 있는 거울 뉴런은 다른 사람의 뇌가 하는 행동을 관찰하고 모방하는 동시에 자기 자신의 뇌에서 같은 영역을 활성화한다. 따라서 이러한 뇌 세포는 다른 사람의 감정과 신체 언어, 행동, 의도를 반영하고 재현하는 잠재의식 속 능력을 주로 담당한다. 사회적으로 상호 작용하는 상황에 놓이면 인간의 뇌는 의식적으로 그리고 잠재의식 속에서 다른 사람에게 반응하고 대응하면서 끊임없이 변화하고 있다. 따라서 자기 자신의 감정과 신체 언어, 행동, 의도도 끊임없이 변화하게 된다.

우리 대부분은 다른 사람과 완벽하게 조화를 이루고 있다는 감정을 느껴본 적이 있다. 그럴 때 아마도 "마음이 참 잘 맞네요"라고 말했을지 모른다. 이와 같은 조율 현상attunement phenomenon이 발생하는 메커니즘은 최근까지도 제대로 알려지지 않았다. 그러나 신경과학 분야의 최신 연구에 따르면 여러 사람의 뇌가 '하나의 시스템으로 융합'되기 때문에 타인과 공감하고 조화를 이룰 수 있다는 사실이 밝혀졌다.[4] 비유적으로 말하면 거울 뉴런이 일종의 신경 와이파이망처럼 작동함으로써 사람들의 뇌를 서로 연결시킬 뿐 아니라 잠재의식 속에서 사회적 상호 작용을 탐색하고 연결하는 일을 돕는 것이다. 기본적으로 신경 와이파이망에 접속하는 즉시 누구나 경험을 공유하고 있다고 느낄 수 있다.[5]

이와 같은 현상이 실생활에서는 어떻게 나타나는지 살펴보자. 누군가가 내게 미소를 지으면 보통은 나도 따라서 미소를 짓는다. 이러한 반사적 행동은 거울 뉴런과 신경 와이파이망이 작동하는 대표적인 사례다. 마찬가지로 하품에도 전염성이 있다고 생각하는 사람도 있다. 또 다른 예도 있다. 누군가가 감정적인 경험을 공유하면 그 사람의 감정을 느끼는가? 만약 그렇다면 거울 뉴런과 신경 와이파이망이 작동하고 있는 것이다.*

조직에서는 신경 와이파이망이 특히 더 중요하다. 사람들이 반사적으로 그리고 잠재의식 속에서 리더의 감정과 행동을 반영하기 때문이다. 이와 관련하여 골먼과 보야치스는 마리 다스보로^{Marie Dasborough}가 수행한 연구를 인용한다. 이 연구에 따르면 사람들은 긍정적인 감정 신호(예: 미소)와 함께 부정적인 피드백을 받을 때보다 부정적인 감정 신호(예: 찌푸린 표정)와 함께 긍정적인 피드백을 받을 때 더 나쁜 감정을 느꼈다. 한마디로 메시지의 전달 방법이 실제 내용보다 더 큰 영향을 미치는 것이다. 여기서 중요한 점은 바로 '말하는 내용뿐 아니라 그 방법도 중요하다'는 것이다.

골먼과 보야치스가 거울 뉴런에 대한 연구를 검토한 결과는 최적 수준의 비언어적 능력을 가지는 것이 중요한 이유를 분명히 보여준다. 신체 언어, 얼굴 표정, 목소리 톤 등 수많은 비언어적 신호

---

* 계속해서 거리를 두고 마음이 이성적인 상태를 유지하면 사회적 리더십 사고 습관 가운데 한 가지 이상이 충분히 발달하지 못할 수 있다.

를 포착하기 위해서는 신경 와이파이망에 안정적으로 접속할 수 있어야 한다. 이와 같은 신호를 잠재의식 속에서 인식하는 능력을 갖게 되면 사피어가 '암호'라고 부르는 것을 해독하는 데 결정적인 도움이 된다. 반면 비언어적 사고가 취약한 사람들은 비언어적 신호를 감지하기 힘들고, 이처럼 저하된 역량은 사회적 리더십 능력까지 약화시킨다.

리더는 다른 사람들과 친해지고 라포를 구축하는 능력이 손상되면 사회적 환경을 헤쳐 나가는 데 어려움을 겪게 된다. 신경 와이파이망의 신호를 제대로 받지 못하면 반드시 다른 기술적인 어려움도 발생하는 법이다.

손상된 관계의 대가

리더십 스타일은 축복일 수도 있고 저주일 수도 있다. 저주라면 리더십과 관련한 잠재의식의 사고 습관, 특히 비언어적 사고를 발달시킴으로써 사회적 리더십 능력을 크게 향상시킬 수 있다.

《하버드 비즈니스 리뷰》에 게재된 〈리더십 스타일을 개발하는 방법How to Develop Your Leadership Style〉에서 피터슨Peterson과 에이브람슨Abramson, 스터트만Stutman은 "능력 있는 전문가에게 있어 적절한 리더십이 부족하다는 이유로 경력이 한계에 도달하는 것보다 더 실망스러운 일은 없다"라고 말한다.[6] 이들은 리더십 스타일과 성격은 별개라고 생각한다. 리더십 스타일이란 변할 수 있기 때문에 이를 무엇을 어떻게 그리고 얼마나 자주 하는지로 정의할 수 있다. 이에 반해 성격이란 고정적이고 변하기 힘든 측면이다.

피터슨 등은 자체 조사뿐만 아니라 1만 2,000명 이상의 임원을 대상으로 수십 년간 독자적으로 연구한 결과를 바탕으로 직장에서 지위를 드러내기 위해 리더들이 가장 흔하게 사용하는 표식을 파악했다. 여러 표식들이 한데 모여서 리더십 스타일을 정의한다. 이들은 균형 잡힌 리더십 스타일의 특징을 찾기 위해 광범위한 조사를 수행했고, 그 결과 두 가지 범주의 리더십 표식을 파악할 수 있었다.

- **영향력 표식:** 지위나 권력과 일맥상통한다. 자신감이나 능력, 카리스마, 영향력과 연관되지만 오만함이나 불쾌함, 위협과도 연관된다.
- **매력 표식:** 따뜻함이나 매력도와 일맥상통한다. 친화력이나 접근성, 호감도와 연관되지만 소심함이나 자신감 부족, 유순함과도 연관된다.

이들은 영향력 표식과 매력 표식이 본질적으로 좋거나 나쁜 것은 아니라고 말하면서도 영향력 표식을 드러내는 리더는 매력 표식을 드러내는 사람을 나약하게 본다고 지적한다. 반대로 매력 표식을 드러내는 사람은 영향력 표식을 갖춘 사람을 무례하다고 보는 경우가 많다.

또한 사람들의 리더십 스타일이 영향력 표식과 매력 표식 사이에서 어느 정도로 균형을 이루는지에 따라 다섯 가지의 범주로 분류되어 스펙트럼을 이룬다고 말한다.

- 영향력 표식이 강함
- 영향력 표식에 가까움
- 둘이 혼합됨
- 매력 표식에 가까움
- 매력 표식이 강함

이들에 따르면 혼합된 리더십 스타일은 보기 드물며, 이를 위해서는 영향력 표식과 매력 표식을 균형 있게 사용해야 한다. 이처럼 혼합된 리더십 스타일을 갖춘 사람은 존재감이 있는 것처럼 보인다. 또한 영향력 표식을 갖춘 사람들과 매력 표식을 갖춘 사람들 사이의 비언어적 스타일 차이를 조사했다. 두 가지 표식 유형과 관련된 비언어적 스타일과 행동을 간략하게 정리한 다음의 표를 통해 그 차이를 이해할 수 있을 것이다.[7]

연구를 통해 취약한 비언어적 사고 능력의 대가가 얼마나 큰지 쉽게 알 수 있다. 영향력 표식과 매력 표식 사이의 균형이 무너지면 관계가 무너진다. 이들은 리더들이 혼합된 리더십 스타일을 추구하되 상황과 맥락에 따라 적절하게 자신의 스타일을 조정하라고 권장한다.

비언어적 스타일의 맥락에서 본 리더십 표식의 차이

영향력 표식	매력 표식
몸을 뒤로 기울인다.	몸을 앞으로 기울인다.
물리적 거리감이 있다.	물리적 친밀감이 있다.
말할 때 눈을 맞춘다.	들을 때 눈을 맞춘다.
들을 때 시선을 회피한다.	말할 때 시선을 회피한다.
빤히 쳐다보는 경향이 있다.	눈맞춤을 피하는 경향이 있다.
진지한 표정이다.	행복한 표정이다.
움직임이 조심스럽다.	움직임이 자연스럽다.
멀어지면서 말한다.	말하면서 정돈된 자세를 유지한다.

　나는 많은 사람들의 뇌 코칭을 진행한 경험을 통해 이 내용이 사실임을 알고 있다. 주로 영향력 표식을 드러내는 리더는 위협적인 인상을 주고 사회적 기술이 취약하며 덜 협력적인 경향이 있다. 게다가 자신이 다른 사람들에게 미치는 영향을 인식하지 못하는 경우가 많다. 그래서 뇌 코칭을 할 때 사회적 리더십과 관련된 해당 리더의 잠재의식의 사고 습관을 적절히 발달시킨다. 이를 통해 리더는 사회적 신호를 잘 읽을 수 있고, 필요에 따라 리더십 스타일을 부드럽게 바꿀 수 있으며, 상대하는 사람에 따라 접근 방법을 유연하게 조정할 수 있다.

　이와는 대조적으로 매력 표식을 드러내는 리더는 매우 호감이

간다는 인상을 주지만, 리더십에 대한 자신감을 불러일으키는 진지함과 권력, 존재감이 부족한 경우가 많다. 또한 이러한 리더는 비언어적 사고를 개선하여 비언어적 의사소통 및 생리 기능을 변화시켰을 때 동료나 팀원들의 눈에 비친 자신의 지위가 얼마나 향상될 수 있는지를 깨닫고 매우 놀란다.

매우 똑똑하지만 사회생활은 모른다

안토니오는 세계적인 보험회사의 재무 담당 임원이다. 명석한 두뇌로 빠르게 숫자를 분석하여 통찰력을 얻고 복잡한 문제에 대한 혁신적인 해결방안을 찾아낸다. 그리고 잠재적인 기회를 최적화하고 재무적인 위험을 완화하기 위한 전략을 수립하는 능력이 매우 뛰어나다. 이러한 강점 덕분에 안토니오는 리더로서 높이 평가받고 있으며 자기 자신도 조직 내에서 계속 승진하고 싶어 한다.

안토니오의 여러 긍정적인 특성에도 불구하고 상사는 정기적으로 그에게 심각한 결함이 있다고 이야기한다. 바로 안토니오의 대인관계 능력을 크게 개선할 필요가 있다는 것이다. 팀원들이나 동료들은 안토니오가 비언어적 신호를 자주 놓치고 회의 시간에 자기 생각만을 밀어붙인다고 목소리를 높였다. 상대를 압도하는 안토니오의 리더십은 본의 아니게 다른 사람들이 위협받거나 인정받지 못하거나 주목받지 못한다고 느끼게 한다. 동료들은 신체 언어와 다른 비언어적 신호가 왜 안토니오에게 보이지 않는지 그 이유를 알지 못한다.

지난 성과 평가 시간에 상사는 안토니오가 최근 회의를 너무 급하게 진행했다고 지적했다. 회의 참석자들의 의견을 이끌어내기보다는 서둘러 회의를 진행해서 동료들이 소외감을 느꼈다는 것이다. 상사는 안토니오에게 회의 내내 참석자들이 보낸 분명한 비언어적 신호를 보았는지 물었다. 불행히도 안토니오는 회의를 서둘러 마무리하느라 동료들이 느낀 불편한 감정을 전혀 눈치채지 못했다.

상사의 피드백에 안토니오는 진심으로 놀랐다. 회의가 비교적 잘 진행되었다고 생각한 것이다. 마음에 상처를 입은 안토니오는 결국 신체 언어가 외국어처럼 느껴진다고 털어놓았다. 아무리 노력해도 신체 언어를 해독하거나 배울 수 없을 것만 같았다. 비언어적 의사소통은 암호라는 사피어의 생각에 안토니오는 분명 공감했을 것이다.

안토니오가 비언어적 신호를 배울 수 있도록 상사는 개인 멘토를 구해주었다. 이를 통해 짧은 시간 내에 비언어적 의사소통의 개념을 확실히 이해했지만, 안토니오는 여전히 이해한 개념을 업무 상황에 적용하기 힘들어했다. 멘토가 알려준 내용을 활용하기 위해 열심히 노력했지만 사소한 변화만 일어났을 뿐이다. 안토니오는 계속해서 일을 밀어붙였고, 그 와중에 비언어적 신호를 전혀 인식하지 못하는 경우가 많았다. 결국 안토니오의 기술적 능력은 엄청난 자산이지만 리더십 능력을 향상시키지 못하는 모습은 안토니오가 조직 내에서 더 높은 자리로 올라갈 수 없다는 의미임을 받아들여야 했다.

아주 큰 대가가 따르는 결과였다. 물론 결국에는 이러한 문제를 극복하겠지만 그때까지 안토니오는 자신을 둘러싸고 있는 문제와 갈등에 계속 허를 찔렸고, 결국 "도대체 이해를 못 하시네요!"와 같은 동료들의 거친 말과 함께 끝났다. 안토니오에게 이러한 비난은 생뚱맞고 혼란스러울 뿐이었다. 안토니오도 나름 최선을 다했지만 자신의 팀이나 동료처럼 직업적 관계에 있는 사람들과 라포를 구축하기 어려워했다. 이는 마치 박자를 몇 개 놓치다가 자기 리듬을 찾지 못하는 것처럼 다른 사람들과 어울리지 못하고 홀로 남겨진 듯한 느낌이었다. 안토니오의 마음 깊은 곳에서는 이와 같은 감정의 원인이 비언어적 라포 댄스를 추기 힘들어하는 자기 자신에게 있음을 알고 있었다. 모든 스텝을 배워 알고 있지만 한 번도 제대로 출 수 없었던 그 댄스 말이다.

안토니오에게 안타까운 점은 아무리 의식적으로 학습해도 이러한 잠재의식 속 불균형을 바로잡을 수 없다는 것이다. 의식적인 마음만을 이용하는 방법으로 증상을 치료하기 위해 얼마나 열심히 노력하는지와 관계없이, 취약한 비언어적 사고와 관련된 근본 원인이 해결될 때까지 암호는 비밀로 남아 있을 것이다.

취약한 비언어적 사고가 미치는 영향

●

안토니오의 상황을 보면서 비언어적 사고가 취약한 경우에 어떤 모습인지 알 수 있었다. 불행히도 안토니오는 사피어의 비언어적 암호를 이해하기는커녕 이와 같은 암호가 존재한다는 사실조차 깨닫지 못했다. 모두가 연결되는 신경 와이파이망의 개념도 안토니오에게는 수수께끼였을 것이고, 그의 거울 뉴런은 다른 사람들처럼 발화하지 않았던 것 같다. 이제 안토니오의 취약한 비언어적 사고가 미치는 실질적인 영향을 간단히 정리해 보자. 그리고 이 가운데 어떤 증상이 나 자신 또는 내 주변의 누군가를 떠올리게 하는지 생각해 보자.

대체 어떤 신체 언어 신호를 말하나요?

비언어적 사고가 취약하면 신체 언어, 얼굴 표정, 목소리 톤 등의 미묘한 변화를 제대로 알아차리지 못하기 때문에 이러한 비언어적 신호가 안토니오의 레이더에는 절대 포착되지 않았던 것이다. 상사와 멘토가 비언어적 암호의 일부 측면을 설명하려 노력했지만 소용이 없었다. 그 개념을 머릿속으로 어느 정도 이해했을지는 몰라도 안토니오는 개인적으로 경험해 본 적이 없기 때문에 공감할 수 없었다. 그 결과 안토니오는 회의에서 불도저처럼 밀어붙이는 방법을 계속 따랐으며, 자신도 모르게 영향력 표식을 남발했다. 비언어적 사고가 취약한 안토니오는 다른 사람이 보내는 비언어적 신호를 포착하고 그것에 맞춰 자신의 행동을 조정할 수 없었으며, 그러다 보니 사람들이 언제 자신에게 동의하지 않는지도 알지 못했다.

비언어적 라포 댄스에서 발을 맞추지 못하다

안토니오는 남들과는 다른 리듬에 맞춰 춤을 추고 있는 것 같았다. 다른 사람들은 신경 와이파이망을 통해 음악을 선명하게 들었지만 안토니오에게는 희미하게만 들렸을 뿐이다. 안토니오는 비언어적 사고 수준이 낮았기 때문에 약한 데다가 자주 끊기기까지 하는 신호를 받았다. 음악을 들을 수 없으면 리듬에 맞춰 춤을 추기가 어려운 법이다.

두 사람 사이에 강력한 라포가 형성된 순간을 보는 것은 흥미로운 일이다. 이들은 마치 내가 잠재의식 속 비언어적 라포 댄스라고 부르는 춤을 추는 것처럼 보인다. 의식적으로 인식하지 않은 채 각자 상대의 몸짓과 미소, 언어적 리듬, 목소리 톤을 모방하기 시작한다. 두 사람의 거울 뉴런은 조화를 이루면서 발화하고 있는 듯하며 두 사람 다 신경 와이파이망의 신호를 강하게 받고 있다.

안토니오에게는 결과를 만들어내는 것이 사람들과 함께하는 것보다 더 중요했다. 그래서 메시지 전달에는 집중했지만, 메시지를 전달하는 방식은 인식하지 못했다. 취약한 비언어적 사고로 인해 자신이 사람들과 어울리는 방식에 둔감했고 비언어적 피드백을 파악하지 못했다. 그렇게 안토니오는 비언어적 라포 댄스에서 절대 호흡을 맞출 수 없었으며 안타깝게도 댄스 플로어 구석에서 혼자 서 있는 것이 더 편했다.

갈등이 임박했다는 사실을 왜 나만 몰랐을까요?

갈등이 언제 일어나기 시작할지를 예측하고 이를 미리 관리하는 일은 리더에게 매우 중요하다. 모든 사람이 문제를 입 밖으로 꺼낼 수 있을 만큼 편안하게 여기거나 자신감이 있지는 않기 때문이다. 특히 갈등이 초기 단계인 경우에는 더욱 그렇다.

일반적으로 사람들은 자신이 어떤 상황에 대해 불만이 있음을 나타내는 비언어적 신호를 잠재의식 속에서 전달한다. 이와 같은 신호는 관리자가 무슨 일이 있는지 알아볼 수 있는 기회를 열어 준다. 사람들은 보통 일정 기간 동안 인간관계에서 다양한 상호 작용을 하면서 비언어적 신호를 전달한다. 이 신호를 제대로 인식하고 해결하지 않으면 갈등이 크게 폭발할 수 있다. 그래서 비언어적 신호를 잘 감지하지 못한 사람들에게는 갈등이 난데없이 나타난 것처럼 보일 수 있다.

비언어적 신호를 포착하는 능력이 부족한 안토니오도 마찬가지였다. 최근에 형성된 갈등이 한동안 표면 바로 아래에서 부글부글 끓어오고 있었음에도 불구하고 이를 눈치채지 못해서 그 갈등에 허를 찔린 희생양이 되었다.

사회적 리더십은 수수께끼다

안토니오의 눈에는 동료 리더들이 어떻게 자기 팀 구성원들과 쉽게 친해지고 라포를 구축하고, 그 구성원들이 각자의 직무 범위를 넘어서는 결과를 내도록 하는지가 수수께끼였다. 이에 반해 안토니오는 팀이 가지고 있는 능력을 최대한 활용하려면 팀 구성원들이 계속 일하도록 만들어야 한다고 느꼈다. 상사와 멘토가 비언어적 의사소통에 대해 가르치려고 노력한 뒤에도 안토니오에게는 리더십 능력이 여전히 수수께끼로 남아 있었다.

다른 많은 사람들처럼 안토니오도 머릿속에서 어떤 개념을 지적으로 이해하는 능력(결정성 지식)과 새로 습득한 지식을 적용하는 능력(유동적 사고) 사이에 엄청난 차이가 있다는 사실을 깨닫지 못했다. 결과적으로 멘토를 통한 교육은 안토니오가 사회적 리더십 능력을 향상시키는 데 거의 도움이 되지 않았다.

최적으로 발달한 비언어적 사고의 이점

●

비언어적 사고가 최적으로 발달하면 뇌는 비언어적 신호를 잠재의식 속에서 쉽고 빠르게 감지할 수 있다. 그러고 나면 비언어적 사고는 이렇게 알아차린 비언어적 신호를 바탕으로 적절하게 개입하거나 대화하겠다고 결정하는 데도 도움이 된다.

비언어적 신호를 인식한 뒤에 그 정보로 무엇을 할지 결정할 수 있다. 비언어적 사고가 최적 수준에 미치지 못하면 뇌는 비언어적 신호나 단서를 포착할 수 없고, 의사 결정의 근거가 되는 계기도 존재하지 않게 된다. 그러면 눈앞에 다가온 상황을 인식하지 못한 채 계속 앞으로 나아가기만 해야 한다. 여기서 중요한 점은 비언어적 사고가 취약한 사람이 이러한 신호를 의도적으로 무시하지는 않는다는 것이다. 문제는 이들의 뇌가 무언가 해결해야 할 것이 있다고 알아채기는커녕 비언어적 신호를 감지하지도 못한다는 데 있다.

최적의 비언어적 사고를 통해 뇌는 광범위한 신경 와이파이망에 수월하게 접근할 수 있으며, 이러한 사고를 하는 사람은 잠재의식 수준에서 다른 사람과 쉽게 가까워질 수 있다.

뇌 코칭 후 비언어적 사고 능력이 크게 향상되다

안토니오의 취약한 비언어적 사고는 단순히 그가 무엇을 모르는지 몰랐다는 이유로 사각 지대에 있던 단점이었다. 하지만 꾸준한 연습을 통해 비언어적 사고를 향상시키자 안토니오는 비언어적 신호를 신속하고 효과적으로 알아차리는 일이 훨씬 더 쉬워졌다. 이는 마치 비언어적 의사소통에 필요한 사피어의 정교한 암호를 누군가가 갑자기 알려주고 새로운 눈과 귀로 세상을 보고 듣게 된 것과 같았다.

게다가 뇌 코칭은 안토니오에게 리더십 스타일을 선택할 수 있는 능력을 가져다주었다. 안토니오의 이전 리더십 스타일은 영향력 표식이 가장 두드러지게 나타났지만, 지금은 이러한 접근방법을 반드시 매력 표식과 균형을 맞춰야 한다는 것을 알고 혼합된 리더십을 능숙하게 발휘할 수 있다. 안토니오는 비언어적 사고가 강화되고 비언어적 신호를 감지하게 되었으며, 이를 감지한 후에는 문제를 해결하는 방법까지 선택할 수 있게 되었다. 이는 이전에 한 번도 해본 적 없는 선택이었다.

안토니오는 팀 구성원들 사이의 역학 관계를 관리하는 자신의 능력이 크게 향상된 것을 알고 놀라기도 했지만 기쁜 마음이 앞섰다. 동료들이나 팀원들도 그의 변화에 놀라기는 마찬가지였다. 하지만 무엇보다 가장 놀라운 것은 바로 그의 팀이 이전보다 열정적이고 생산적이며 적극적인 모습을 보인다는 사실이다.

16장

균형감 사고

🧠 "누구나 자기 자신의 관점에서는 옳다. 그러니 왜 그렇게 생각하게 되었는지 알기 전까지는 그 누구도 함부로 판단하지 마라."

기리다르 알와르Giridhar Alwar[1]

조망 수용perspective-taking(자신과 타인의 다름을 인지하고 타인의 마음, 생각, 느낌, 행동 등을 그 사람의 관점에서 이해하는 능력을 말한다—옮긴이)은 사회적 유대감의 일부로서 조직이 한데 뭉치고 원활하게 운영되는 데 도움이 된다. 기업에서 다양한 견해를 듣고 고려하려는 리더의 의지는 사람들 사이의 관계 구축과 상호 협력, 협조 체계 구축, 진정한 교감 육성에 더없이 중요한 요인이다. 그리고 이 모든 능력은 리더십 역량이 최적화될 때 적절히 적용될 수 있다.

균형감 사고라는 잠재의식의 사고 습관은 다양한 방향에서 상황을 살펴보는 능력을 뒷받침한다. 이 사고 습관은 폭넓은 관점을 제

네 번째 기둥: 사회적 리더십

공해서 타인의 관점을 고려하지 않았다는 이유로 무방비 상태에서 허를 찔리는 상황을 피하는 데 도움이 된다. 잘 발달한 균형감 사고 역량을 갖춘다는 것은 머리 뒤쪽에도 눈이 있는 것과 같다. 혼란스럽고 빠르게 변화하는 세상에서 우리 모두에게는 수준 높은 균형감 사고가 필요하다.

균형감 사고는 동정과 연민을 활용하여 타인과 공감하는 능력을 지원하기도 한다. 다른 사람이 어떻게 생각하고 느낄 수 있는지 이해하는 능력을 갖추면 공감할 수 있을 뿐만 아니라 리더십과 협상에서도 우위를 점할 수 있다.

균형감 사고가 취약하면 많은 대가가 따른다. 타인의 관점과 생각을 반복적으로 무시하면 개인적 관계나 직업적 관계에 안 좋은 영향을 끼친다. 적절하게 공감하는 능력이 부족하면 차갑고 무관심해 보일 수 있다. 이와 같은 모습에 다른 사람들은 무시당한다고 느낄 것이기 때문에 결과적으로 사회적 유대와 협력이 어려워진다.

균형감 사고를 위한 잠재의식의 사고 습관 모델

잘 발달한 균형감 사고를 갖추고 있으면 자기 자신의 것이 아닌 재미있는 생각이나 의견, 접근 방법을 잘 받아들인다. 또한 어떤 상황을 다양한 각도에서 볼 수 있으며 대안이 될 수 있는 다양한 견해도 잘 수용한다. 반면 균형감 사고가 최적 수준에 미치지 못하면 다음과 같은 모습으로 나타날지 모른다.

- **신호:** 팀원이 어떤 문제에 대해 다른 견해를 제시하려 한다.
- **루틴:** 잠재의식 속에서 충분히 발달하지 못한 균형감 사고 루틴을 실행한다.
- **결과:** 팀원의 다른 관점을 받아들이지 못하고 자신의 견해만 반복해서 말하고 서둘러 모든 논의를 중단시킨다.

균형감 사고 이면의 과학

●

균형감 사고에 관한 내 이론 체계의 핵심을 뒷받침하는 중요한 학문적 연구 세 가지의 주요 내용을 소개한다.

타인이 생각하고 느끼는 바를 상상하는 능력

애덤 D. 갈린스키Adam D. Galinsky 등은 2008년에 발표한 〈상대의 머릿속에 들어가면 도움이 되는 이유Why It Pays to Get Inside the Head of Your Opponent〉에서 협상에 참여할 때 균형감을 갖는 것이 중요한 이유를 분석한다.[2] 이들은 조망 수용을 다른 사람의 관점에서 세상을 고찰하는 능력으로 정의한다. 그리고 여기에는 다른 사람의 관심사와 생각, 잠재적 행동을 이해하고 예상하는 것이 포함된다고 설명한다. 쉽게 말해서 조망 수용은 다른 사람이 어떻게 생각하고 있을지 상상하는 능력이다. 그리고 이들은 공감이란 다른 사람이 어떻게 느끼고 있을지 상상하는 능력이라고 정의한다.

갈린스키 등은 협상을 할 때 상대방이 어떤 생각을 하는지뿐 아니라 그 생각의 원인이 무엇인지를 이해하는 것이 중요하다고 주장한다. 균형감을 갖추면 협상의 양쪽 당사자 모두에게 유효한 합의를 조율할 수 있다. 그러나 이들은 협상 중에 상대방을 기분 좋게 하기 위해 공감하려고 너무 노력하면 대가를 치를 수 있다고 경고한다.

권력이 있어도 균형감 사고가 없다면

2014년 갈린스키는 다른 연구자들과 함께 쓴 〈조향을 동반한 가속: 권력과 조망 수용의 결합을 통한 시너지 효과Acceleration With Steering: The Synergistic Benefits of Combining Power and Perspective-Taking〉에서 이렇게 말한다. "효과적인 리더십은 성공적인 자동차 여행과 같다. 어떤 장소에 가려면 연료와 가속이 필요하다. 권력은 심리적 가속 장치다. 그런데 고속도로에서 속도를 줄이다 충돌하지 않으려면 성능 좋은 조향 장치도 필요하다. 조망 수용이 그 심리적 조향 장치다. 만약 자신의 관점에 너무 단단히 얽매여서 다른 사람의 관점을 고려하지 않으면 반드시 충돌할 수밖에 없다."[3]

이 논문에서 그린 그림은 생생하고 정확하다. 바로 개인적 관점에만 지나치게 의존하면 긴급 출동 서비스를 불러야 하는 상황에 처한다는 것이다. 더불어 영향력은 있지만 자신들이 이끄는 사람들의 관점을 이해하지 못하는 최고경영자, 정치인, 군 지휘관 등의 리더는 논란이 되는 문제나 대화를 잘못 전달하고 처리할 가능성이 높다고 강조한다. 반면 다양한 관점에서 세상을 바라보는 리더는 이러한 상황을 훨씬 수월하게 처리한다.

이들은 효율적인 리더에게는 권력과 관점이 모두 필요하다고 결론지었다. 권력이 있지만 균형감 있는 관점이 없으면 비효율적인 리더십이 발현되는 경우가 많다. 그리고 이러한 리더십은 개인적으로나 직업적으로 발전을 지연시키고 제한한다.

충분히 발달하지 못한 균형감 사고가 어떻게 경력에 문제를 초래하는지 쉽게 알 수 있다. 잘 발달한 사회적 리더십 능력이 없으면 심지어 가장 훌륭한 사람조차 운전석에 앉기는 힘들 것이다. 사람들은 리더에 의해 소유되는 것이 아니라 이끌어지기를 바라기 때문이다.

공간 지능

2012년 《하버드 비즈니스 리뷰》에 게재된 〈공간 지능을 높이면 사회적 지능을 높일 수 있다Improving Your Spatial IQ Can Lift Your Social IQ〉에서 에이미 셸턴Amy Shelton은 공간 지능과 사회적 지능은 뇌에서 연결되어 있다고 말한다. 셸턴에 따르면 "사회적 기술이 뛰어난 사람들은 문자 그대로 다른 사람의 관점을 더 잘 알아볼 수 있다".[4] 그리고 "다른 사람의 관점을 취하는 경우 사회적 본성 가운데 무언가가 일하는 방식에 영향을 미친다".[5]

또한 셸턴은 사회적 기술과 지도를 읽는 능력 사이에 연관성이 있을 가능성도 발견했다. 다른 사람의 관점에서 물리적 세상을 보는 능력을 바탕으로 공간 학습 스타일을 예측할 수 있으며, 이는 물리적 세상과 대인관계라는 세상을 탐색하는 방식 간에 상관관계가 있음을 시사한다고 밝혔다.[6]

셸턴의 견해는 균형감 사고가 충분히 발달하지 못한 사람들과 함께 일한 나의 경험과 일치한다. 나 또한 균형감 사고가 취약한 사람들은 보통 방향을 찾는 능력도 취약하다는 사실을 발견했다. 이는 어쩌면 균형감 사고가 취약한 이들이 종종 다른 사람의 개인 공간을 침범하는 경향을 보이는 이유를 설명할 수 있을지도 모른다.

공감 리더십과 반목 리더십의 영향 비교

2012년 보야치스는 〈신경과학 그리고 영감을 주는 리더십과 공감을 불러일으키는 관계 사이의 연결고리Neuroscience and the Link between Inspirational Leadership and Resonant Relationships〉라는 대단히 흥미로운 논문을 발표했다. 여기서 그는 광범위한 연구 결과를 종합적으로 검토한 다음, 똑똑하고 혁신적이며 지적인 수많은 리더들이 의도치 않게 자신의 개인적 유효성 수준을 저하시키는 방식으로 행동하는 이유를 설명한다.[7] 여기서 핵심은 보야치스가 제안한 '신경학적 일관성neurological coherence'이라는 개념이다.

디폴트 모드 네트워크Default Mode Network*(의식은 깨어 있으나 바깥세상에서 일어나는 일에 집중하지 않은 상태에서 활성화되는 뇌의 영역이다—옮긴이)는 보야치스가 이야기한 '공감을 불러일으키는 리더'라는 개념을 뒷받침한다는 점에서 그의 연구에서 매우 중요한 의미가 있다. 그는 공감을 불러일으키는 리더를 연민의 마음으로 코칭하

---

* 디폴트 모드 네트워크는 내가 다른 사람에게 다가가거나 다른 사람이 내게 다가와서 서로 교류하고 상호 작용할 때 활성화된다. 사회적 네트워크 또는 공감 네트워크라고 불리기도 한다.

는 사람이라 규정한다.[8] 이러한 리더는 카리스마가 넘치는 것처럼 보인다. 비전 중심의 접근 방법으로 기업과 제품, 서비스, 프로그램의 미래에 대한 흥미로운 시각을 제시하고 동기를 부여하기 때문이다.[9] 여기서 중요한 점은 이와 같은 유형의 리더가 잠재의식 속에서 긍정적으로 관계를 추구하여 코칭 대상자의 디폴트 모드 네트워크에 개입한다는 사실이다.

이처럼 연민 어린 접근 방법은 코칭 대상자가 새로운 생각과 열린 마음을 가지고, 새로운 감정을 느끼며, 고정관념에서 빠져나와 새로운 사고를 할 뿐만 아니라 자신이 가진 모든 재능을 최대한 활용할 수 있도록 이끈다. 따라서 공감을 불러일으키는 리더는 사람들이 기술과 조직 환경의 변화에 혁신적이고 열린 자세로 적응할 것을 권장한다.

반대의 경우도 있다. 보야치스에 따르면 불협화음을 유발하는 리더는 사람들에게 동기를 부여하는 대신 해야 할 일을 말함으로써 명령, 지시, 규정 등을 준수하라고 코칭한다.[10] 그렇게 코칭 대상자의 디폴트 모드 네트워크의 상당 부분을 비활성화하거나 억제한다.[11] 그 결과 사람들은 불협화음을 유발하는 리더와 상호 작용하는 것을 피하며, 혹시라도 그러한 리더를 위해 일해야 하는 이들은 대개 리더의 기준을 겨우 통과하는 데 필요한 최소한의 작업만 수행한다.[12] 이 결과는 불협화음을 유발하는 리더의 행동이 까다롭고 위협적으로 인식된다는 점을 고려하면 이해가 된다.

한편 불협화음을 유발하는 리더는 성공을 인정하기보다는 고쳐야 하는 부분에 초점을 맞추고 팀이나 팀원 개인의 약점에 더 주목하는 경향이 있다. 이와 같은 잠재의식 속 관리 방식은 의욕을 꺾고 사기를 저하시킬 수 있다. 그리고 리더와 팀 구성원 모두가 서로 화를 돋우는 부정적인 행동을 반복하는 악순환을 촉발할 수 있다. 더 나아가 불협화음을 유발하는 리더는 업무 중심적이고 비전이 부족한 경향이 있기 때문에 직원들이 변화에 혁신적이고 열린 마음을 가지는 것을 방해한다.

모든 것이 리더의 머리, 특히 뇌 속에서 일어나는 일로 돌아온다. 공감을 불러일으키는 리더의 뇌는 신경 회로가 더 일관성이 있기 때문에 불협화음을 유발하는 리더의 뇌보다 더 많이 연결되어 있다. 보야치스는 애리조나 주립대학교의 데이비드 왈드먼 David Waldman 교수의 연구를 인용해서 " '일관성'은 좌뇌와 우뇌가 조화를 이룰 때, 다시 말해서 동시에 활성화될 때 일어난다"라고 설명한다.[13] 월드먼을 비롯한 여러 학자의 연구를 바탕으로 보야치스는 일관성이 다재다능하고 진정성이 있으며 카리스마 넘치는 차별화된 리더를 만드는 요인이라고 주장한다.

보야치스가 말한 신경학적 일관성의 개념을 나는 '뇌의 균형brain balance'이라고 부른다. 이것이 바로 성공에 반드시 필요하며 일관성 있는 사회적 리더십을 갖추려면 잠재의식의 사고 습관을 발달시키라고 권장하는 주된 이유다.

나는 NEA인가, PEA인가

사회적 리더십 역량에 관한 보야치스의 통찰력 있는 견해를 계속해서 더 살펴보자. 공감을 불러일으키는 리더와 불협화음을 유발하는 리더를 소개한 논문에서 보야치스는 서로 매우 다른 두 가지 코칭 스타일을 조사한 연구 결과를 검토했다.[14] 하나는 긍정적 정서 인자Positive Emotional Attractor, PEA에 초점을 맞춘 반면, 다른 하나는 부정적 정서 인자Negative Emotional Attractor, NEA에 초점을 맞췄다. 해당 표에서 각 코칭 스타일과 관련된 다양한 속성을 찾아볼 수 있다.

연구 참가자들은 미래에 초점을 맞춘 피드백이 포함된 PEA 접근 방법을 매우 선호했다. 이러한 코칭 방식은 상상력에 관여하는

NEA와 PEA 코칭 스타일의 특징

부정적 정서 인자 (NEA)	긍정적 정서 인자 (PEA)
현재 성과를 부정적으로 비판한다.	미래에 초점을 맞춘 피드백을 준다.
죄책감을 활성화한다.	새로운 아이디어에 뇌를 열어준다.
현재의 약점에 초점을 맞춘다.	미래의 개선에 초점을 맞춘다.
뇌 회로를 차단한다.	뇌 회로를 활성화한다.
사람들의 의욕을 꺾고 물러나게 한다.	사람들에게 동기를 부여하고 참여시킨다.
문제해결을 위해 지시하듯 설명한다.	개인의 성장을 장려한다.

뇌의 시각 피질을 자극한다. 따라서 PEA 코칭은 디폴트 모드 네트워크의 구성 요소를 긍정적으로 활성화한다.

이에 반해 NEA 코칭은 현재 담당 업무에 대한 피드백을 제공하고 약점 극복에 초점을 맞춘다. 보야치스는 NEA 코칭이 뇌에서 자의식이나 죄책감과 연관된 부분을 활성화한다는 사실을 발견했다. 연구 참가자들 사이에서 NEA 코칭이 좋은 평가를 받지 못한 것이 놀랄 일은 아니다.

여기서 핵심은 PEA 코칭을 통해 뇌가 새로운 아이디어를 더 잘 받아들이고, 창의적이고 적응력이 좋으며, 동기가 부여된다는 사실이다. 반대로 NEA 코칭은 뇌를 정지시키고 변화나 적응에 대한 열린 마음을 감소시킨다.

흥미로운 점은 수많은 리더가 자신이 이끄는 사람들에게 조언을 제공하고 이들이 발전할 수 있도록 도울 때 자신도 모르게 NEA 접근방법을 사용한다는 것이다. 이러한 리더는 동기를 부여하는 방법에는 주의를 기울이지 않고 무엇을 해야 하는지를 전하는 데만 초점을 맞춘다. 이는 종종 팀원들이 NEA 정신 상태에 빠져서 이들의 뇌가 정지하는 결과로 이어진다.

PEA 코칭에는 몇몇 과대 포장된 전문 용어나 미소 이상의 무언가가 필요하다. 바로 뇌 속에 자리한 잠재의식의 능력 말이다. 이와 같은 능력의 특징이나 기능을 아는 것만으로는 리더가 이를 적용하는 데 도움이 되지 않는다. 취약한 균형감 사고가 그 적용을 방해할 수 있기 때문이다.

PEA 코칭 방식의 이점

나의 고객이었던 짐은 부하 직원이 업무 결과를 전달할 때마다 곧바로 수리 모드로 뛰어드는 습관이 있었다(이는 짐의 과도하게 발달한 운영적 사고에서 비롯된 습관이다). 짐은 진심으로 그것이 직원의 성장을 돕는 방법이라고 생각했다. 하지만 업무 가운데 제대로 수행된 부분을 인정하는 정말 중요한 단계를 놓치고 있었다.

나는 짐이 부하 직원들에게 가지고 있는 불만을 주제로 대화를 나누었다. 짐은 자신이 업무 방향을 정확하게 전달했음에도 직원의 업무 처리 속도가 느리고 점진적으로 개선될 뿐이라고 했다. 짐의 사례는 보야치스의 연구를 코칭에 반영할 수 있는 좋은 기회였다. 내가 만난 다른 여러 사람들과 마찬가지로 짐도 자신이 직원들을 NEA 정신 상태로 보낸 결과, 그들의 뇌를 정지시키고 변화를 수용하려는 마음을 닫게 했을 뿐 아니라 의욕을 상실하게 했다는 걸 인식했을 때 큰 깨달음을 얻었다.

나는 짐의 균형감 사고 역량을 강화하기 위해 의도적 연습을 통한 뇌 훈련과 개인 맞춤형 코칭을 결합한 프로그램을 준비했다. 이를 통해 짐은 PEA 코칭 방식을 적용할 수 있게 되었다. 놀랍게도 짐의 팀이 생성하는 결과물의 질과 작업 처리 시간도 개선되었다. 이 변화 덕분에 나는 가장 좋아하는 뇌 코칭 순간 가운데 하나를 다시금 떠올렸다. 짐은 "내가 뇌 코칭을 받은 이후로 직원들이 얼마나 더 똑똑해졌는지 정말 놀랍습니다"라고 농담처럼 말했다.

"나를 따르거나 떠나라"

니아는 대기업 집단의 한 사업 부문을 총괄하는 임원이다. 10년간 조직에 몸담아오면서 꾸준히 승진해서 지금의 자리에 올랐다. 또한 회사의 프로세스와 사내 정치, 강점과 약점을 포함해서 회사가 어떤 방식으로 돌아가는지 너무나 잘 알고 있었다.

니아는 자존심 강하고 거침이 없으며 최고경영진, 특히 최고경영자의 자리를 좇고 있다. 니아가 스스로 현 최고경영자에 필적하거나 그보다 더 뛰어난 능력이 있다고 생각한다는 것도 비밀은 아니다. 니아는 자신의 리더십이 딱 적당한 수준이며, 자신이 현 최고경영자의 뒤를 이을 적임자라고 믿고 있다.

대부분의 사안에서 니아가 어떤 입장인지는 모두가 알고 있다. 니아가 친절하고 다가가기 쉬울 수는 있지만, 지나치게 열성적이고 자신만만한 성향은 이사회 구성원과 고위 경영진, 니아가 이끄는 팀에서도 좋은 평가만 받고 있는 것은 아니다. 게다가 니아가 담당 사업부 및 팀의 업무나 사람에 관해서는 매우 방어적이라 다른 사업부에 사람들과 불필요한 대립까지 벌어진다. 다른 사람들처럼 니아에게도 긍정적인 면과 부정적인 면이 모두 있다. 하지만 니아는 자신의 긍정적인 면만 보려 하고, 이러한 성향은 니아의 직업적 관계를 어렵게 만든다.

니아는 이사회에서 발표하는 것을 특히 즐긴다. 자리에서 일어나 자신의 업무 성과를 공유하는 일이 재미있다고 여기기 때문에 열정을 담아 발표를 진행한다. 그러나 일부 이사회 구성원은 니아가 너무 열정적이다 보니 공격적인 것처럼 보인다고 여긴다. 이러한 모습은 사람들이 니아와 가까워지기 어렵게 하기 때문에 문제가 될 수 있다.

니아가 보여주는 열의에도 불구하고 니아의 동료와 팀원들은 자신의 좁은 관점에서만 세상을 바라보는 니아의 성향으로 인해 그녀와 함께할 마음이 사그라들었다. 니아는 자신의 열정적인 의견이 받아들여지기를 바라지만, 이의 제기나 토론을 원하지 않기 때문에 양방향의 대화보다는 일방향으로 전달하는 방식을 선호한다. 그러니 당연히 니아의 동료와 팀원들은 공감이나 소속감을 느끼지 못한다. 이러한 문제는 니아가 자신의 의견에 힘을 실어주는 사람들의 이야기만 들으려는 태도로 인해 더욱 확대된다. 동료들이 느끼기에 니아는 공감하는 능력이 부족해서 타인의 감정과 의견에 차갑고 무관심해 보인다. 또한 자신도 모르게 타인의 개인 공간을 침범해서 모두를 불편하게 하기도 한다.

니아의 조직에 새로 합류한 마테오는 최근 회의에서 니아에게 좋은 인상을 주고 싶었다. 그래서 사업 부문에서 해결해야 하는 문제를 자신이 분석해 보겠다고 나섰다. 문제를 파고들면서 다양한 각도에서 이해할 수 있기를 바랐다. 분석을 마친 마테오는 니아가 자신의 통찰력 있는 생각을 높이 평가하고 분석 결과가 사업 부문에 매우 유용하다고 평가할 것이라 기대하고 회의에 참석했다. 하지만 발표를 시작하자마자 회의실 안에 긴장감이 고조되고 있음을 느꼈다. 니아를 많이 겪어본 팀원들은 니아가 마테오의 의견을 받아들이지 않을 것임을 알고 있었다. 니아는 새로운 아이디어에 지나칠 정도로 비판적이기 때문이다. 특히 그 아이디어가 자신의 견해와 일치하지 않는 경우에는 더더욱 그랬다.

동료들의 예상은 틀리지 않았다. 발표를 시작한 지 얼마 되지도 않았는데 니아가 중단시킨 것이다. 그러더니 다른 직원들 앞에서 마테오에게 무시하듯이 이렇게 말했다. "마테오 씨가 나 정도의 경험과 전문성을 갖추고 나면 자기 의견을 개진할 수 있겠죠. 그때까지는 듣고 배우기만 하면 됩니다." 아니나 다를까 마테오는 입과 생각을 모두 닫아버렸다. 그 뒤로는 동료들의 조언에 따라 니아나 팀에 어떤 독창적인 아이디어도 공유하고 싶은 생각이 들지 않았다.

분명히 니아에게는 극복해야 할 몇 가지 결함이 있다. 니아가 쓰고 있는 '니아'색 안경은 자신의 사회적 리더십에 손상을 입힌다. 니아는 자기가 최고경영자 역할에 적임자라고 생각하지만, 낮은 공감 능력과 타인의 관점을 인정하지 않는 태도는 단점으로 작용해서 균형감 사고를 개선하지 않는 한 니아의 승진 전망에 어두움을 드리울 것이다. 누구나 알고 있듯이 최고경영진 자리에 누구를 선택할지를 결정하는 데 있어 결과는 더 이상 유일한 척도가 아니다.

취약한 균형감 사고가 미치는 영향

니아의 사례에서 본 것처럼 기업에서 취약한 균형감 사고는 사회적 리더십 역량의 저하, 그리고 팀원들에게 동기를 부여해서 참여를 이끌어내는 능력의 저하와 관련 있는 결과를 초래한다.

협상의 어려움

균형감 사고 수준이 낮은 사람과 협상하기란 거의 불가능하다. 사회성이 부족하기 때문이다. 이들은 타인의 관점을 인정하고 적절하게 공감하기 힘들기 때문에 "나를 따르거나 떠나라"와 같은 방식으로 협상의 여지를 남기지 않는다.

기업에서 이러한 리더십 스타일은 팀 구성원들과 동료들을 밀어낸다. 그렇게 조직 전반에 걸쳐 리더에 대한 부정적인 인식이 확산되면 결과적으로 리더의 경력 발전 기회가 제한될 수 있다.

부지불식간에 적용하는 NEA 코칭 방식

균형감 사고가 취약한 리더는 보통 니아가 그랬던 것처럼 코칭에 있어 NEA 접근 방법을 따른다. 이와 같은 리더십은 의욕을 떨어뜨리고 궁극적으로 팀이 생성하는 결과물의 질까지 떨어뜨린다. 자신의 생각이나 감정에 관심이 없는 리더를 위해 일하는 것이 얼마나 기운 빠지는 일인지 공감할 것이다. 그러나 진짜 문제는 일반적으로 이러한 사람들이 다른 관점에서 세상을 보거나 느끼기를 어려워하기 때문에 자신의 행동이 어떤 인상을 주는지 인식하지 못한다는 것이다.

개인 공간의 문제

균형감 사고 수준이 낮은 사람은 공간 지각력이 부족하고 방향 감각에 문제가 있기 때문에 자신도 모르는 사이에 타인의 개인 공간을 침범하는 경우가 많다. 개인 공간이 침해당하면 누구나 매우 불편한 감정을 느낄 수 있다. 이러한 문제를 이겨내려고 노력하는 사람은 잠재의식의 사고 습관을 충분히 발달시키면 많은 것을 얻을 수 있다. 균형감 사고 역량을 향상시키면 직업적 기회를 방해하는 잠재의식 속 행동을 제거함으로써 직업적으로나 개인적으로 완전히 새로운 길을 만들 수 있기 때문이다.

고도로 발달한 균형감 사고의 이점

고도로 발달한 균형감 사고를 통해 새로운 환경에 빠르게 적응하고 다른 사람의 관점을 이해할 수 있다. 그러고 나면 까다로운 협상이나 복잡한 갈등을 해결하는 데도 도움이 된다. 또한 공감 능력을 갖추는 것도 너무나 중요하다. 팀원, 동료 등 사회생활을 하며 알게 된 사람들을 이해하고 그들과 감정을 공유하는 능력을 얻을 수 있기 때문이다.

균형감 사고가 최적화되었을 때 얻을 수 있는 또 다른 이점은 기업 임원이 조직 구성원에게 동기를 부여하는 데 중요한 역할을 하는 PEA 코칭 방식을 활용할 가능성이 더 커진다는 것이다. 그리고 이러한 코칭 방식은 다른 사람들이 뇌 회로를 열고 새로운 아이디어를 받아들이는 데 도움이 되며, 결국 각 개인의 성장을 촉진하게 된다.

뇌 코칭 후 균형감 사고 능력이 크게 향상되다

강화된 균형감 사고를 갖춘 니아는 이전과 달라졌다. 눈에 띄게 다양한 관점을 수용하려는 모습을 보여주며 팀 구성원들에게 독창적인 아이디어를 제시하라고 독려한다. 남을 인정하려 들지 않는 리더십 스타일을 PEA 코칭 방식으로 바꾸고 나자 직원들의 업무 성과가 훨씬 더 좋아진 것을 보고 니아는 크게 놀랐다. 이제는 더이상 직원들의 생각이나 업무 결과를 즉각적으로 비판하지 않으며 그 대신 직원들이 자신의 생각을 펼칠 수 있도록 긍정적인 방법으로 유도한다.

또한 니아는 그간 써온 '니아'색 안경을 훨씬 더 가치 있고 쓸모 있는 '공감'색 안경으로 교체함으로써 다른 사람의 관점을 알아보고 시간을 들여 그 관점을 이해할 수 있게 되었다.

마지막으로 니아는 자신의 브랜드 가치를 긍정적으로 강화했으며 최고경영자와 이사회를 포함한 조직 내 모든 사람들과의 관계를 개선했다. 그리고 회사에서는 이제 니아를 균형감 사고와 강력한 사회적 리더십 능력을 요구하는 높은 자리로 승진시키려고 검토하고 있다.

17장

직관적 사고

"직관이란 정보의 무의식적인 처리를 바탕으로 어떻게 아는지 알지 못한 채 아는 감각이다."

시모어 엡스타인Seymour Epstein

어떤 사람이나 사물에 대해 뭔가 강한 느낌을 받았는데 나중에 보니 사실이었던 경험이 있는가? 이를 예감, 직감, 육감, 직관 등 어떻게 부르던 간에 이 본능적인 반응은 뇌 속의 잠재의식에서 일어난다. 이와 같은 본능적 감각이 있으면 입증할 증거가 없더라도 무언가에 대한 아이디어를 얻을 수 있다. 직관적 사고는 이성적이고 합리적인 과정을 따르지 않으며 명쾌한 데이터나 사실에 의존하지는 않기 때문에 증거를 필요로 하지 않는다.

그래서 직관적 사고는 다른 아홉 가지 잠재의식의 사고 습관보다 규정하기 힘들다. 또한 보다 유연하고 덜 엄격한 특징으로 인

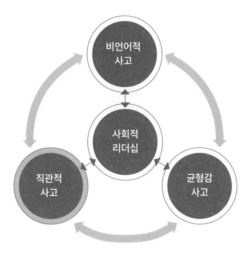

네 번째 기둥: 사회적 리더십

해 이 사고 습관을 정의하는 것도 쉽지 않다. 이러한 측면에서 로빈 호가스Robin Hogarth가 내린 정의는 직관적 사고를 보는 시각에 가장 잘 부합한다.

"직관 또는 직관적 반응의 본질은 눈에 띄는 노력이나 대개는 의식적인 인식 없이 이에 도달한다는 것이다. 그리고 여기에는 의식적으로 심사숙고하는 과정이 거의 또는 전혀 개입되지 않는다."[1]

영화 〈스파이더맨〉 시리즈 덕분에 유명해진 '스파이더 센스Spider-Sense'라는 용어를 들어본 적이 있을 것이다. 스파이더 센스란 위험이 실제로 발생하기 전에 이를 감지하는 스파이더맨의 예지력이다. 잘 발달한 직관적 사고는 잠재의식 속에서 주위 환경의 정보를 감지하는 능력을 제공한다는 점에서 스파이더 센스와 유사하다.

우리는 직관적인 느낌에 따라 어떤 상황에서 불안감을 느낄 수도 있고 자신감을 가질 수도 있다. 그렇지만 스파이더 센스를 아무리 잘 갈고닦는다 해도 전적으로 직관에만 의존해서 중요한 의사 결정을 해서는 결코 안 된다.

어떤 면에서 보면 직관적 사고는 비언어적 사고와 비슷하다. 그러나 두 사고 습관에는 중요한 차이가 있다. 비언어적 사고가 일대일 상호 작용에 적용되는 반면 직관적 사고는 집단 역학에 더 많이 적용되며, 환경을 더욱 폭넓게 인식하게 한다. 예를 들어, 회의나 발표처럼 집단을 상대로 말하는 경우 직관적 사고를 통해 사람들이 이야기에 공감하거나 동의하는지를 감지할 수 있다. 이럴 때 흔히 쓰는 표현이 바로 '분위기 파악'이다.

직관적 사고 수준이 높은 사람은 비유적인 표현으로 '벽에 쓰인 문자'를 알아보는 능력도 있다. 이는 어떤 일이 임박했음을 보여주는 미묘한 환경적 조짐을 해석하여 미래의 사건을 정확히 예측할 수 있다는 뜻이다.

직관적 사고를 위한 잠재의식의 사고 습관 모델

직관적 사고가 취약한 사람들은 상대적으로 주변 사정에 밝지 못하며 집단 역학을 제대로 인식하지 못한다. 그래서 직관적 사고 수준이 높은 사람들이 직감적으로 알아채는 지표를 자주 놓친다.

직관적 사고는 매우 미묘하기 때문에 여기에서는 두 가지 사례를 통해 충분히 발달하지 못한 직관적 사고가 작동하는 방식을 살펴본다. 첫 번째 사례는 다음과 같다.

- **신호:** 회의실에 있는 사람들이 발표에 별다른 관심이 없어 보이는 것이 다른 사람들의 눈에는 뻔히 보인다.
- **루틴:** 잠재의식 속에서 충분히 발달하지 못한 직관적 사고 루틴을 실행한다.
- **결과:** 집단에서 관심이 없다는 미묘한 신호를 드러낼 때 이를 인식하지 못하기 때문에 청중을 잃었다는 것조차 인식하지 못하며, 그 결과 접근 방법을 조정하지 않고 하던 대로 발표를 이어간다.

이 사례에 공감할 수 있는가? 그렇지 않다면 여기 다른 사례가 있다.

- **신호:** 참여하고 있는 프로젝트에 무언가 문제가 있다고 느끼는 직감

이 약하다.

- **루틴:** 잠재의식 속에서 충분히 발달하지 못한 직관적 사고 루틴을 실행한다.
- **결과:** 직감이 보내는 신호가 약하기 때문에 이를 무시하기로 결정한다. 의심했지만 무시했던 그 문제는 나중에 더 큰 문제가 된다.

직관적 사고 수준이 낮으면 안타깝게도 개인의 업무 능률과 작업 산출물, 직업적 관계가 영향을 받는다. 특히 회의나 교육, 발표처럼 집단이 함께하는 상황에서는 더욱 그렇다.

직관적 사고 이면의 과학

리듬은 시간을 기준으로 구성되는 음악의 패턴이다. 음악과 마찬가지로 인간의 사고에도 달성하려는 목표에 따라 다양한 리듬이 있다. 이처럼 다양한 리듬을 이해하고 익히면 자기 생각을 활용해서 팀원과 동료들로 구성된 오케스트라를 지휘할 수 있다.

인간의 판단력과 의사 결정에 관한 행동경제학 연구로 노벨상을 수상한 대니얼 카너먼Daniel Kahneman으로부터 영감을 받아 여기에서는 사고와 관련된 리듬의 개념을 확장할 생각이다.[2]《생각에 관한 생각Thinking, Fast and Slow》에서 카너먼은 인간에게 시스템 1(빠

른 사고)과 시스템 2(느린 사고)라는 서로 다른 두 가지 사고 체계가 있다는 이론을 제시한다.[3]

시스템 1, 빠른 사고는 의식하는 수준 아래에 머물러 있으며 정보가 잠재의식 속에서 반사적으로 처리되기 때문에 노력할 필요가 없다. 시스템 1은 위협을 예측하고 기회를 인식하는 일을 돕는다. 반면 빠른 사고는 편견과 오류에 빠질 가능성이 높다. 시스템 1은 직관적 사고라는 잠재의식의 사고 습관과 비슷한 점이 많다. 직관과 관련이 있는 직감적 느낌은 뇌가 잠재의식 속에서 환경 데이터를 빠른 속도로 처리하기 때문에 일어난다. 이때 처리하는 속도는 의식적인 뇌가 정보를 처리할 수 있는 속도보다 훨씬 빠르다.

시스템 2, 느린 사고는 시스템 1보다 속도가 느리며 의도적이고 의식적인 노력을 필요로 한다. 시스템 2는 통제되고 의식적인 정신 작용이 필요한 분석이나 비판적 사고에 사용된다. 느린 사고는 신중하게 의사 결정을 하기 때문에 상대적으로 편견과 오류에 빠질 가능성이 낮다. 시스템 2는 분석적 사고, 개념적 사고, 추상적 사고처럼 이성적이고 합리적인 사고에 의존하는 잠재의식의 사고 습관과 일맥상통한다.

2018년 뉴욕에서 개최된 세계 비즈니스 포럼에서 대니얼 카너먼은 "직관이란 자신이 왜 아는지를 알지 못한 채 안다고 생각하는 것이다"라고 했다.[4] 또한 직관은 옳을 수도 있고 틀릴 수도 있다고 설명했다. 여기서 중요한 점은 직관적 사고 역시 옳을 수도 있고 틀릴 수도 있다는 것이다. 이것이 바로 나의 뇌 코칭 프로그램에서 잠재의식 속 감지 활동에 기초한 직관적 사고를 의식적인 의사 결정 과정에서 분리하는 이유다.

주변 사정에 밝다

15장에서 골먼과 보야치스의 〈사회적 지능과 리더십의 생물학〉을 소개한 바 있다. 두 사람에 따르면 주변 사정에 밝은 리더는 의사 결정을 위해 직감과 좋은 본능을 활용하는 동시에 신뢰할 수 있는 정보를 계속 수집함으로써 다양한 상황에서 자신의 역할을 수행할 수 있다.[5]

이 글에서 골먼과 보야치스는 직관이 뇌에 존재하는 방추 세포에 의해 일정 부분 좌우된다고 설명한다. 방추 세포는 그 크기가 다른 뇌세포의 네 배이며, 다른 뇌세포에 연결되는 매우 긴 가지를 가지고 있어서 다른 유형의 뇌세포가 정보를 전송하는 속도보다 더 빠르게 감정과 생각을 전송할 수 있다. 또한 방추 세포는 누군가의 신뢰도를 신속하게 판단하는 일을 도우며, 그 사람이 어떤 자리에 적합한 후보자인지 파악할 수 있는 능력을 제공한다.[6]

두 사람은 길이가 매우 긴 방추 세포가 사람들의 감정이나 신념, 판단을 쉽게 초고속으로 전송하거나 연결할 수 있게 한다고 주장한다. 행동과학자들은 이를 사회적 유도 체계social guidance system라고 부른다. 내 관점에서 보면 방추 세포 덕분에 정보가 의식하는 수준 아래에서 빠르게 처리되기 때문에 잠재의식 속에서 직관적 사고를 사용할 때 감각과 직감을 활용할 수 있는 것이다.

위험 지대: 직관적 사고는 완벽하지 않다

중요한 의사 결정을 하는 경우 반드시 분석적 사고를 통해 직관적 사고를 보완해야 한다. 복잡한 문제는 작은 부분들로 쪼갠 다음 잠재적인 해결방안을 평가할 수 있으며, 그 뒤에 이상적인 해결방안을 선택하고 실행할 수 있다. 이 과정을 서둘러 진행해서는 안 되며, 직관적인 수준에서만 복잡한 문제를 해결하려 해서도 안 된다.

이것이 바로 뇌의 균형을 발달시키는 일이 중요한 이유다. 자동차가 최대 성능을 발휘하려면 엔진의 모든 실린더에서 연료가 연소돼야 하는 것처럼 가능한 한 최상의 결과에 도달하려면 열 가지 잠재의식의 사고 습관이 모두 최적의 수준에서 작동해야 한다. 결코 자신이 잘하는 사고 습관에만 의존해서는 안 된다.

뇌의 균형에 도달한다는 것은 마치 고성능 엔진을 갖춘 자동차를 운전하는 것과 같다. 마음대로 쓸 수 있는 힘이 더 많아지는 것이다. 결과적으로 뇌의 균형에는 시너지 효과가 있다 보니 1 더하기 1이 3이 되는 더 광범위한 방식으로 복잡한 문제에 접근할 수 있다.

COVID-19가 직관적 사고에 영향을 미쳤을 가능성

이 주제는 간략하게 다루겠지만 COVID-19 이후 내가 만난 사람들이 흥미로운 패턴을 보이고 있다는 점에서 언급할 가치가 있다. 직관적 사고 점수가 COVID-19 이전과 비교했을 때 꽤나 낮아진 것이다. 그 이유가 정확하지는 않지만 COVID-19가 초래한 충격적이고 복잡한 문제를 극복하는 일이 얼마나 어려웠는지 생각해 보면 이와 같은 추세가 놀랄 일은 아니다.

팬데믹으로 많은 사람들이 집에서 일하게 되었다. 가족과 친구, 동료로부터 고립되어 홀로 남겨진 것이다. 사람들과 직접 만나 이야기하고 어울리는 대신 가상으로 소통하는 기술에 의존하기 시작했다. 이메일과 메신저 서비스는 어느 때보다 인기를 끌었고, 사무실에서 진행하던 대면 회의는 화상 회의로 대체되었다.

소위 줌 미팅의 시대에 사람들은 회의실 안에 물리적으로 있지 않은 경우에도 회의 공간의 분위기를 읽는 방법을 배워야 했다. 신호가 달라졌고, 맥락이나 환경도 달라졌으며, 공통의 관심사는 더 이상 그리 공통된 것이 아니기 때문이다. 하지만 이처럼 익숙하지 않은 환경에서도 우리는 어느 때보다 큰 자신감과 발달한 감지 능력을 이용할 수 있다. 나는 이것이 사람들의 직관적 사고 능력을 강화할 필요성이 커지고 있음을 보여주는 이유라고 생각한다. 이제는 어느 때보다도 우리 모두가 고성능 스파이더 센스를 이용할 수 있다.

제가 뭔가 놓치고 있나요?

네이선과 라라를 만나보자. 해외여행 전문 기업에서 네이선과 라라는 각각 인재 개발 부서와 인재 채용 부서의 책임자로 일한다. 두 사람은 성격이 판이하게 다르다. 네이선은 외향적인 반면 라라는 내향적이고 신중하며 실용적이다. 둘 다 인사 부문에 소속되어 있기 때문에 함께 회의에 참석할 일이 많다. 라라는 늘 네이선을 챙기며 즐거운 마음으로 그의 눈과 귀 역할을 한다.

사실 네이선은 조직에 합류한 지 1년밖에 되지 않아서 아직은 회사 상황에 적응하느라 애를 먹고 있다. 물론 친절한 성격 덕분에 대부분의 동료들과 좋은 관계를 유지하며 부서별 핵심 인재 육성 및 직원 교육을 지원하는 역할을 하며 부서 책임자들과도 유기적인 관계를 맺고 있다. 이처럼 회사 내부 사정을 잘 알 수 있는 위치에 있음에도 불구하고 누가 진짜 실세인지 감지하는 일은 여전히 어렵기만 하다. 또한 라라를 제외하면 누구를 믿어야 할지도 모르겠고 누가 어느 고위 임원의 줄에 서 있는지도 감이 잡히지 않는다.

기술적인 측면에서 네이선은 자기 역할을 충분히 잘 수행하고 있지만 직감적 본능이 없기 때문에 업무 분위기를 읽어내는 능력이 부족하다. 한마디로 세상 사는 지혜보다 책으로 배운 지식이 풍부한 유형의 사람인 것이다. 그러니 자기 자리에서는 문제가 없지만 조금은 순진해 보이는 것도 사실이다. 라라의 도움이 없다면 네이선은 길을 잃고 방황하게 될 것이다.

최근 네이선과 라라는 나의 뇌 코칭 프로그램에 참가해 검사를 받았으며 들뜬 마음으로 유동적 사고 평가 보고서를 함께 검토했다. 보고서에서 라라의 직관적 사고 수준은 높은 것으로 나타났지만 네이선은 가장 낮은 축에 속했다. 나는 네이선에게 주위 환경에서 미묘한 신호와 메시지를 인식하지 못한다는 의미라고 설명했다. 게다가 사내 정치의 뉘앙스를 파악하기도 힘들 것이고 자신의 의사 결정이 다른 사람들과 부서에 미치는 영향도 가늠하기 어려울 것이라고 말했다.

네이선은 내 피드백에 마음이 상했다. 그는 내가 잘못 생각했다고 했다. 자신은 전혀 그렇게 보지 않는다고 말했다. 그 순간 다행스럽게도 라라가 네이선의 반응에 웃음을 터뜨렸다. 라라는 네이선이 부지불식간에 누군가의 기분을 상하게 했을 때 자신이 얼마나 자주 그를 곤란한 상황에서 구해줬는지를 유쾌하게 설명했다. 그리고 라라는 밝은 목소리 톤을 유지하며 네이선이 내가 설명한 방식으로 행동했던 다른 상황을 예를 들었다. 최근 회의에서 네이선이 어떤 쟁점을 지나치게 설명하자 고위 임원들이 짜증을 냈다는 것이다. 다행히 네이선은 라라가 보낸 '그리 미묘하지 않은' 신호를 잘 포착했고 다음 화제로 넘어갈 수 있었다.

네이선이 나와 라라가 전한 피드백에 실망한 것은 당연했다. 그런데 라라가 말한 사례를 곰곰이 생각한 다음 네이선은 왜 몇몇 사람들이 자신을 마음에 들어 하지 않는 것 같았는지 이해하기 시작했다. 그러더니 이전 직장에서도 주변 사람이나 상황을 잘 인식하지 못한다는 비슷한 피드백을 받은 적이 있다는 사실을 말해 주었다.

네이선은 자신의 취약한 직관적 사고가 수면 아래에서 일어나는 문제를 감지하는 능력에 영향을 미치는지 물었다. 이때 구조요원 라라가 과거에 자신이 네이선에게 이런저런 사람들과 이야기해 보라고 유도했던 순간들이 많았다는 것을 상기시켜주었다. 라라는 또한 자신이 네이선에게 자신의 부서에서 일어나고 있는 문제에 신경을 써 보라고 했던 여러 사례 가운데 일부를 강조해 설명했다. 네이선은 많은 증거에 놀라면서도 라라에게 자신을 챙겨줘서 고맙다고 말했다. 그런 다음 나를 돌아보며 "고칠 수 있겠죠?"라고 물었고, 나는 분명히 그럴 수 있다고 네이선을 안심시켰다.

회의가 끝나갈 무렵 라라와 나는 네이선의 얼굴에 번진 미소를 보고 그가 마침내 무언가 깨달았다는 것을 알았다. 우리는 네이선에게 깨달은 바가 무엇인지 공유해 보라고 권했고, 그는 지난달에 갔던 휴가 이야기를 꺼냈다. 네이선의 비서는 그가 휴가로 자리를 비운 동안 사무실을 깔끔하게 정리해 놓기 위해 열심히 일했다. 하지만 네이선은 사무실로 복귀해서 몇 주가 지난 뒤에서야 사무실이 달라졌다는 것을 알아챘다. 심지어 그 순간에도 뭐가 달라졌는지 콕 집어낼 수는 없었다. 고맙게도 네이선의 비서는 눈치 없는 그의 모습을 이미 수차례 봤기 때문에 대수롭지 않게 넘겨왔다. 네이선의 이야기에 우리는 웃음을 터트렸고, 라라는 "어머, 드디어 감을 잡았군요!"라고 외쳤다. 라라가 완벽한 시점에 던진 영화 〈마이 페어 레이디My Fair Lady〉 속 대사는 우리 모두에게 긍정적인 마음을 안겨주었다.

취약한 직관적 사고가 미치는 영향

直관적 사고가 취약한 사람들은 네이선과 마찬가지로 자신의 레이더가 업무 환경이나 집단 역학의 중요하고도 미묘한 측면을 포착하지 못하는 것 같다고 느끼는 경우가 많다.

분위기 파악이 어렵다

직관적 사고가 취약한 네이선은 집단 역학을 감지하는 일, 특히 발표할 때 분위기를 파악하는 데 어려움을 겪었다. 네이선이 전달하는 내용에 집중하는 동안 충분히 발달하지 못한 그의 스파이더 센스는 참석자들의 전반적인 분위기를 제대로 읽지 못했다. 참석자들이 안절부절못하고 있다는 신호를 포착할 수 없었기 때문에 네이선은 라라에게 의존해서 발표 스타일이나 속도를 조정해야 했다.

직감이 약하다

네이선은 수면 바로 아래에서 문제가 커지고 있는 때를 감지하거나 조직의 미묘한 정치를 이해하는 것도 어려워했다. 무언가 잘못된 것 같다고 직감적으로 느낀 순간에도 그 신호가 약하다 보니 주의를 기울이지 않았다. 그러고 나서 일이 터지면 당황하곤 했다. 반면 라라는 높은 수준으로 발달한 직관적 사고 덕분에 불빛이 번쩍번쩍 빛나는 경고등을 볼 수 있었으며, 이를 네이선에게 공유할 수 있어서 더없이 좋기만 했다.

세상 사는 지혜가 별로 없다

누군가가 솔직하지 않은 모습을 보일 때 느껴지는 감정이 어떤 것인지 알 것이다. 그 느낌을 흔히 '헛소리 감지기'라고 한다. 불행히도 네이선의 헛소리 감지기는 사실상 한 번도 제대로 울린 적이 없다. 그러니 덜 양심적인 임원이라면 조직에서 자신의 정치적 야심을 위해 네이선을 이용할 것이다. 지금까지 네이선은 정교하게 조율된 세상 사는 지혜로 무장한 라라가 자신을 구출해 줄 때까지 이 사실을 전혀 인식하지 못했다.

고도로 발달한 직관적 사고의 이점

직관적 사고가 최적의 수준에서 기능하면 내면의 레이더가 고도로 민감해져서 주위 환경이 보내는 미묘한 신호를 감지할 수 있게 된다. 이 내면의 레이더는 섬세하게 조율된 직감과 날카롭게 연마된 세상 사는 지혜를 갖추도록 지원한다. 또한 의식적으로 생각하지 않더라도 분위기를 파악하는 능력도 뒷받침한다.

직관적 사고의 발달은 사회적 리더십 역량을 최적화하는 중요한 단계다. 직관적 사고를 통해 잘못된 것처럼 보이는 일에 빠르게 의식적으로 주의를 기울여서 상황을 보다 자세히 파악할 수 있기 때문이다. 그동안 만난 수많은 사람들의 사례를 통해 발견한 흥미로운 사실은 자신의 직감과 높은 수준의 직관적 사고가 보내는 신호를 무시하면 아니나 다를까 문제가 발생해서 큰 고민거리를 안겨준다는 것이다.

뇌 코칭 후 직관적 사고 능력이 크게 향상되다

뇌 코칭 프로그램을 마친 네이선은 더 이상 사람들에게 기습을 당하거나 사내 정치에 무감각하지 않다. 이제는 언제 문제가 일어나려고 하는지를 잘 인식하기 때문에 먼저 대응할 수 있다. 또한 향상된 직관적 사고 덕분에 능숙하게 분위기를 읽게 되면서 많은 사람을 상대하거나 민감한 정치적 상황을 다룰 때 더 이상 라라에게 의존하지 않는다. 자신에게서 새롭게 발견한 기민함이 큰 해방감을 준다는 것도 알게 되었다.

과거에 네이선은 기술적으로는 자신의 역할을 매우 훌륭하게 수행하고 있었음에도 불구하고 사람들의 눈에 어딘가 모르게 조금은 순진한 것처럼 비춰졌다. 하지만 고위 경영진은 현재 네이선을 존중하고 있으며 경영진의 인재 수요와 관련해서 그에게 보다 많은 신뢰를 보내고 있다. 고성능 헛소리 감지기까지 갖춘 네이선은 이제 내부 고객들과 솔직한 대화를 통해 그들이 원하는 바를 잘 이해할 수 있게 됐다. 과거의 네이선은 어떤 임원이 외부 교육 프로그램에 참가하겠다는 요청을 자신에게 승인하라고 강요하면 굴복하는 경우가 많았다. 하지만 지금은 그러한 압력을 이겨내고 해당 임원이 더 적합한 인재 개발 프로그램을 찾을 수 있도록 돕는다.

6부

뇌의 습관이
가진 힘을 깨우다

18장

마음의 기

"강점은 강점에서 나오지 않는다. 강점은 약점에서만 나올 수 있다. 그러니 현재의 약점에 감사하라. 그것이 강점의 시작이다."

클레어 위크스Claire Weekes

모든 이야기와 과학이 끝나면 결국 핵심인 양원적 뇌의 음과 양으로 돌아간다. 깨달음의 모든 실을 한데 엮어 만든 태피스트리를 뒤집으면 더 큰 그림을 볼 수 있다. 마치 뇌의 균형과 잠재의식의 사고 습관을 이해하는 것이 마음의 기를 이해하는 기초인 것처럼 말이다.

뇌의 두 반구의 결합 조직, 음과 양, 분할과 연결에 대한 이해는 증가하는 업무 부담을 종합적으로 조정하고 처리하기 시작할 때 결정적인 역할을 한다. 의도적인 방식으로 우뇌의 유동적 사고 역량을 강화하면서 두뇌 앱을 업그레이드하는 여정이 시작된다. 뇌의 두 반구 사이에 균형을 이루면 좌뇌의 결정성 지식을 쉽고 효과적으로 활용하는 능력이 활성화된다.

핵심은 이러한 발달과 균형의 과정이 뇌의 두 반구가 가지고 있는 상호 보완적인 능력을 활용한다는 사실이다. 이는 중요한 과정으로 이해해야 한다. 왜냐하면 전통적인 교수법은 좌뇌의 발달에 지나치게 초점을 맞추는 반면, 새로운 기술을 배우는 과정에서 우뇌가 얼마나 중요한지는 거의 이해하지 못하기 때문이다. 그 결과 대부분의 사람들에게서 우뇌는 무계획적이고 의도치 않은 방식으로 학습되고 발달한다.

이처럼 어린이와 성인의 교육과 훈련, 발달에 대한 기존 접근 방법에 내재하는 문제점을 해결하는 것이 잠재의식의 성공의 핵심이다. 잠재의식의 사고 습관을 최적화하여 우뇌를 발달시킴으로써 뇌가 균형을 이루도록 만드는 과정은 과학적이며, 삶의 전반을 편안하고 균형 있게 하기 때문이다.

뇌의 균형이란 현재 결과에 문제를 일으키는 잠재의식의 사고 습관과 맞서는 과정이다. 많은 사람들이 이러한 사고 습관을 약점으로 보지만, 나는 위크스의 말을 다시 한번 인용해서 이는 '강점의 시작'이라고 제안한다. 각 인지 결함을 강점으로 발달시키는 과정은 뇌의 균형의 시작점이며 마음의 기에 도달하는 길목에 서는 것이다.

마음의 기란 무엇인가

．

아메리칸 헤리티지 영어 사전에 따른 '기'의 정의는 다음과 같다.

> 중국 사상에서 모든 사물에 내재하는 것으로 믿고 있는 생명력. 전통 한의학에서는 인체 내 기의 원활한 순환과 기의 부정적 형태와 긍정적 형태 사이의 균형이 건강 유지에 필수적이라고 본다.

중국 철학은 영향력이 크고 풍부한 지혜를 전한다. 마음의 기는 의도적으로 뇌를 균형 잡히게 함으로써 도달하는 최적의 인지 능력 상태다. 이는 다음 그림에 표시된 것처럼 좌뇌와 우뇌가 조화롭게 작동하고 균형을 이룰 때 존재한다. 마음의 기에 도달하면 유동적 사고와 결정성 지식이 수월하게 결합해서 고도의 인지 수행 능력을 쉽게 발휘할 수 있다.

많은 사람들이 자신의 정신 기능이 눈에 띄게 향상되고 효과적이면서도 정신적 에너지를 덜 사용하는 상태를 이따금 경험한다. 물론 평소에는 이 상태에 가까이 가기 어렵다. 쉽고 능숙하게 작업을 수행하는 몰입 상태라고 하는 이 상태가 바로 초기 단계의 마음의 기다. 이때 뇌의 균형이 이루어진다. 반면 궁극적인 마음의 기

결정성 지식(의식적인 마음 습관)
교육, 훈련, 개발, 코칭 및 멘토링에 대한 전통적인 접근 방법

내용에 초점(학습 내용)

주제 전문성:
• 회계
• 마케팅
• 공학

유동적 사고(잠재의식의 마음 습관)
의식하는 수준 아래에서 작동하며 생산성 및 성과를 주도하는 사고 능력

과정에 초점(학습 방법)

프로세스 인지 능력:
• 적응력
• 민첩성
• 전환 능력

뇌의 균형을 통해 도달한 마음의 기

는 의도적 연습을 통해 뇌의 균형에 통달한 상태다. 이때 최적의 결과는 습관이 되고 뛰어난 성과는 잠재의식의 루틴이 된다.

뇌의 균형이 그토록 중요한 이유

음과 양의 기호가 표현하는 조화와 균형에서 영감을 받아서 뇌의 두 반구 사이의 균형이 지니는 중요성을 비유를 통해 탐색할 수 있다. 만약 한쪽 눈의 시력이 심하게 손상되면 운전 능력에 심각한 영향을 미칠 수 있다. 한쪽 눈으로만 사물을 인지하는 단안시로 인해 깊이를 인식하는 능력이 약화될 것이기 때문이다. 게다가 시선 주위를 인지하는 주변시도 상당히 낮아질 것이다. 그 결과 운전할 때 보행자나 자전거가 얼마나 멀리 떨어져 있는지 판단하기 어려울 것이다. 시력 장애가 얼마나 심각한지에 따라 지역 제한, 속도 제한, 야간 운전 금지 등으로 운전면허가 제한될 수도 있다.

단안시인 사람은 뇌의 한쪽 반구만을 사용해서 도로를 보기 때문에 매우 위험하다. 반면 두 눈을 사용하여 사물을 3차원으로 인지하는 입체시를 가진 사람은 뇌의 두 반구를 모두 사용해서 도로를 볼 수 있다. 좌뇌와 우뇌의 이미지를 통합함으로써 최적으로 깊이를 인식할 수 있기 때문에 거리를 더욱 정확하게 판단하고 넓은 시야를 가질 수 있다. 이처럼 두 반구에서 입력된 정보를 활용하면 자동차에서 보행자 또는 자전거까지의 거리를 정확하게 추정하는 능력이 향상되며, 이는 안전 운전에 필수적인 능력이다.

이 비유의 목적은 뇌의 좌뇌와 우뇌가 조화롭게 작동하지 않을 때 직면하는 문제를 강조한 것이다. 우연히 만들어진 두뇌 앱에 의존하는 것은 단안시로 운전하는 것과 마찬가지다. 그럭저럭 버틸 수 있을지는 모르지만 개인적 삶과 직업적 삶을 완전하게 살아가는 능력은 손상될 수밖에 없다. 따라서 비유적으로 볼 때 마음의 기는 입체시와 같다. 좋은 소식은 누구나 마음의 기에 가까이 갈 수 있다는 것이다.

뇌의 스위트 스폿

테니스나 골프, 야구, 크리켓, 소프트볼, 하키 등 여러 스포츠에서는 스위트 스폿sweet spot이라는 용어를 사용한다. 케임브리지 영어 사전에서는 스위트 스폿을 "공을 칠 때 최소한의 노력으로 최대의 힘을 가할 수 있는 표면의 일부"라고 정의한다. 흥미로운 점은 스위트 스폿이 뇌의 균형을 논의할 때도 매우 중요하다는 것이다. 최소한의 노력으로 최대의 힘을 강조하는 부분이 마음의 기에 있어 핵심이기 때문이다.

좌뇌와 우뇌가 상호 보완적으로 작동하면 정신적 노력 및 에너지에 대비해 최고의 투자 수익률을 달성할 수 있다. 이와 같은 인지적 균형은 모든 것을 변화시킴으로써 성과와 리더십을 향상시키고 생산성과 전반적인 회복 탄력성을 높이며 집중력을 강화한다. 그리고 이 모든 일은 잠재의식 속에서 쉽게 일어난다. 마음의 기는 판도를 바꾸는 잠재의식 속 스위트 스폿이다.

인지적 왁스 바르기와 왁스 벗기기

영화 〈베스트 키드The Karate Kid〉를 기억하는가? 이 영화는 가라테를 배우고 싶어 하는 대니얼이라는 소년에 대한 이야기다. 영화에서 스승인 미야기는 바닥 닦기, 울타리 칠하기 그리고 자신이 수집한 클래식 자동차에 왁스 바르기처럼 고된 일을 시키며 대니얼을 가르친다. 특히 올바른 기술을 보여주려고 공중에서 손을 휘두르면서 이렇게 가르친다. "오른손으로 왁스를 바르고, 왼손으로는 왁스를 벗기고. 왁스 바르기, 왁스 벗기기."

가라테와는 전혀 관련이 없고 하찮아 보이기까지 하는 일을 하라는 지시에 대니얼은 점점 더 불만을 갖게 된다. 대니얼의 불만은 극에 달했고 결국 그만두겠다고 말한다. 그러자 미야기는 잠시 멈춰서 대니얼이 허드렛일을 하던 동작을 가라테 기술에 맞춰 가다듬는 시간을 갖는다. 여전히 뾰로통한 대니얼이 이상한 일을 계속하던 어느 날, 미야기가 갑자기 대니얼에게 공격을 가한다. 그리고 대니얼은 자신도 놀랄 정도로 스승의 공격을 쉽게 막아낸다.

매우 강렬한 장면이지만 마음의 기의 맥락에서 보면 의도적 연습이 실제로 작용하는 모습을 보여주는 좋은 예다. 미야기가 지시한 여러 일은 대니얼이 자신도 모르는 사이에 가라테를 배울 수 있도록 특별히 준비된 것이다. 하찮아 보이는 반복적인 동작을 수행함으로써 대니얼은 잠재의식 속에서 가라테의 가장 기본 방어 기술인 손의 움직임을 발달시킨다.

물론 대니얼의 관점에서 볼 때 미야기는 자신에게 잡일을 시켰을 뿐이다. 하지만 스승은 반복적인 동작이 대니얼이 예상치 못한 상황에서 가라테 동작을 실행하기 위한 인지적 근육 기억muscle memory(반복을 통해 동작의 수행력을 강화하는 작용을 말한다─옮긴이)을 만드는 과정임을 알고 있었다. 결국 대니얼은 공격을 받을 때도 제대로 방어할 수 있는 잠재의식의 습관을 연습을 통해 발달시켰던 것이다.

〈베스트 키드〉는 마음의 기에 도달하는 과정을 비유적으로 보여주는 영화다. 첫 번째 단계는 맞춤 설계된 의도적 연습 훈련을 반복 수행함으로써 필요한 잠재의식의 사고 습관을 발달시키는 것이다. 두 번째 단계는 훈련의 난이도를 높인 다음 강화된 역량을 기업 및 실생활에서 부딪히는 상황에 적용하는 것이다. 두 번째 단계에서는 의식적인 인식 없이 사용할 수 있는 인지 능력을 발달시키기 위한 구체적인 맥락이나 상황을 필요로 한다. 따라서 마음의 기는 정신적 준비와 정신적 평온 사이의 균형을 특징으로 하는 잠재의식의 인지 상태다.

인지적인 몰입 상태는 마음의 기가 힘들이지 않고 작동하는 상태다. 대부분의 사람들이 몰입 상태를 경험하지만 그러한 상태가 쉽게 되지 않는 데다 된다 해도 잠깐 동안만 유지된다. 이는 몰입 상태로 들어가는 방법을 통제하지 못하기 때문이다. 대니얼과 적들이 수련하는 방법에는 차이가 있었다. 미야기는 평범한 세계에서는 말이 안 되는 것처럼 보이는 반직관적인 방식으로 대니얼을 훈련시켰다. 많은 사람들이 포기했겠지만 대니얼은 꾸준히 연습하고 실전에 적용했으며 그렇게 차이를 만들었다.

대니얼이 한 허드렛일은 가라테 방어 기술을 사용할 능력을 잠재의식 속에서 발달시키는 수단이었다. 대니얼과 마찬가지로 나의 뇌 코칭 프로그램에 참가한 사람들도 유동적 사고를 발달시키기 위해 점점 더 어려운 인지 활동과 훈련을 수행하며, 이를 통해 마음의 기의 영역에서 활동할 수 있는 준비를 한다.

뇌의 균형은 개인화 수준에 따라 그 힘을 발휘한다. 결코 누구에게나 효험이 있는 만능 처방이 아니다. 이것이 바로 힘들이지 않고 몰입 상태를 유지할 수 있는 마음의 기 상태에 도달하려면 맞춤형 의도적 연습이 필요한 이유다. 내가 가라테 사범은 아니지만 인지적으로 왁스를 바르고 왁스를 벗기는 기술은 잘 알고 있다. 그리고 몇 가지 다른 숙련된 동작까지 보여줄 수 있다.

뇌의 습관을 강화하여 인지적 통달의 경지에 이르다

이제 모든 이야기를 하나로 정리할 시간이다. 마음의 기에 대한 이해는 이 책에서 시작한 대화에서 가장 핵심적인 부분이다. 앞선 여러 장에서 비효율적인 잠재의식의 사고 습관으로 문제가 발생하면 얼마나 큰 대가를 치러야 하는지 살펴보았다. 여기에서는 잠재의식의 사고 습관이 최적화되어 뇌의 균형에 도달했을 때 뇌가 지니고 있는 최대 잠재력이 어떠한 모습으로 나타나는지 간단하게 알아본다.

표는 열 가지 잠재의식의 사고 습관이 최적화되고 통합되어 인지적 통달에 도달했을 때 종합적으로 어떻게 기능하는지 보여준다. 표에 설명된 내용을 하나씩 보면서 잠시 자기 자신의 두뇌 앱을 돌아보기 바란다. 혹시 이 장점들 가운데 나머지보다 더 공감할 수 있는 것이 있는가?

첫 번째 기둥: 주의력 통제	
집중적 사고	• 생산성과 성과, 시간 관리 효율성을 높이기 위해 집중력을 활용하는 방법을 통제할 수 있다. • 지연이 초래하는 악순환에 더 이상 빨려 들어가지 않는다. • 정신적 에너지를 되찾고 번 아웃을 피하며 매일 한 시간의 생산성을 종종 얻는데, 이 모두는 일과 삶의 균형을 크게 개선하는 효과가 있다.
두 번째 기둥: 복잡한 문제해결	
분석적 사고	• 많은 양의 정보를 빠르게 소화하고 어떤 세부 정보가 가장 중요한지 쉽게 파악할 수 있기 때문에 통찰력 있는 견해를 신속하게 도출할 수 있다. • 복잡한 문제를 쉽고 신속하며 정확하게 정의할 수 있다.
혁신적 사고	• 의식적으로 노력하지 않아도 잘 정의된 문제에 대한 다수의 창의적인 해결방안을 신속하게 만들어낼 수 있다. • 사고가 민첩하여 상황 변화에 따라 신속하고 전략적이며 효과적으로 전환할 수 있는 능력을 갖추고 있다.
개념적 사고	• 복잡한 문제에 대한 다수의 잠재적인 해결방안을 합의된 선정 기준에 따라 쉽고 빠르게 평가한 다음 가장 유리한 해결방안을 선택한다. • 자신의 의사 결정 능력에 강한 자신감이 있다. • 순간 대처 능력이 뛰어나기 때문에 조직 내에서 일어나는 다양한 상황에 능수능란하게 대응할 수 있다.
세 번째 기둥: 전략×계획×실행	
전략적 사고	• 어떤 프로젝트에 무턱대고 뛰어들기보다는 일을 시작하기 전에 한 걸음 뒤로 물러나 정확성을 확보하는 데 익숙하다. • 프로젝트가 성공했을 때 결과가 어떤 모습이어야 하는지 정의하고, 그러한 결과를 내놓으려면 따라야 하는 전략적인 경로를 개발할 수 있다. • 수립한 전략을 다른 사람들에게 정확하고 간결하게 전달할 수 있다.

추상적 사고	• 프로젝트 진행 단계와 관련 일정 및 필요 자원을 빠르고 쉽게 계획할 수 있다. • 프로젝트 관련 위험을 능숙하게 파악하고 사전에 완화할 수 있다. • 크게 힘들이지 않고 효과적으로 업무를 위임한다.
운영적 사고	• 계획을 실행하는 데 지나치게 관여하기보다는 원하는 결과를 달성하기 위해 팀을 관리하는 데 중점을 둔다. • 지나치게 실무에 개입하지 않으면서 전략적이고 실용적인 리더십을 발휘한다.
네 번째 기둥: 사회적 리더십	
비언어적 사고	• 비언어적 의사소통을 손쉽게 처리하며 신속하고 적절하게 반응한다. • 비언어적 의사소통의 암호를 해석함으로써 신뢰감을 유발하고 라포를 쉽게 구축한다.
균형감 사고	• 복잡한 사회적 대인관계 상황을 부드럽게 헤쳐 나간다. • 공감 능력이 뛰어나며 타인의 관점에서 세상을 보는 일이 어렵지 않다. • 타고난 리더로서 협력 중심적이다.
직관적 사고	• 위 환경의 신호를 알아차리는 능력이 매우 뛰어나다. • 직감적 느낌에 예민하게 반응하여 불편하게 느끼는 상황을 점검하기 때문에 나중에 무방비 상태에서 공격을 당하는 일을 방지할 수 있다. • 고성능 헛소리 감지기를 갖추고 있어서 누군가가 속이려고 할 때 그것을 쉽게 감지할 수 있다.

사무실 너머의 인지적 통달

마음의 기에 도달하는 것과 관련하여 개인적으로 경험한 가장 흥미로운 일은 기업 환경 바깥에서 일어났다. 뇌 코칭 프로그램을 마친 한 사람이 내게 개인적인 질문을 했다. 핸디캡이 6이라는 놀라운 실력에도, 골프를 너무 좋아하다 보니 말은 쉽지만 실제로 하기는 상당히 힘든 이븐 파 라운드(보통 18홀로 구성된 골프 라운드를 규정 타수와 같은 타수로 마치는 것을 의미한다—옮긴이)를 달성하고 싶다는 것이다. 그래서 우리는 어떻게 하면 골프에서 잠재의식의 사고 습관을 활용하여 고객의 목표를 달성할 수 있을지 생각했다.

우리는 머릿속으로 골프 라운딩 과정을 따라간 후 어떻게 해야 각 홀에 전략적으로 접근하고 마음의 기에 도달해서 정신적 몰입 상태에 들어갈 수 있을지 이야기했다. 놀랍게도 그는 물리적으로 공을 치는 방식을 단 한 가지도 바꾸지 않고 이븐 파 라운드를 달성했다. 결국 모든 것이 골프 게임을 대하는 인지적, 정신적, 전략적 접근 방법에 달려 있었던 것이다.

"더 열심히 일하지 말고 더 똑똑하게 일해야 한다"라는 유명한 말은 일과 삶의 모든 면에 적용된다. 잠재의식의 사고 습관을 강화하여 뇌의 균형을 발달시키면 마음의 기에 이를 수 있다. 그리고 마음의 기는 판도를 바꾸고 차이를 만드는 최고의 요인이다.

19장

미래를 위해
뇌를 재구성하기

🧠 **"인간의 뇌는 일생 동안 이전에는 불가능하다고 생각했던 수준까지 새로워진다."**

마이클 가자니가Michael Gazzaniga

자, 이제 이 길의 끝에 이르렀다. 바라건대 최적화된 유동적 사고의 힘을 이해하는 여정을 함께해 온 이들과는 작별을 고할 것이다. 이번 여정에서 내 목적은 뇌의 균형과 마음의 기를 통해 가능한 일을 강조하고 당신이 될 수 있는 미래의 모습을 보여주는 것이었다.

머리말에서 말한 바와 같이 최근 우리는 엄청나게 많은 외부의 혼란을 겪었고, 이는 개인의 내적 혼란도 상당한 수준으로 유발했다. 비교적 안정적인 환경에서 살면서 점진적인 변화만 상대하면 되는 시대는 지나간 지 오래다. 끊임없이 이어지는 혼란은 이제부터 더욱 가속화될 일만 남았다.

내가 만난 사람들에게 공유한 것과 같이 이처럼 계속되는 혼란에 대처하기 위해 자기 자신에게 줄 수 있는 가장 좋은 선물은 유동적 사고 역량을 크게 강화해서 끊임없이 변화하는 세상에서 성공할 수 있는 최적의 준비를 마치는 것이다. 뇌 코치로서 오랜 시간 일하면서 많은 사람들이 마음의 기에 통달함으로써 자신의 경력을 근본적으로 재정의하는 모습을 목격했다.

뇌의 균형이 사람들이 직업적 천장을 뚫고 최고경영진 자리까지 올라가는 디딤돌 역할을 하는 것도 봤다. 어떤 고객을 최고경영자로서 준비시키는 프로젝트에서 그는 결국 전 세계 사업을 총괄하는 최고경영자로 변신할 수 있었다. 그리고 많은 이들이 매일 한 시간의 생산성을 되찾아서 더 나은 일과 삶의 균형에 도달하는 모습도 수없이 많이 관찰했다. 다른 한편으로는 누군가는 2년 만에 매출을 두 배로 늘린 반면, 또 다른 누군가는 불과 한 분기 만에 연간 이익을 올리는 것도 봤다. 이처럼 리더가 자신의 유동적 사고를 발달시키고 행동 변화를 지속하는 모습을 지켜보는 것은 영광스러운 일이다.

잠재의식의 성공을 떠받치는 네 가지 기둥은 뇌의 균형을 발달시키는 틀을 제공한다. 그리고 뇌의 균형을 기반으로 마음의 기가 형성된다. 열 가지 잠재의식의 사고 습관을 통해 뇌는 모든 영역에서 상승할 준비를 마친다. 성과와 생산성이 향상되는 것은 물론이고 직업적 잠재력과 승진 기회까지 확장되기 때문이다. 뇌의 두 반구 사이에 균형을 이루면 좋은 사고는 위대한 사고로, 좋은 성과는 뛰어난 성과로 바뀐다. 또한 직업적 성장도 극적으로 일어난다. 결정적으로 뇌의 균형은 정신적 에너지를 끌어올림으로써 오늘날 세상에서 놀랍도록 소중하고 필요한 회복 탄력성을 높은 수준으로 강화하는 데 도움이 된다.

생존과 성공의 차이

세계경제포럼에 따르면 빠르게 진행되는 디지털 파괴는 우리를 4차 산업혁명의 초입으로 데려왔다. 이와 같은 변화가 미칠 영향을 섣불리 예측하기는 힘들지만 세계경제포럼에서는 재교육 비상사태에 직면해 있다고 예측한다. 2025년까지 전체 피고용인의 50%가, 2030년까지 10억 명이 재교육을 받아야 한다는 말이다.[1] 이러한 재교육의 필요성은 이미 전 세계 산업을 흔들기 시작했고, 그 파급 효과는 조직이나 기업가 정신의 거의 모든 측면에서 광범위하게 확산될 것이다.

《미래의 충격Future Shock》에서 앨빈 토플러Alvin Toffler는 말했다. "미래의 충격이란 사람들이 너무 짧은 시간에 너무 많은 변화에 노출됨으로써 겪게 되는 엄청난 스트레스와 방향감각 상실이다."[2]

나는 여기에서 토플러가 세계보건기구보다 50년 먼저 번 아웃 증후군을 예측했다고 생각한다.

토플러는 "여기서 미래의 충격이라고 이름 붙인 현상을 방지하고 이겨내려면 과거 어느 때보다도 훨씬 더 잘 적응하고 유능해져야 한다"라고 말한다. 토플러는 신경가소성이나 유동적 추론이라는 개념이 잘 알려지기도 전에 다시 한번 매우 선견지명이 있는 예측을 했다. 이것이 바로 내가 모든 사람들에게 자신의 유동적 사고를 최적화할 것을 고려해 보라고 열정적으로 설득하는 이유다. 유동적 사고가 토플러가 말한 '훨씬 더 잘 적응'하는 모습을 뒷받침할 뿐만 아니라 '어느 때보다도 더 유능'해지는 데 필요한 학습 민첩성을 지원하기 때문이다.

이러한 맥락에서 뇌의 업그레이드는 단지 생존을 위한 것이 아니라 성공하기를 바라는 모든 사람에게 반드시 필요하다. 그리고 그 필요는 지속적인 디지털 파괴로 인해 증가하는 업무 부담과 우리 뇌에 얹히게 될 엄청난 재교육 요구에 전적으로 기인한다. 여기서 말하는 업무 부담과 재교육 요구는 둘 다 새로움을 학습해야 하고 빠르게 변화하는 디지털 환경에 지속적으로 적응해야 하기 때문에 발생한다. 한층 강화된 민첩한 학습 능력은 이와 같은 대규모 재교육 프로그램에서 성공하기 위해 한 사람이 가질 수 있는 가장 귀중한 기술이자 자산이 될 것이다.

업무 부담과 점점 많아지고 빨라지는 정보에 더해 산업 전반에 걸친 재교육 도입에 대비하기 위해서는 조직에서 리더와 직원의 유동적 사고 역량을 발달시켜야 한다. 인지 역량은 개인과 조직의 학습, 적용, 적응 및 전환 능력에서 매우 중요한 역할을 할 것이다.

두뇌 앱 건강 진단

우리는 잠재의식의 성공을 이해하기 위해 탐구하면서 많은 곳을 지나왔다. 그 과정에서 우여곡절도 많이 겪었지만 상황을 너무 심각하게 받아들이지 않으려 노력했다. 이 책에서 전한 이야기에서 동료의 행동을 여러 차례 알아차렸거나, 어쩌면 스스로 잘 알고 있는 특징 가운데 일부를 봤을 수도 있다.

이제 자신의 현재 두뇌 앱의 질을 되돌아볼 시간을 가져보기 바란다. 다음 표에 있는 설문으로도 자기 자신의 잠재의식의 사고 습관을 엿볼 수 있다. 표 바로 위에 보이는 평가 척도를 참조해서 각 항목에서 설명하는 내용에 공감하는 정도에 따라 1점부터 10점까지 점수를 부여하면 된다.

1 — 2 — 3 — 4 — 5 — 6 — 7 — 8 — 9 — 10

나와 전혀 다름   나와 어느 정도 비슷함   나와 매우 비슷함

잠재의식의 성공을 떠받치는 네 가지 기둥		점수
첫 번째 기둥: 주의력 통제		
집중적 사고	• 최우선 과제에 집중하기 어렵다. • 해야 할 일에 집중하기보다는 흥미 있는 일로 인해 정신이 산만해지는 경우가 많다.	
두 번째 기둥: 복잡한 문제해결		
분석적 사고	• 복잡한 문제를 그 구성 요소로 빠르고 효율적으로 분해하기 어렵다. • 많은 양의 세부 정보를 다루는 데 문제가 있다.	
혁신적 사고	• 문제에 대한 창의적인 해결방안을 만들어내는 일이 상당히 어렵다. 특히 이전에 그러한 유형의 문제를 접한 적이 없는 경우에는 더욱 그렇다.	
개념적 사고	• 세부 사항이 더 큰 계획과 어떻게 연결되는지 쉽게 파악하지 못하기 때문에 큰 그림을 잘 보지 못한다. • 즉석에서 신속하게 좋은 답변을 생각해 내기 힘든 경우가 많다.	
세 번째 기둥: 전략×계획×실행		
전략적 사고	• 이전에 경험하지 못한 상황에 대처할 때 독창적인 전략을 개발하고 팀이 앞으로 나아갈 길을 정확하게 제시하는 일이 힘들다. • 정확하고 간결하게 의사소통하기 어렵다.	
추상적 사고	• 전략을 실행하는 데 필요한 작업과 일정을 간략하게 설명하는 프로젝트 계획을 수립하려면 많은 시간과 정신적 노력이 필요하다. • 업무를 효과적으로 위임하기 어렵다.	
운영적 사고	• 한 걸음 뒤로 물러나 팀을 이끌어야 함을 알면서도 소매를 걷어붙이고 팀과 함께 일하는 경우가 많다. • 새로운 프로젝트에 착수할 때 잠시 멈춰서 어떻게 접근할지 신중히 생각하는 대신 곧장 일에 뛰어드는 경향이 있다.	

네 번째 기둥: 사회적 리더십		
비언어적 사고	• 다른 사람의 신체 언어에서 일어나는 미묘한 변화를 포착하는 데 어려움을 겪는다.	
균형감 사고	• 다른 사람의 관점에서 보기 힘든 경우가 많다. • 다른 사람과 공감하기 어렵다.	
직관적 사고	• 자신의 직감을 신뢰하거나 그에 의지하기 어렵다고 생각하기 때문에 직감을 무시하는 경향이 있지만, 그 결과는 문제가 다시 발생해서 고민거리를 안겨주는 것뿐이다. • 누군가가 솔직하지 않은 것 같은 모습을 보일 때 이를 간파하는 능력에 대한 자신감이 부족하다.	

이제 다음 지침을 바탕으로 각 잠재의식의 사고 습관에 자신이 부여한 점수가 어떤 의미인지 해석해 보자(각 항목의 점수를 더한 총점수를 산정하지 않은 것은 특별한 의미가 없기 때문이다. 그보다 중요한 것은 각 사고 습관이 미치는 영향이다).

- **7~10점**: 강력한 인지적 결함으로 사고, 학습, 적응, 성과 등에 부정적인 영향을 크게 미칠 수 있다.
- **4~6점**: 보통 수준의 인지적 결함으로 특히 큰 스트레스를 받거나 시간에 쫓길 때 사고, 학습, 적응, 성과 등에 보통 이상의 부정적인 영향을 미칠 수 있다.
- **1~3점**: 인지적 강점으로 사고, 학습, 적응, 성과 등에 긍정적인 영향을 미칠 수 있다.

스스로 평가한 결과가 어떠한가? 미래의 성공을 맞이할 준비가 잘 되어 있는가? 아니면 두뇌 앱을 업그레이드할 기회인가?

감사의 말

누구도 섬처럼 홀로 존재하지 않는다. 다양한 사업적 상황과 개인적 상황에서 각계각층의 사람들과 상호 작용한 경험은 내게 뇌가 잠재의식의 사고 습관을 사용해서 정보를 처리하고 생각하며 학습하고 적응함으로써 유동적 사고를 강화하는 방법에 대한 호기심을 형성하는 근간이 되었다. 이 여정에서 격려와 지원을 아끼지 않았던 중요한 사람들에게 그들이 전한 조언과 영감이 이 책에 생명을 불어넣었다는 감사의 말을 전하고 싶다.

내 아내 수전의 많은 격려와 사랑, 지원이 없었다면 이 책은 시작되지도 못했을 것이다. 수전은 사업을 함께하는 파트너이자 인생의 동반자로서 내게는 언제나 기댈 수 있는 튼튼한 기둥이다.

리더스 프레스의 최고경영자 아린카 루트코우스카는 강화된 유동적 사고가 기업의 리더와 사업가 그리고 모든 독자에게 얼마나 도움이 되는지에 대한 독특하고 통찰력 있는 식견을 보여주었고, 출판 책임자 그레이스 오도넬과 스티븐 팸플린은 내 여정을 인도해 주고 그 모든 과정 동안 한 번도 당황한 모습을 보이지 않았다. 그들에게 감사와 고마움을 전한다.

담당 편집자인 애나 페이지는 인내심과 지도력, 전문성을 갖추고 복잡한 주제의 기술적인 측면을 읽기 쉬운 원고로 가다듬는 데 많은 시간을 쏟았다. 이 책을 준비하는 전 과정에서 애나가 보여준 뛰어난 유머 감각은 내게 너무나 소중했고 큰 힘이 되었다.

알리사 두키치는 내가 독자들이 쉽게 공감할 수 있는 실제 고객들의 이야기를 준비할 때 재기 넘치는 유머 감각으로 뇌라는 무미건조한 대상을 이해하기 쉬운 주제로 전환하는 데 큰 도움을 주었다.

헬가 로우 박사는 비언어적 검사와 아동의 유동성 지능 발달 분야에서 핵심적인 연구를 개척했다. 특히 내게 자신의 연구와 관련된 역사적 배경의 맥락을 제공해 준 점에 고마움을 전한다. 로우 박사는 진정한 영감을 주었고 내 아내 수전과 내게 소중한 친구가 되었다.

enigmaFIT의 프로그램 책임자 그레이엄 리는 유동적 사고의 여정 전체에 걸쳐 전문적인 운영 및 기술 역량을 발휘했다. 또한 모든 과정에서 매우 혁신적이었으며 최고의 지원을 제공했다. 줄리

티볼트는 유동적 사고 프로그램에 직접 참여해서 얻은 통찰력 있는 의견을 공유해 주었다. 이를 통해 독자의 관점에서 가장 흥미로운 것이 무엇인지 파악할 수 있었다. 케이트 브래드쇼는 복잡한 개념을 단순한 도표로 전환함으로써 독자들이 유동적 사고를 이해하고 이 책을 읽는 데 도움을 주었다. 제프 설리번은 이 책을 준비하던 초기에 책의 구조와 내용에 대해 중요한 제안과 의견을 제공해 주었다. 앨런 해밀턴은 이 책의 교정 작업에 매우 크게 공헌했다.

마지막으로 지난 수십 년 동안 내게 함께 일하는 영광을 선사해 준 enigmaFIT에서 만난 모든 이들에게 감사의 마음을 전한다. 그들은 실제 상황에서 뇌가 작동하는 방식에 대한 특별한 통찰력을 내게 선물했다. 특히 그들의 삶에 일어나는 혁신적인 변화를 보는 것은 너무나도 보람 있는 일이었다. 이들을 인도할 기회를 갖게 되어 진심으로 고마운 마음이다.

- **결정성 지식**crystallized knowledge 주제 전문성, 숙련된 기술, 과거 경험 등 일생 동안 축적한 지식을 말한다. 책으로 배운 지식과 유사하다.

- **뇌의 균형**brain balance 좌뇌의 결정성 지식 및 일상화와 균형을 맞추기 위해 우뇌를 강화하여 만들 수 있는, 정신적으로 민첩하고 유능할 뿐 아니라 적응력이 높고 편안한 정신적 상태다.

- **마음의 기**氣 최적의 성능 영역에서 쉽게 작동하기 위해 뇌의 두 반구 사이에 이상적으로 균형을 이루어 도달하는 인지적으로 유능한 상태다. 우뇌의 유동적 사고를 활용하여 빠르게 적응하며, 좌뇌의 결정성 지식을 효과적으로 이용해 최상의 성과를 내도록 유도한다.

- **민첩성**agility 환경 변화에 적응하기 위해 생각과 행동을 바꾸는 속도와 효율성을 말한다.

- **발견학습**discovery learning 수동적으로 정보를 수용하는 것이 아니라, 자신의 학습 과정 및 결과를 스스로 발견하고 주인의식을 가지는 실용적인 활동을 통해 능동적으로 학습하는 방법이다.

- **새로운(새로움)**novel(novelty) 이전에 알거나 사용한 적이 없음을 의미한다. 기존의 인지 루틴이나 지식으로는 해결할 수 없기 때문에 혁신적이고 적응력 높은 접근 방법이 필요한 인지적 문제를 가리킨다.

- **새로움―일상화 이론**novelty-routinization theory 엘코논 골드버그의 연구를 바탕으로 한 뇌의 기능에 대한 견해다. 좌뇌는 과거의 전략과 경험, 지식을 바탕으로 잘 확립된 인지 루틴이 주도하는 과정에 특화된 반면, 우뇌는 새로운 인지적 문제에 특화되어 있다.

- **스키마**schema 뇌가 지식을 구성하며 인지 과정과 행동을 유도하기 위해 사용하는 심성 모형이다. 장 피아제는 이를 단단하게 서로 연결되어 있으며 핵심 의미의 통제를 받는 응집력 있고 반복 가능한 연속적인 행동이라고 정의했다.

- **신경가소성**neuroplasticity 정신적, 육체적 활동의 반복과 같이 환경과 상호 작용함으로써 뇌가 스스로 재구성하고 생리적으로 변화하는 능력이다.

- **양원적 뇌**bicameral brain 신경과학에서 대뇌 피질이 두 개의 반구로 분리되어 있으며, 특히 좌뇌와 우뇌의 역할이 서로 다르게 고도로 전문화되어 있다는 것을 뜻한다.

- **유동적 사고**fluid thinking 민첩한 사고를 가능하게 함으로써 전혀 새로

운 문제나 기회, 혼란에 빠르게 적응하는 능력을 제공하는 원초적 인지 역량이다. 새롭게 습득한 지식을 효과적, 효율적으로 학습하고 즉시 적용하는 데 도움이 된다. 세상 사는 지혜와 유사하다.

- **유동적 사고 발달 이론**fluid thinking development theory 인간이 사고하고 학습하며 적응하는 방법에 대한 가설이다. 잠재의식의 성공에 필요한 뇌의 균형을 만들기 위해 성인기 우뇌의 유동적 사고 역량을 향상시키는 데 중점을 둔다.

- **유효성**effectiveness**과 효율성**efficiency 사고 역량을 묘사하고 측정하기 위해 사용하는 용어다. 유효성은 사고의 질(높음 또는 낮음)을 가리키는 반면, 효율성은 사고의 속도(빠름 또는 느림)를 가리킨다.

- **의도적 연습**deliberate practice 시간이 지남에 따라 점점 더 복잡해지는 도전적이면서 재미있는 유동적 사고 활동을 반복적으로 수행함으로써 목표하는 잠재의식의 사고 습관과 관련된 두뇌 루틴을 강화하는 방법이다.

- **의식적인 마음 습관**conscious mind habit 의식적으로 인식하고 있는 습관이다. 대개 일상적 신체 활동(예: 이 닦기)이나 육체적 갈망(예: 스트레스를 받으면 초콜릿 먹기)과 관련된다.

- **인지 루틴**cognitive routine 반복을 통해 신경 경로를 강화함으로써 생성되는 잠재의식 속의 코드화된 두뇌 프로그램을 의미한다. 인식하지 못하는 가운데 반사적으로 실행된다.

- **인지적 강점**cognitive strength 의식적으로 인식하는 수준 아래에서 일어

나며 더 열심히 대신 더 똑똑하게 일하는 능력을 지원하는 잠재의식 속 사고와 행동의 효율성을 의미한다.

- **인지적 결함**cognitive derailer 인지적으로 인식하는 수준 아래에서 일어나는 잠재의식 속 사고와 행동의 비효율성을 말한다. 개인별 맞춤 설계된 유동적 사고 훈련을 통해 인지적 강점으로 발달할 수 있다.

- **잠재의식의 사고 습관**subconscious thinking Habits 의식하는 수준 아래에서 일어나는 열 가지 사고 기능을 말한다. 정량적으로 측정하여 대상자의 인지적 강점과 결함을 판단할 수 있다. 뇌의 균형과 마음의 기에 도달하기 위해 최적화되어야 한다.

- **잠재의식의 성공을 떠받치는 네 가지 기둥**four pillars of subconscious success 뇌의 균형을 발달시키기 위한 핵심 체계. 열 가지 잠재의식의 사고 습관이라는 순차적 시스템을 통해 잠재의식의 인지 향상을 위한 범주를 설정한다.

- **적응력**adaptability 주위 환경의 변화에 적응하기 위해 사고와 행동을 의도적이고 능숙하며 효과적으로 변화시키는 정신적 역량이다.

- **학습 민첩성**learning agility 새로운 지식을 빠르게 습득하고 해당 지식을 새로운 상황에 적용하는 능력이다. 학문적 능력 대신 유동적 사고에 의해 뒷받침되는 잠재의식 속 뇌의 능력을 말한다. 열 가지 잠재의식의 사고 습관 모두의 영향을 받는다.

머리말

1 "The half-life of professional skills is 5 years." *EAB,* October 2, 2018. https://eab.com/insights/daily-briefing/workplace/the-half-life-of-professional-skills-is-5-years/.

2 Shook, Ellyn, and Mark Knickrehm. "Reworking the Revolution." Acrobat. *Accenture,* January 2018. https://www.accenture.com/_acnmedia/pdf-69/accenture-reworking-the-revolution-jan-2018-pov.pdf.

3 Ratey, John J. *A User's Guide to the Brain: Perception, Attention, and the Four Theaters of the Brain.* New York, NY: Vintage Books, 2002.

1부

1장

1 Piaget, Jean. *The Origin of Intelligence in the Child.* Translated by Margaret Cook. 3. 1st ed. Vol. 3. 8 vols. New York, NY: Routledge, 2011.

2 Piaget, 1936.

3 Piaget, 1936.

4 Vygotsky, Lev S. *Mind in Society: The Development of Higher Psychological Processes.* Edited by Michael Cole, Vera John-Steiner, Sylvia Scribner, and Ellen Souberman. Revised ed. Cambridge, MA: Harvard University Press, 1978.

5 Piaget, 1936.

6 Piaget, 1936.

7 Piaget, 1936.

2장

1 Duhigg, Charles. *The Power of Habit.* London, England: Random House Books, 2013.

2 Duhigg, Charles. Habits: How They Form and How to Break Them. Interview by NPR Fresh Air. *NPR,* March 5, 2012. https://www.npr.org/2012/03/05/147192599/habits-how-they-form-and-how-to-break-them.

3 Duhigg, Charles, 2012.

3장

1 Ramón y Cajal, Santiago. *Advice for a Young Investigator.* Translated by Neely Swanson and Larry W Swanson. Bradford, PA: Bradford Books, 1897; Cambridge, MA: The MIT Press, 2004.

2 Konorski, Jerzy. *Conditioned Reflexes and Neuron Organization.* Translated by Stephen Garry. 1st ed. Cambridge, England: Cambridge University Press, 1948.

3 Doidge, Dr. Norman. *The Brain That Changes Itself: Stories of Personal Triumph from the Frontiers of Brain Science.* Reprinted. London, England: Penguin Books, 2007.

4 Mintzberg, Henry. "Planning on the Left Side and Managing on the Right." *Harvard Business Review,* July-August 1976. https://hbr.org/1976/07/planning-on-the-left-side-and-managing-on-the-right.

5 Mintzberg, 1976.

6 Mintzberg, 1976.

7 Goldberg, Elkhonon. "A New Look at the Old Riddle : Novelty, Routines and the Evolution of the Bicameral Brain." *Japanese Journal of Cognitive Neuroscience* 20, no. 3+4 (February 1, 2019): 129-38. https://doi.org/10.11253/ninchishinkeikagaku.20.129.

8 Goldberg, 2018.

9 Goldberg, 2018.

10 Goldberg, 2018. .

11 Mintzberg, 1976.

12 Mintzberg, 1976.

13 Duckworth, Eleanor. "Piaget Rediscovered." The Arithmetic Teacher

11, no. 7 (1964): 496-99. http://www.jstor.org/stable/41186862. (원문에는 '원칙적 목표principle goal'라는 문구가 있는데 '주요 목표principal goal'가 잘못 표기된 것으로 보인다.)

14 Mintzberg, 1976.

15 Horn, John L. "Intelligence—Why It Grows, Why It Declines." *Society*, Trans-action, 5, no. 1 (November 1967): 23-31. https://doi.org/10.1007/bf03180091.

16 Rowe, Dr. Helga A. H. *Language-free Evaluation of Cognitive Development.* Hawthorn, Victoria, Australia: Australian Council for Educational Research, 1986.

17 Rowe, 1986.

18 Rowe, 1986.

19 Cattell, 1963.

20 Ericsson, K. Anders, Michael J. Prietula, and Edward T. Cokely. "The Making of an Expert." *Harvard Business Review,* July 1, 2007. https://hbr.org/2007/07/the-making-of-an-expert.

21 Ericsson, K. Anders, and Robert Pool. *Peak: Secrets from the New Science of Expertise.* Boston, MA: Mariner Books/Houghton Mifflin Harcourt, 2017.

22 Adams, Linda. "Learning a New Skill Is Easier Said Than Done." *Gordon Training International,* August 2015. https://www.gordontraining.com/free-workplace-articles/learning-a-new-skill-is-easier-said-than-done/.

23 Zahidi, Saadia, Vesselina Ratcheva, Guillaume Hingel, and Sophie Brown. "The Future of Jobs Report 2020." *World Economic Forum,* October 2020. https://www.weforum.org/reports/the-future-ofjobs-report-2020.

2부

4장

1 Carroll, Lewis, John Tenniel, and Hugh Haughton. *Alice's Adventures in Wonderland ; and, Through the Looking-Glass and What Alice Found There ; Alice's Adventures Under Ground.* New York, NY: Penguin Classics, An Imprint of Penguin Books, 2012.

2 "In Search of Lost Focus: The engine of distributed work." *The Economist Intelligence Unit Limited*, 2020. https://lostfocus.eiu.com/.

5장

1 Snachner, Emma. "How Has the Human Brain Evolved?" *Scientific American Mind*, 24, 3, 76 (July 2013). doi:10.1038/scientificamericanmind0713-76b. https://www.scientificamerican.com/article/how-has-human-brain-evolved/.

2 Simon, Herbert A. "Designing Organizations for an Information-Rich World," in *Computers, Communications, and the Public Interest*, ed. M. Greenberger. The Johns Hopkins Press (1971): 40-41.

3 "Burn-out an 'occupational phenomenon': International Classification of Diseases." *World Health Organization*, May 28, 2019. https://www.who.int/news/item/28-05-2019-burn-out-an-occupational-phenomenon-international-classification-of-diseases.

4 Killingsworth, Matthew A., and Daniel T. Gilbert. "A Wandering Mind Is an Unhappy Mind." *Science* 330, No. 6006 (2010): 932-32. https://doi.org/10.1126/science.1192439.

5 Rubinstein, Joshua S., David E. Meyer, and Jeffrey E. Evans. "Executive Control of Cognitive Processes in Task Switching." *Journal of Experimental Psychology: Human Perception and Performance* 27, no. 4 (2001): 763-97. https://doi.org/10.1037/0096-1523.27.4.763.

6 Yerkes, Robert M., and John D. Dodson. "The Relation of Strength of Stimulus to Rapidity of Habit-Formation." *Journal of Comparative Neurology and Psychology* 18, no. 5 (November 1908): 459-82. https://doi.org/10.1002/cne.920180503.

7 Gino, Francesca. "Are You Too Stressed to Be Productive? Or Not Stressed Enough?" *Harvard Business Review*, October 5, 2017. https://hbr.org/2016/04/are-you-too-stressed-to-be-productive-or-not-stressed-enough.

8 *World Health Organization*, 2019.

9 Killingsworth and Gilbert, 2010.

3부

6장

1 *The World Economic Forum*, 2020.

2 Dörner, Dietrich, and Joachim Funke. "Complex Problem Solving: What It Is and What It Is Not." *Frontiers in Psychology* 8, no. 1153 (July 11, 2017). https://doi.org/10.3389/fpsyg.2017.01153.

3 Dörner, Dietrich. "On the Difficulties People Have in Dealing with Complexity." *Simulation & Games* 11, no. 1 (March 1, 1980): 87-106. https://doi.org/10.1177/104687818001100108.

4 Dörner and Funke, 2017.

5 Engelhart, Michael, Joachim Funke, and Sebastian Sager. "A Web-Based Feedback Study on Optimization-Based Training and Analysis of Human Decision Making." *Journal of Dynamic Decision Making* 3 (May 17, 2017): 1-23. https://doi.org/10.11588/jddm.2017.1.34608.

7장

1 Smith, Melvin, Ellen Van Oosten, and Richard E. Boyatzis. "The Best Managers Balance Analytical and Emotional Intelligence." *Harvard Business Review*, June 12, 2020. https://hbr.org/2020/06/the-best-managers-balance-analytical-and-emotional-intelligence.

2 Indeed Editorial Team. "Definition and Examples of Analytical Skills." *Indeed Career Guide*, August 25, 2020. https://au.indeed.com/career-advice/career-development/analytical-skills.

8장

1 Acar, Oguz A., Murat Tarakci, and Daan van Knippenberg. "Why Constraints Are Good for Innovation." *Harvard Business Review*, November 22, 2019. https://hbr.org/2019/11/why-constraints-are-good-for-innovation.

2 Burgoyne, Alexander P., and David Z. Hambrick. "Sometimes Mindlessness Is Better than Mindfulness." *Scientific American*, August 31, 2021. https://www.scientificamerican.com/article/

sometimes-mindlessness-is-better-than-mindfulness/.

3   White, Holly. "The Creativity of ADHD: More insights on a positive side of a 'disorder.'" *Scientific American Mind*, March 5, 2019. https://www.scientificamerican.com/article/the-creativity-of-adhd/.

4   Beard, Allison. "Defend Your Research: Drunk People Are Better at Creative Problem Solving." *Harvard Business Review*, May 1, 2018. https://hbr.org/2018/05/drunk-people-are-better-at-creative-problem-solving.

5   Acar et al, 2019.

9장

1   Katz, Robert L. "Skills of an Effective Administrator." *Harvard Business Review*, September 1974. https://hbr.org/1974/09/skills-of-an-effective-administrator.

2   Katz, 1974.

3   Yerkes and Dodson, 1908.

4부

11장

1   Sullivan, John. "6 Ways to Screen Job Candidates for Strategic Thinking." *Harvard Business Review*, December 13, 2016. https://hbr.org/2016/12/6-ways-to-screen-job-candidates-for-strategic-thinking.

2   Watkins, Michael D. "How to Think Strategically." *Harvard Business*

Review, April 20, 2007. https://hbr.org/2007/04/how-to-think-strategically-1.

3 Mintzberg, Henry. "The Fall and Rise of Strategic Planning." *Harvard Business Review*, January-February 1994. https://hbr.org/1994/01/the-fall-and-rise-of-strategic-planning.

4 Sullivan, 2016.

5 Mintzberg, Henry. "Strategic Thinking as 'Seeing.'" mintzberg.org, September 14, 2018. https://mintzberg.org/blog/strategic-thinking-as-seeing.

12장

1 Mintzberg, 1994.

2 Brownlee, Dana. "Project Management Isn't Just for Project Managers: 4 Skills You Need to Know." *Forbes*, July 14, 2019. https://www.forbes.com/sites/danabrownlee/2019/07/14/project-management-isnt-just-for-project-managers-4-skills-you-need-to-know/?sh=4ac39b811a8e.

3 De Bono, Edward. *Six Thinking Hats*. Boston, MA: Little Brown and Company, 1985.

4 Broad, Eli, Swati Pandey, and Michael Bloomberg. *The Art of Being Unreasonable: Lessons in Unconventional Thinking*. 1st ed. Hoboken, NJ: John Wiley & Sons, 2012.

5 Brownlee, 2019.

6 Maxwell, John C. *Developing the Leaders around You*. 1st ed. Nashville, TN: Nelson Business, 2005.

7 Riegel, Deborah Grayson. "8 Ways Leaders Delegate Successfully."

Harvard Business Review, August 15, 2019. https://hbr.org /2019/08/8- ways-leaders-delegate-successfully.

8 Sostrin, Jesse. "To Be a Great Leader, You Have to Learn How to Delegate Well." *Harvard Business Review*, October 10, 2017. https:// hbr. org/2017/10/to-be-a-great-leader-you-have-to-learn-how-to-delegate-well.

13장

1 Thompson, Dr. Neil. "Linking Strategic and Operational Thinking." *Medium*, December 30, 2019. https://drneilthompson.medium.com/ linking-strategic-and-operational-thinking-e0de043dbc99.

5부

14장

1 Goleman, Daniel. *Emotional Intelligence: Why It Can Matter More than IQ.* New York, NY: Bantam Books, 1995.

2 Goleman, Daniel. *Working with Emotional Intelligence.* New York, NY: Bantam Books, 1998: 317.

3 Goleman, 1995: 16.

4 Goleman, Daniel. Sociability: It's all in your mind. Interview by Sharon Jayson. *USA Today*, September 24, 2006. https://usatoday30. usatoday.com/news/health/2006-09-24-social-intelligence_x.htm.

5 Goleman, Daniel, and Richard E. Boyatzis, "Social Intelligence and the Biology of Leadership." *Harvard Business Review*, September

2008. https://hbr. org/2008/09/social-intelligence-and-the-biology-of-leadership.

Sapir, Edward. *Selected Writings of Edward Sapir in Language, Culture and Personality.* Edited by David G. Mandelbaum. Berkeley, CA: University of California Press, 1949. Reprint, Leicester, UK: Forgotten Books, 2016: 556.

2 Goleman and Boyatzis, 2008.

3 Goleman and Boyatzis, 2008.

4 Boyatzis, Richard. "Neuroscience and the Link between Inspirational Leadership and Resonant Relationships." *Ivey Business Journal*, February 7, 2012. https://iveybusinessjournal. com/publication/neuroscience-and-the-link-between-inspirational-leadership-and-resonant-relationships-2/.

5 Goleman and Boyatzis, 2008.

6 Peterson, Suzanne J., Robin Abramson, and R. K. Stutman. "How to Develop Your Leadership Style: Concrete Advice for a Squishy Challenge." *Harvard Business Review*, November 1, 2020. https://hbr. org/2020/11/how-to-develop-your-leadership-style.

7 Peterson et al, 2020.

1 Alwar, Giridhar. *My Quest for Happy Life.* 1st ed. Chennai, India: Notion Press, 2015.

2 Galinsky, Adam D., William W. Maddux, Debra Gilin, and Judith

B. White. "Why It Pays to Get inside the Head of Your Opponent:
The Differential Effects of Perspective Taking and Empathy in
Negotiations." *Psychological Science* 19, no. 4 (April 19, 2008): 378-
84. https://doi.org/10.1111/j.1467-9280.2008.02096.x.

3   Galinsky, Adam D., Joe C. Magee, Diana Rus, Naomi B. Rothman,
and Andrew R. Todd. "Acceleration with Steering: The Synergistic
Benefits of Combining Power and Perspective-Taking." *Social
Psychological and Personality Science* 5, no. 6 (February 11, 2014):
627-35. https://doi.org/10.1177/1948550613519685.

4   Shelton, Amy. "Improving Your Spatial IQ Can Lift Your Social IQ."
Harvard Business Review, January 1, 2012. https://hbr.org/2012/01/
improving-your-spatial-iq-can-lift-your-social-iq.

5   Shelton, 2012.

6   Shelton, 2012.

7   Boyatzis, 2012.

8   Beugre, Constant D., James Dulebohn, Richard E. Boyatzis,
Sebastiano Massaro, David V. Smith, and Dongyuan Wu. "The
Neuroscience of Decision Making in Organizations." *Academy of
Management Proceedings* 2020, no. 1 (July 29, 2020). https://doi.
org/10.5465/ambpp.2020.13893symposium.

9   Boyatzis, 2012.

10 Boyatzis, 2020.

11 Boyatzis, 2012.

12 Boyatzis, 2012.

13 Boyatzis, 2012.

14 Boyatzis, 2012.

17장

1 Hogarth, Robin M. *Educating Intuition.* 1st ed. Chicago, IL: University of Chicago Press, 2001.

2 Kahneman, Daniel. *Thinking, Fast and Slow.* 1st ed. New York, NY: Farrar, Straus and Giroux, 2011.

3 Kahneman, 2011.

4 Kahneman, Daniel. "Your Intuition Is Wrong, Unless These 3 Conditions Are Met." Presented at the World Business Forum, New York City, NY, November 16, 2016. https://www.thinkadvisor. com/2018/11/16/daniel-kahneman-do-not-trust-your-intuition-even-for-stock-picking/.

5 Goleman and Boyatzis, 2008.

6 Goleman and Boyatzis, 2008.

6부

19장

1 *World Economic Forum,* 2020.

2 Toffler, Alvin. *Future Shock.* New York, NY: Random House, 1970.

브레인 해빗

1판 1쇄 인쇄 2025년 2월 14일
1판 1쇄 발행 2025년 2월 20일

지은이 필립 존 캠벨
옮긴이 이상훈

펴낸이 김봉기
출판총괄 임형준
편집 안진숙, 김민정
교정교열 김민정
본문 디자인 산타클로스
마케팅 선민영, 조혜연, 임정재

펴낸곳 FIKA[피카]
주소 서울시 서초구 서초대로 77길 55, 9층
전화 02-3476-6656
팩스 02-6203-0551
홈페이지 https://fikabook.io
이메일 book@fikabook.io
등록 2018년 7월 6일(제2018-000216호)

ISBN 979-11-93866-25-2

피카 출판사는 독자 여러분의 아이디어와 원고 투고를 기다리고 있습니다.
책으로 펴내고 싶은 아이디어나 원고가 있으신 분은 이메일 book@fikabook.io로 보내주세요.